玩转 MTK 系列丛书

MTK 原理及物联网应用

刘洪林　符　强　张保忠
韦必忠　高柱荣　编著

北京航空航天大学出版社

内容简介

MTK手机平台是目前中低端功能手机中用得最多的解决方案，但其在行业应用却是一个空白，这是手机本身技术的封闭性所决定的，所以本书主要介绍的是华禹工控二次开发的MTK手机平台MTK6225/6235模块。该平台为适应数据采集和控制的需要，扩展了I/O接口，同时充分利用了手机模块的高可靠性、出色的电池管理功能、完善的无线通信手段(WiFi、GPRS)，特别适合移动性要求较高的场合，也适合传统的控制领域。对于希望加快产品设计周期、提高可靠性的场合，采用MTK手机模块的设计理念是理想的选择。

第1章介绍了MTK手机模块的发展历程，第2章介绍了MTK6225/6235的硬件原理，第3章介绍了J2ME的应用环境，第4～10章介绍了应用MTK手机模块进行控制设计的案例。

本书内容丰富，反映了目前MTK6225/6235在物联网应用中的最新进展，特别适合从事数据采集、控制及相关技术标准制定、开发工作的技术人员和管理人员参考，也可作为高等院校通信、网络技术、计算机等相关专业的教学参考书。

图书在版编目(CIP)数据

MTK原理及物联网应用 / 刘洪林等编著. -- 北京 : 北京航空航天大学出版社，2012.8
ISBN 978-7-5124-0884-5

Ⅰ. ①M… Ⅱ. ①刘… Ⅲ. ①移动电话机－芯片－技术开发 Ⅳ. ①TN929.53

中国版本图书馆CIP数据核字(2012)第168003号

MTK原理及物联网应用

刘洪林 符 强 张保忠 韦必忠 高柱荣 编著

责任编辑 董立娟

*

北京航空航天大学出版社出版发行

北京市海淀区学院路37号(邮编100191) http://www.buaapress.com.cn

发行部电话：(010)82317024 传真：(010)82328026

读者信箱：emsbook@gmail.com 邮购电话：(010)82316936

涿州市新华印刷有限公司印装 各地书店经销

*

开本：710×1 000 1/16 印张：16.75 字数：367千字

2012年8月第1版 2012年8月第1次印刷 印数：4 000册

ISBN 978-7-5124-0884-5 定价：36.00元

前　言

传统的控制系统设计都是从硬件设计开始，然后再转入软件的开发即零架构开始搭建的模式。这种模式在高校的科研工作中较为普遍，但在企业的产品设计理念中，则因为该方式针对产品开发法存在研发周期太长、硬件部分的可靠性还需要较长时间验证等问题而不被认可，特别是近年来物联网产业的兴起，使得从事关联产业研发的企业也越来越多。但大家都知道物联网包括3层架构：感知层、传输层、应用层，如果没有应用层做支撑，做更深层次的应用，那只能是示范阶段，应用层面是一个有极大想象和发挥空间的层面，只有吸引更多的人参与这方面的应用研究，才能使物联网的应用更丰富。但如何较快地切入到一个领域的应用？这需要改变传统的设计思路，在这里首先要感谢深圳华禹工控的工程师们，他们将以往被认为不可能应用于工业控制和数据采集领域的MTK手机产品经过二次开发，使其完全具备了上述领域的应用特点。同时，由于手机模块所具备的高可靠性、出色的电池管理功能、完善的无线通信手段(WiFi、GPRS)、二次开发后强大的I/O扩展接口和所采用的ARM9、ARM7处理器内核，使得相关产品一经推出即为业界所认可。这种方式颠覆了传统的从器件选型到板级硬件设计的过程，使得开发任务主要集中在应用的实现，而不是设计的可行性论证上，大大缩短了设计周期，同时降低了用户的整体设计成本，使模块很容易嵌入到用户的解决方案中。

正因为这种模块应用的可靠性和优异的便携式操作性能，使它广泛应用于公交车GPRS刷卡系统、三表无线抄表系统、医疗个人实时监护系统、RFID物流条码系统等。特别值得一提的是，2008年上海世博会上采用的手持式RFID门票验票终端即采用了MTK6225核心模块，该终端经受了数月高温酷暑环境下的门票数据验证和数据传输稳定性的考验。这足以说明手机模块卓越的性能和超强的可靠性，同时采用MTK模块开发应用平台的易用和通用性也在这里得到了良好的体现，也为行业的大规模应用奠定了必要条件。

本书编写的目的就是希望在各种开发工具和手段层出不穷的大背景下，为读者介绍一种别具特色的产品开发应用方法和工具，即 MTK6225/6235 应用开发平台。这种开发平台的最大特点就是快，满足对项目的快速开发和产品的批量生产要求，而且性能稳定可靠，可以帮助企业快速切入到一个行业的项目设计开发和应用中，产品极具竞争力和成本优势。

本书特别介绍了众多的设计实例，这些实例都是在手机模块上的创新应用，当然手机模块的应用范围远不止这些，介绍这些实例的目的是使读者对采用 MTK6225/6235 平台的应用特点有更深的了解，而不是只停留在对平台结构性能的熟悉上，使其读完本书后可以结合自己的专业背景和知识，把 MTK 平台技术较快地应用于新的领域，而不只停留在方案设计论证上。

本书共分为 10 章，第 1 章介绍 MTK 手机发展及行业应用现状，第 2 章介绍 MTK 手机原理及相关平台的应用设计，第 3 章介绍 J2ME 编程及仿真环境的安装、配置，第 4 章介绍简易智能家居控制系统设计，第 5 章介绍一种智能门禁的设计及实现，第 6 章介绍 VOIPCALLBACK 设计及实现，第 7 章介绍手持式计量器具检定数据溯源系统的设计，第 8 章介绍车载电子的设计及实现，第 9 章介绍了通信基站倾斜安全监测系统的设计，第 10 章介绍矿工智能帽的设计及实现。

桂林电子科技大学刘洪林负责策划本书的总体编写思路及第 1、8 的编写，符强负责第 2、4 章的编写，张保忠负责第 5、6 章的编写，桂林市利通电子科技有限公司高柱荣工程师负责第 3、7 章的编写，韦必忠负责第 9、10 章的编写。特别感谢的是深圳华禹工控，其对本书的编写提供了大量的支持，无论是从技术资料的公开还是成熟参考解决方案的提供都是毫不吝啬。此外，还要感谢北京航空航天大学出版社的工作人员，正是他们的支持才使笔者决定把写书计划付诸实施。同时，感谢林清荷、龙丽，其参与了书中大量国内外信息的检索工作，并提供了有价值的资料。

由于作者水平有限，书中难免会有一些观点和见解不正确，欢迎读者批评指正。有兴趣的读者可以发送电子邮件到：glfax@21cn.com 与本书作者联系；也可以发送电子邮件到：xdhydcd5@sina.com，与本书策划编辑进一步沟通。

作者

2012 年 5 月

缩写词

ASK(Amplitude - Shift Keying)——幅移键控
AG(Automatic Gain)——自动增益
ABF (Automatic Band Filter)——自动带通滤波器
AGC(Automatic gain control)——自动增益控制，
ABLC (Automatic Black - Level Calibration)——自动黑电平校正
CLDC(Connected Limited Devices Configuration)——连接有限设备配置
CDC(Connected Device Confirguration)——连接的设备
CRC(cyclic redundancy check)——循环冗余校验
DSFID(data storage format identifier)——数据存储格式标识符
DTMF (Dual Tone Multi Frequency)——双音多频
CAN 总线(Controller Area Net)——控制器区域网
EDGE(Enhanced Data Rate for GSM Evolution)——增强型数据速率 GSM 演进技术
EOF(end of frame)——结束帧
GCF(Generic Connection Framework)——通用连接框架
J2ME(Java 2 Platform Micro Edition)——Java2 平台微型版
JVM(Java Virtual Machine Java)——JAVA 虚拟机
JDT(Java Development Tools java) ——JAVA 开发工具
JDK(Java Development Kit)——Java 开发工具包
LSB(least significant bit)——最低有效位
MMI(Man - Machine Interface)——人机交互接口
META(The Mobile Engineering Testing Architecture)——MTK 平台测试校准调试开发工具
MIDP(mobile information device profile)——移动信息设备简表

MSB(most significant bit)——最高有效位

MMAPI(Mobile Media API)——移动设备多媒体接口

MPK(Moving picture keying)——运动图像键控

OTA(Over－the－Air Technology)——空中下载技术

OBD(On－Board Diagnostics)——车载自动诊断系统

PPM(Pulse position modulation)——脉冲位置调制

PCI(The protocol control information)——协议控制信息

RFU(reserved for future use0)——留作将来 ISO/IEC 使用

RF(Radio Frequency)——射频

SOF(start of frame)——起始帧

UID (unique identifier)——唯一标识符

VCD(vicinity coupling device)——附近式耦合设备

VICC(vicinity integrated circuit card)——VICC 附近式集成电路卡

WAP(Wireless application protocol)——无线应用协议

目录

第 1 章

MTK 手机发展及行业应用现状

1.1 概　述

随着计算机技术和无线通信技术的发展，特别是近年来多种无线通信技术的出现，在改变了人们工作生活方式的同时，也使传统的有线网络通信使用方式受到挑战。人们对能够随时随地提供信息服务和无线宽带通信服务的需求也越来越迫切，以人为本、个性化、智能化的移动计算、无线互联等新概念和新产品已经逐渐融入了人们的工作领域和日常生活中。比如对智能家居、智能建筑、智能交通以及物联网等相关领域的热炒，无不涉及无线通信技术及远程控制技术的应用。

总体而言，对基于无线通信移动终端的设计往往和传统的有线控制方式有着很大的差异。首先是通信方式的改变，将有线传输信号改为无线传输模式，既可能是远距离的传输模式，也可能是中距离或者近距离的传输模式。其次是设备的功耗和电源的智能管理问题，由于采用的电池供电方式，不但对所采用器件的规格参数要求(如功耗、尺寸等)更为苛刻，而且为了延长电池的使用时间，在系统设计时更为强调电源的智能管理和系统工作中的能耗管理问题。所有这些技术的综合应用使得无线移动终端较传统的有线控制终端的设计更为复杂，为此，采用何种解决方案直接影响着产品的性能和设计生产周期。

一般来说，传统控制系统的设计涉及硬件和软件设计两个过程。首先考虑硬件的设计方案，从硬件的选型搭配开始，经过器件的选型、方案的设计和论证，最后进入方案的测试阶段，而针对手持方式的设备还要考虑设备因电池供电而面临的功耗问题，这一系列工作完成后才能进入软件的编程和调试阶段。因而，在硬件设计环节花费了大量的精力和时间所设计出来的方案是否满足实际需要，还需经过反复实际测试和完善后才能最后定型和投入批量生产；这种方案的最大缺点是无法满足实际工程应用中对产品生产周期的要求，而在手持式应用方案中对 RF(射频)部分的设计也是非常关键的，这要求一个产品应用设计工程师不但要熟悉控制方案设计，还要熟悉 RF 相关知识。在手机生产和设计行业中这方面的需求更为突出，往往是一个团队配合才能完成一个项目的设计。所以，能否在移动终端的设计过程中采用成熟的硬件方案，且对软件修改就能完成一个手持式控制项目的设计呢？本书将探讨一种基于MTK6225手机平台和6235手机平台的手持式应用终端的方案设计。

对于传统的手机，一般的应用也就是打电话和发短信，其他的功能并没有得到充分的开发，但作为一款移动终端，它的整体性能应该说是非常出色的，除了常规通信中的特点外还有如下特点：

- 内置多种ARM处理器内核：从ARM7～ARM10都有选用，满足速度上的要求。
- 具备多种无线通信方式：从远距离的GPRS到近距离的蓝牙以及WiFi等。
- 智能电源管理：能够根据系统的运行情况自动进入工作或者睡眠模式，以节省不必要的电源消耗。

综上所述，手机作为一个性能出色的移动终端设备，它所具备的功能和特点其实应该可以满足一些无线控制方面的应用，但遗憾的是目前除了通信行业以外的应用几乎很少见，且嵌入式行业几乎没有它的身影。究其原因，还是因为手机技术一直被手机公司所垄断，它的相关资料很少外流；同时手机系统本身的不开放性，使得它的行业应用也很难被了解，比如手机系统如何将更多的I/O口引出以适应DIY的需要，这方面如果没有专业公司的介入，很难有扩展应用的可能。

在这里不得不提起一家国内公司——深圳华禹工控，正是它将MTK 6225/6235做了二次开发工作，使得其不再是一个单纯的手机，而且还是一个可以DIY的移动控制终端设备。通过将MTK6225芯片的所有可外部使用的128个I/O引脚外部扩展供使用，这其中包括GPIO、串口、并口、USB口、LCM屏接口、电源、开关机口等，使得客户可以根据需要自行增加硬件扩展；同时推出了基于J2ME的JAVA硬件控制，通过JAVA编程实现对I/O口的控制，并提供了丰富的应用实例。

华禹工控又在原6225平台的基础上，为适应用户嵌入式设计方案的需要，通过简化手机平台的硬件配置，去掉一些不必要的硬件配置后推出一个6225核心板，它以邮票板的设计方式封装，板上只集成了GPRS芯片、蓝牙芯片、6225主芯片等，只相当于两三个五分硬币的大小，很容易集成到用户自己的系统中，通过JAVA编程方式就能实现用户的设计方案，大大缩短了产品设计周期，其外形如图1-1所示。

综上所述，采用这种设计模式具有如下特点：

- 颠覆了传统的从器件选型到板级硬件设计的过程，使得开发任务主要集中在应用的实现，而不是设计的可行性论证上，大大缩短了设计周期。
- 降低传统无线网络方案的整体成本，任意嵌入客户应用方案。
- MTK手机模块具有完整的软硬件接口设计方案，使传统软件从零搭建变成在系统架构上增减的编写方式。
- 颠覆传统嵌入式软件基于目标开发转为基于JAVA的快速开发。

正因为这种手机模块的特点，本书后续介绍的实例都采用了这样的设计方案思路，应该说这是一个极具市场竞争力的解决方案，不但能缩短产品的设计周期，在产品的可移动特性上具有良好的性价比。

图1-1 MTK 6225核心板外形图

1.2 MTK概述

MTK是中国台湾联发科技股份有限公司(MEDIATEK)的英文缩写,公司创立于1997年,早期以设计DVD芯片为主,经过多年的发展,产品种类覆盖如下领域:

- 光储存领域:领先全球推出包含CD-ROM、DVD-ROM、DVD-Player、CD-R/RW、Combi、DVD-RW等相关控制芯片组。
- 数字消费领域:DVD Player、DVD-Recorder等都维持全球第一的市场占有率。
- 数字电视领域:推出包括CMMB等产品,已成功拓展北美及中国大陆市场。
- 无线通信领域:提供从低端至中高端GSM/GPRS/EDGEX芯片组及完整软件解决方案。

MTK作为全球性IC片组的生产和设计公司,也是亚洲唯一一个连续6年蝉联全球10大IC设计公司的华人企业,同时也是被美国《福布斯》杂志评选为亚洲50强的高科技企业。

台湾联发科技在手机解决方案推向市场之前还只是一个仅仅在产品配套上较有名气的配套公司,而使它名扬天下的正是因为推出了极具市场竞争力的MTK手机解决方案——"Turn-Key"解决方案，为此它获得了"山寨机之父"的美名，这从它在市场上的份额可见一斑：

- 目前在大陆占有超过50%的手机基带芯片份额，拥有成熟GSM/GPRS/EDGE方案，2009年，联发科芯片在大陆市场的占有率一度高达90%，它的芯片出货量超越高通，成为世界第一大手机IC公司。
- 大陆90%的GSM手机出货量采用MTK的方案。

大部分手机厂商喜欢采用MTK手机方案，这是因为MTK采取了Turn-Key解决方案。这种方案是将手机芯片和手机软件平台预先整合到一起，客户买回方案后，只需要采购芯片和元器件，加上外壳即可生产，这使得终端厂商的生产成本极低，产品生产周期极短。往往手机厂商拿到的手机平台已经是个半成品，只要稍微加工后就可以市场出货了，所以MTK的手机生产对环境的要求不高，往往一间屋子，两三个人就可以完成装配。手机生产门槛的大幅度降低，使很多大大小小的企业都加入到这个流程当中，形成一个巨大的产业链，而且这个产业链中参与者又绝大部分集中在深圳，世界上绝大部中低端手机都从这里出货，这使得MTK山寨机成为一段时间最流行的网络词汇。

虽然MTK的Turn-Key解决方案导致了手机产品极其严重的同质化现象，但这一策略使得MTK在手机市场取得了骄人的业绩。大家都还清楚的记得，TI的LoCosto、OMAP平台，英飞凌的ULC解决方案等，都一度成为这些国际知名厂商在手机市场的杀手锏。手机价格的昂贵，使得平民阶层望而却步，而MTK Turn-Key方案的巨大成功导致了手机价格的大幅度下降。于是这家依靠光驱芯片起家的芯片设计公司，在手机芯片SOC基础上所推出的整合软件服的Turn-Key模式，被认为是芯片技术行业的破坏性创新。Turn-Key的巨大颠覆性使得TI等传统芯片巨头不得不进行业务转型，欧美厂商彻底被清除出中低端市场。

虽然MTK的成功无法复制，但"平台战略"的思想已逐步被很多国内本土厂商所认可，本土厂商正在从提供单一芯片逐渐转向"平台战略"。

1.2.1 MTK手机平台芯片功能介绍

联发科技的IC编号都是以MT打头，一般分成下面几类芯片：

1. 电源芯片

目前MTK有下列种电源芯片，分别是MT6305、MT6318、MT6326：

- MT6305：为2G应用配置，多为QFN封装48脚，集成7组稳定的LDO电源输出及充电管理，另外还具备大电流LED驱动、振动器驱动以及蜂鸣器驱动，还具有SIM电平转换功能。
- MT6318：多为BGA封装96脚，集成9组稳定的LDO电源输出及充电管理，另外，还具备RGB 3路LED驱动、1路DC/DC电感开关升压BL电路、1路DC/DC电容电荷泵KP电路、振动器驱动、内置音频放大器，也具有SIM电平转换功能。通过串行三总线和CPU通信。

- MT6326：针对2G和3G应用配置，采用AQFN的95脚封装，集成18组稳定的LDO电源输出及充电管理，输入充电电压可到9 V，提供1级或2级的RTC LDO，内置1 W 8 Ω的D类音频功放，具备I2C接口、看门狗定时电路等。

2. 射频芯片

目前MTK机子的射频IC采用了MT6129、MT6139、MT6140、MT6159芯片等来实现信号接收和发射。

- MT6129：为2G应用的RF射频芯片，是一块高度集成的射频处理芯片，支持EGSM、DCS、PCS、GSM850频段，采用超低中频的接收机结构，支持四频、差分输入的LNA、正交接收混频器，全集成的信道滤波器，超过100 dB的接收增益，超过110 dB的控制范围，镜像抑制；采用偏移锁相环的发射机结构，精密的IQ调制器，全集成的宽带发射VCO，全集成的发射环路滤波器；在频率合成方面，采用单个全集成的可编程小数N分频器，快速锁定。
- MT6139：MT6139是在MT6129基础上开发的四频段的收发通道芯片，主要有GSM850、E-GSM-900、DCS1800-PCS1900MHz。它的接收电路包括选频电路、切换电路（天线开关）滤波筛选电路等。MT6139芯片集成了接收与发射电路和频率合成电路，AFC和时钟放大电路等；26 MHz时钟晶体和MT6129通用的，不同的是振荡方式不一样，MT6129的是有电源供电后振荡生产26 MHz频率进入中频，MT6139的26 MHz时钟晶体是经过回路产生26 MHz频率进入中频的，26 MHz时钟晶体没有直接供电，3个脚接地一个脚输出，MT6139射频供电是一个单独的稳压模块。
- MT6140：为EDGE/GPRS/GSM RF射频芯片，针对GSM850、GSM900、DCS1800、PCS1900频段设计，采用了40脚的QFN的贴片封装。
- MT6159：此为3G标准的WCDMA RF专用芯片，WCDMA＋EDGE模式。

3. 主控芯片

从所采用的ARM内核的不同，我们可以分为以下几种基带芯片：

(1) 以ARM7EJ-S内核为主面向2G/2.5G手机的基带芯片

MT6205、MT6217、MT6218、MT6219、MT6223、MT6225、MT6226、MT6227、MT6228，MT6229、MT6230，MT6253。这些基带芯片的基本功能及区别如下：

- MT6205：只有GSM的基本功能，不支持GPRS、WAP、MP3等功能。
- MT6218：为在MT6205基础上增加GPRS、WAP、MP3功能。
- MT6217：为MT6218的简化方案，与MT6128引脚兼容，只是软件不同而已。
- MT6219：为MT6218上增加内置130万像素摄像头处理IC，增加MP4功能。
- MT6223：为MTK的低端处理器，其中的C版本可以软件支持10万像素的

CMOS传感器，D版本则没有摄像头接口。

- MT6225：内置30万像素摄像头处理IC。
- MT6226：为MT6219简化产品，内置30万像素摄像头处理IC。
- MT6226M：为MT6226高配置设计，内置的是130万像素摄像头处理IC。
- MT6227：与MT6226功能基本一样，引脚兼容，内置200万像素摄像头处理IC。
- MT6228：比MT6227增加TV OUT功能，内置300万像素摄像头处理IC，支持GPRS、WAP、MP3、MP4。
- MT6229：在MT6228的基础上增加EDGE GPRS功能，其他功能一样。
- MT6230：为MT6229简化产品，只配置了130万像素摄像头处理IC，其他功能一样。
- MT6253：第一款GSM/GPRS手机单芯片解决方案(SOC)，集成了数字基频(DBB)、模拟基频(ABB)、电源管理(PMU)、射频收发器(RF Transceiver)等手机芯片基础元器件，有MP3功能，能支持130万像素手机相机、高速USB、触摸屏(Touch Panel)、双卡双待(dual-SIM)以及丰富的多媒体应用功能。

(2) 以ARM9内核为主的基带芯片

MT6235、MT6238、MT6239、MT6516、MT6268，其性能如下：

- MT6235：ARM9内核，MT6225的升级平台，和MT6223一样集成了PMU，且对GPS有很好的支持，208 MHz系统时钟，支持电视功能及EDGE上网功能，MP3硬解码，MP4软解码，但是效果很好，内置200万摄像头处理IC。
- MT6238：支持EDGE无线上网高级音频编码、MPEG4编码、电视功能及声音/调制解调器插卡(AMR)工业标准，内置300万像素摄像头，H.264编码，集成PMIC, Bluetooth 2.0(双DSP)。
- MT6239：GPRS＋EDGE平台，多媒体芯片，强化了拍照、拍摄、音乐、运行速度等功能。并支持500万像素的拍照功能，达到了30帧的视频播放，且内置手机电视CMMB功能。
- MT6516：采用了双CPU(ARM9＋ARM7)的智能机解决方案，支持WVGA级别的LCD解析度、MPEG-2解码，并且整合了多种视频编解码器(Video Codec)，以支持CMMB、DVB-T、DVB-H等手机电视应用标准。集成了500万像素的拍摄功能，最为重要的是，不需要外加多媒体处理器(AP)即可支持上述强大多媒体功能的智能手机解决方案，而以往要实现同样的功能需要两个甚至更多的芯片。
- MT6268：WCDMA/EDGE平台，采用了ARM926EJ-S内核，同时通过硬件图像处理器集成了500万像素的拍摄功能，也具有自动聚焦功能。多媒体功能上，它还集成了H.264硬加速器，以支持移动电视功能。其他多媒体功能与之前的一样，支持双SIM卡。

➢ MT6906：是一款面向 TD－HSDPA/GSM/GPRS/EGPRS 终端应用的带有高级电源管理和多媒体能力的先进低功耗基带处理器。该芯片除了集成了一个 ARM926 微处理器内核和一系列支持外部接口应用诸如数码像机传感器、USB OTG、MD 卡、SD 卡、IrDA、彩显以及蓝牙、WiFi 和 GPS 应用外，还集成了一个功能强大的 Blackfin DSP 处理器。

4. 以 ARM11 内核为主的基带芯片

MT6573 是联发科公司专门针对智能手机市场而推出的，基于 Android 最新操作系统的智能型手机芯片解决方案，2011 年下半年每月的出货量都以百万计，市场势头很猛，特点如下：

➢ MT6573 高度整合基带(Baseband)、多媒体处理器(Application processor)以及必要的电源管理组件成为一颗系统单芯片(SoC)，大幅降低占板面积以及所需器件。

➢ 支持联发科技全系列无线芯片组包括蓝牙、WiFi、FM Radio、GPS 以及手机电视等规格，成本低且高兼容性。

➢ 采用 ARM11 AP 处理器主频达到 650 MHz，支持 HSPA 速度达 7.2 Mbps/5.76 Mbps，支持双卡双待，其优异性能包括支持丰富多媒体高端规格：支持 8 百万像素照相机并支持自动对焦、脸部侦测、微笑快门，并支持高达 FWVGA 30 fps 流畅的录像以及影像播放，触摸屏幕支持 FWVGA 的分辨率等。除此之外，MT6573 优化的硬件设计支持功能强大的 3D 图像处理技术，优于其他同等级 CPU 的 3D 图像处理表现，能将 AndroidTM 平台 3D UI 设计的精致度生动完美地呈现。

5. 其他芯片

MTK 除了上述主要芯片类型外，还有下列配套芯片：

➢ 触摸屏控制芯片：MT6301；

➢ 蓝牙芯片：MT6601、MT6611、MT6612；

➢ 双卡转换芯片：MT6302。

2012 年初，联发科发布了针对中低端智能手机的第三代智能手机解决方案——MT6575。MT6575 高度整合主频 1 GHz 的 ARM Cortex－A9 处理器和联发的 3G/HSPA Modem，并支持 Android 4.0 最新 Ice Cream Sandwich 操作平台。

1.2.2 MTK 手机平台软件支持介绍

MTK 提供了一整套功能强大、稳定可靠的软件平台，熟悉并熟练地应用其用 C 语言编写的软件系统，便能利用 MTK 软件系统进行二次开发的特性，将 MTK 平台应用于除手机开发以外的安防、生产等领域。

1. MTK操作系统

MTK采用Nucleus实时抢先式多任务操作系统，具有简单和实时控制的优点，可以在较少的硬件资源上运行。除核心模块Kernel外，Nucleus还有文件系统、图形包、网络、USB和总线协议等各种组件，是连接硬件和上层应用之间的完美平台，在手机、数字设备、汽车电子、医疗、工控、航空航天、网络、通信等领域得到了广泛应用。

在Nucleus上有一个KAL(Kernel Abstraction Layer)OS层，它作为MTK软件和Nucleus操作系统的接口层，主要为任务提供各种系统服务(如定时器、队列、内存管理和事件等)。

2. MTK基本软件构架

Nucleus操作系统的上面是整个MTK系统的软件构架，主要由RMI(Remote MMI)、MMI(Man Machine Interface)、L4(Layer 4)、Drivers和PS/L1(Protocol Stack/Layer 1)几部分构成。

MTK软件构架用到了层的概念，它将各功能模块分为不同的层，每个层具有各自的功能特性。MMI是MTK可二次开发的核心部分，MTK软件架构如图1-2所示，由下面几个部分组成：

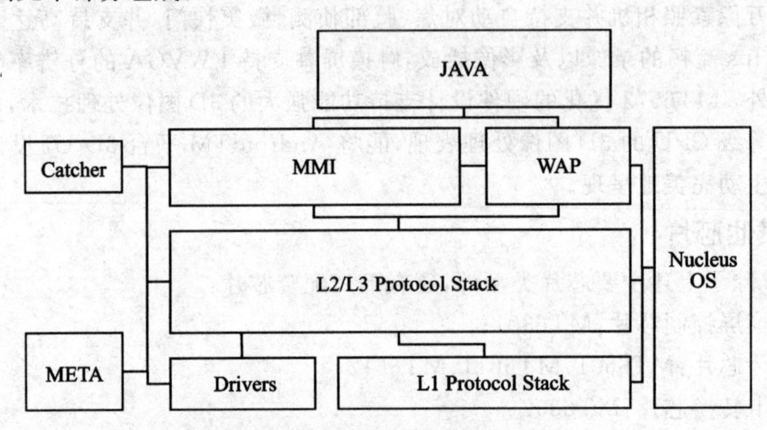

图1-2　MTK软件架构示意图

① 软件部分：

- L1 Protocol Stack：GSM物理层协议栈；
- Drivers：外设驱动；
- L2/L3 Protocol Stack：GSM协议栈；
- WAP：无线应用协议；
- JAVA：J2ME软件应用；
- OS：Nucleus OS手机系统。

② MTK调试开发工具——META：META是MTK平台测试校准调试开发

工具。

③ 信息记录工具—Catcher：一个在PC端的工具，用于MTK GSM/GPRS产品，主要功能是记录primitives和debug信息。

3. MTK软件开发环境

MTK的应用开发都是在Windows环境下进行的，编译程序使用了ARM公司的ADS1.2，但没有使用其集成开发环境，而是采用DOS行命令来编译的，同时因其使用Perl脚本里调用ADS命令行编译器armcc来编译，所以还需要安装ActivePerl（即Windows Perl解释器）和Windows版的make程序。

为了方便应用程序的开发设计，MTK也像其他手机厂家一样提供了一个Windows版本的模拟器来方便程序开发人员的程序开发——即MMI（Man-Machine Interface）人机交互接口的开发设计，Windows的模拟器用使用微软的VC 6.0进行编译。可以直接在VC++中调用模拟器来调试，模拟器的界面如图1-3所示。

图1-3　MTK模拟器界面

通过上面所显示的模拟器，开发人员可以完成MMI的部分仿真调试，测试无误后再用ADS同手机软件的其他部分一起形成最后的版本。

4. MTK软件扩展开发

相对于嵌入式Linux而言，MTK的软件总体上是一个封闭的、私有的软件系统。因此扩展起来有一定麻烦性，所有程序要把源码放在一起编译。目前应用程序变得越来越复杂，但联发科技出于稳定性的考虑没有加入软件动态扩展机制，可以采用一些第三方软件扩展技术应用在MTK手机上。在这种机制下，应用程序可以不需要操作系统的源码就可以独立编译，这样方便第三方的开发者来开发一些通用应用程序，这其中用的比较多的是J2ME应用扩展方式。

J2ME是大部分手机支持的嵌入式JAVA扩展机制，而且可以编译一次，到处运行，但是J2ME对内存要求较高。所以原始的MTK平台并没加入这类机制，后期把J2ME的虚拟机kvm移植到MTK平台上，这样很多JAVA的应用程序就可以在

MTK手机上运行，本书所采用的应用方案都使用了J2ME应用程序的扩展设计。

1.3 手机产品的行业应用现状

随着手机产品应用的越来越普及，人们已经认识到了手机作为一个移动终端的优势，特别是近年来无线通信技术的兴起，对无线控制及传输方面的需求也随之热门起来，一些以手机设计起家的公司更是看到了行业应用的潜力，再加上手机产品同质化严重，市场竞争加剧，价格优势已经荡然无存，所以很多有一定实力的手机公司和个人进入了行业应用设计的新天地，采用手机模块作为行业应用有以下几个方面的特点：

(1) 成本低，性能好

采用手机模块行业应用能降低一半的硬件成本，比如无线数据采集类产品，传统做法都是采用MCU51或者是ARM之类的搭建一套主控平台，之后购买GPRS，加上所需的功能模块，如RFID功能，形成一套完整的RFID无线数据采集系统；若直接采用手机方案，只需在手机模块加上RFID即可，并且有成熟的电源管理、菜单界面等，系统稳定可靠，只要几天就可以完成，软件成本也大幅降低。

(2) 难度低，效率高

工业项目中直接代替单片机或者是ARM，把手机开发模块理解成一个高级单片机，甚至比单片机更简单的小计算机，不需要了解硬件，直接在PC上开发程序，降低软硬件的难度。

(3) 稳定方便

模块中直接包含电池，特别适合在供电不稳或者需要断电保护的地方；模块中直接带手机天线，可以不需要外部扩展。

可以看出，手机模块特别适合在无线数据采集、控制、安防等领域的应用。以下介绍在一些领域的创新性应用：

(1) RFID公交售票

如淄博公交数据采集系统采用华禹工控的MTK6225(P1302)核心板进行设计，扩展RFID采集电路，现场应用效果很好，GPRS信号很强。终端外形图如图1-4所示。更值得一提的是，2010年上海世界博览会的RFID门票系统就采用的同样的解决方案。

(2) 自行车租赁系统

该系统为烟台样板工程，采用MTK6225平台设计，系统界面如图1-5所示。

(3) 物流条码扫描

通过安装一维码或二维码扫描头以及RFID扫描模块，能够实现物流条码扫描及手持式金融POS的行业应用。

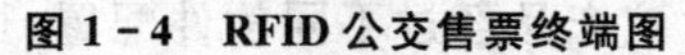

图1-4 RFID公交售票终端图　　　图1-5 租赁系统界面

(4) 连锁店会员管理POS系统

采用MTK6225平台POS机设计，功能包括员工管理、卡消费、GPRS数据上传，数据POS终端界面如图1-6所示。可以查询、数据打印、系统设置等，适用于其他连锁店管理。

(5) 溯源耳标智能识别器

耳标扫描与移动数据终端产品应用于动物检疫过程中的信息管理系统，以二维码畜禽标识作为动物从出生到屠宰过程中的唯一身份证明，局部发生疫情时，借助RFID无线识别技术能快速准确地查询到动物的饲养、检疫、流通和屠宰路径，达到疫病监控和防治的目标。使用方法如图1-7所示。系统采用了MTK6235手机平台，内置二维条码扫描模块，可以通过与农业部的溯源系统服务器联网交互来确定所扫描耳标的畜禽检疫信息。

图1-6 会员管理POS系统界面

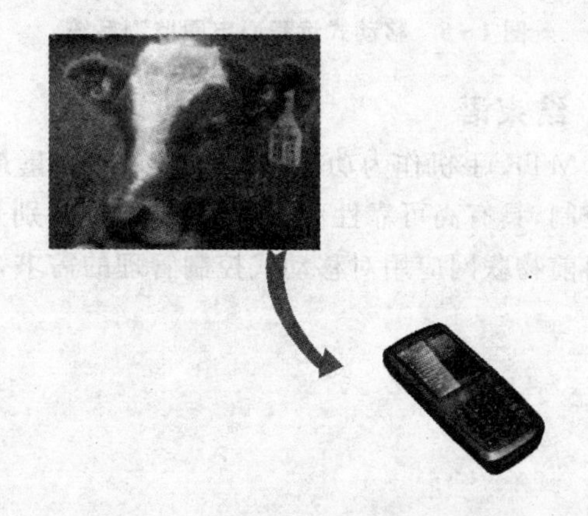

图1-7 耳标远程识别使用方法

(6) 移动式远程心电图监测系统

传统的动态心电图监测充分利用了大容量存储器的特点，通过一定时间数据存储后再通过相关计算机回放数据来分析检查心血管疾病。采用MTK手机模块的移动式医疗监护系统充分利用了手机的GPRS通信功能，可以实时远程传送监护者的相关数据，做到第一时间完成对监护者的心血管数据分析，以便及时发现问题。无线远程心电监护是远程医疗的一个重要组成部分，缩短了医生和患者之间的距离，方便为患者提供及时救助。尤其是对自理能力较差的老年人和残疾人的日常生活实施远程心电监护，具有广阔的市场应用前景。移动式远程心电图监测系统外形如图1-8所示。

(7) 燃气无线抄表系统

桂林利通电子科技有限公司采用MTK6235平台设计的RF无线抄表手持终端充分利用了MTK手机模块的移动式管理的特点，支持WiFi/GPRS，内置了RF 433 MHz通信模块，满足了小区燃气抄表的需求。该产品经过不同软件配置，可以应用在如物流、RFID等物联网应用领域，有广阔的应用前景。图1-9为手持式无线抄表终端外型图。

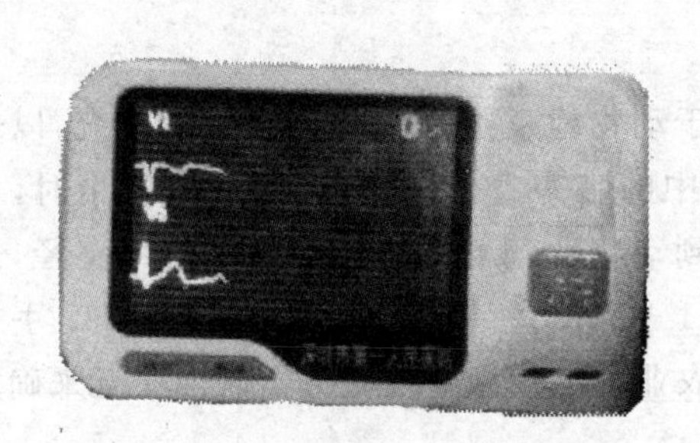

图1-8 移动式远程心电图监测系统

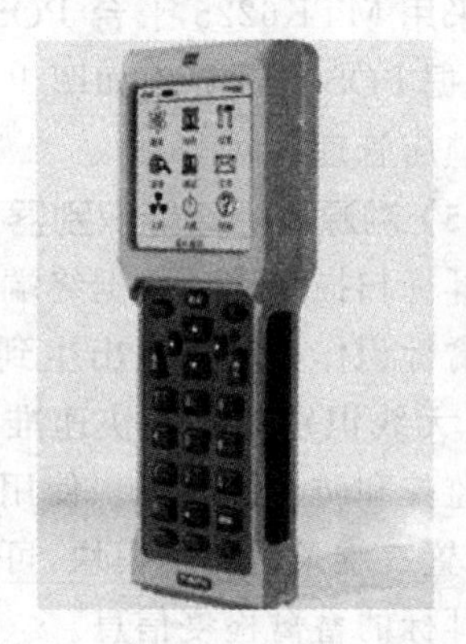

图1-9 手持式无线抄表终端外型图

结束语

MTK手机作为功能手机市场中使用量最大的产品，广泛应用于数据采集和产品控制，具有高可靠性和低成本的特点，特别是它移动终端管理出色的性能，正迎合了目前物联网应用对移动式控制管理的需求，相信具有广阔的市场空间和推广价值。

第2章

MTK 手机硬件原理及应用设计

在 MTK 手机方案中，出货量最大、使用最稳定和最广泛的就是 MTK6225 平台。自从 2005 年推出到今天，MTK6225 平台已经有 7 个年头了，出货的手机数量可以以亿来计算，主要原因是它满足了绝大多数客户的需求，同时得到了大量手机公司的支持，也有着丰富的各种配套的软硬件应用。MTK6235 则是 MTK6225 的升级版本，在系统的硬件性能、JAVA 支持以及 2D/3D 性能上有着很大的改善，但遗憾的是手机虽然性能优越，但很少能用于行业应用，比如数据采集、控制等领域，究其原因还是手机技术的封闭性。手机设计思路是按照普通客户的使用习惯来考虑的，没有考虑行业应用的特点，所以其在硬件接口的扩展、硬件底层驱动以及相关技术文档资料方面都没有对电子爱好者和行业应用开放，也就无法给客户实现个性化应用的空间。

华禹工控率先在国内推出第一款基于 MTK6225 平台的手机模块，使得手机应用有了一个全新的理念，其已不是简单的通话、短信功能使用，而是可以由用户在此基础上任意增减硬件设计、根据需要推出个性化应用的嵌入式系统；同时，系统保持了手机固有的优越移动性能，作为一个全新的理念，让很多不了解手机开发的都了解手机，让手机的入门不再高高在上，这是它最具魅力的方案之一。

本章在对 MTK6225 和 MTK6235 原理介绍的同时，将着重介绍 MTK6225/6235 基础上的扩展应用设计。

2.1 MTK6225 手机模块工作原理及整体架构

MTK6225 手机平台是一个完整的手机应用平台，其结构原理如图 2-1 所示。

MTK6225 手机具有如下功能：

- 采用 104 MHz ARM7 CPU。
- 支持 1.8～3.2 英寸彩色 LCD 屏，分辨率最高支持 400×240。
- 支持手写触摸和汉字识别。
- 支持 MP3、MP4、摄像头和弦铃音等多媒体功能。
- 支持串口、USB 接口、U 盘功能，支持 TF 卡。
- 支持 GPRS、GSM、SMS、彩信。
- 支持 JAVA。

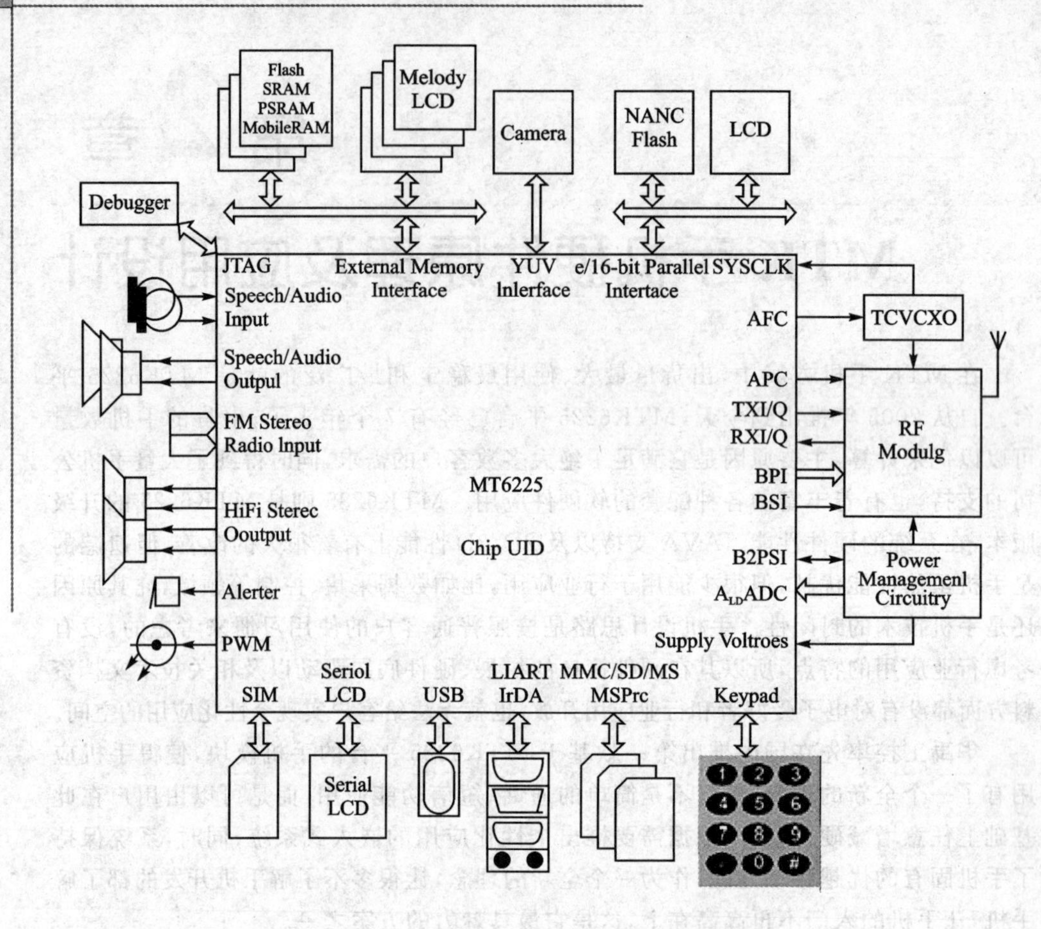

图2-1　MTK6225手机平台原理框图

MTK6225手机平台除去常规必需的一些硬件设置外，最主要的是RF射频芯片模块、电源管理芯片模块以及基带芯片。

1. 电源模块功能说明

电源管理芯片模块用的是MT6138，这是专为MT6225设计的高性能PMIC模块，它提供了多路不同电压的LDO、常用背光升压电路、开机复位电路、电池充电控制电路、欠压保护、过压锁定保护等功能，其内部原理图如图2-2所示。

MT6138是一颗具有96个引脚的TFBGA封装的芯片，为MT6225提供各种电压，并且给整机提供充电电路、开机电路、音频功放电路和SIM接口转换电路，具体参数如下：

- VDD：MT6225数字接口电压，2.8 V，对应MT6318的VIO。
- VMEM：Flash、RAM电压，2.8 V/1.8 V，当前配置为2.8 V。
- AVDD：MT6225模拟参考电压，2.8 V，对应MT6318的VA。
- VCORE：MT6225数字核心电压，1.8 V/1.5 V，对应MT6318的VD。

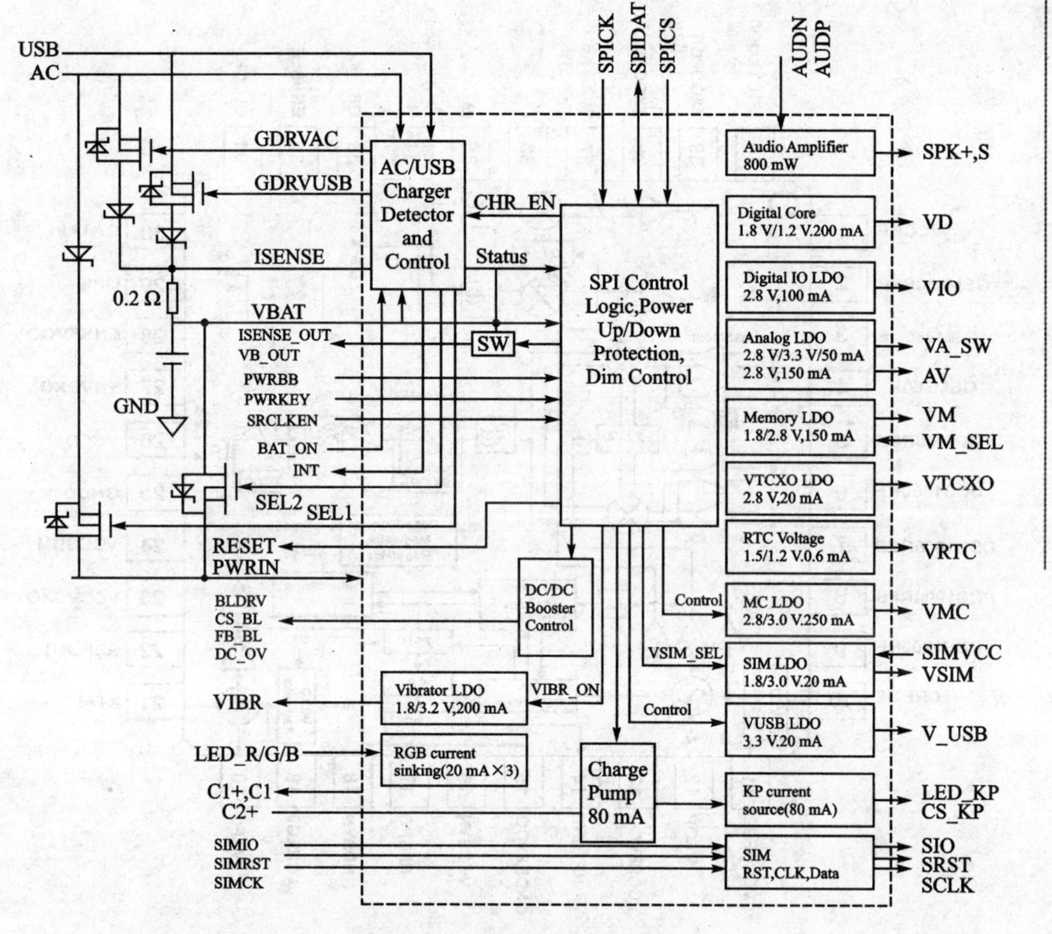

图 2－2　MTK6138 内部原理图

➢ VTCXO：MT6139 射频芯片的电源电压。
➢ VRTC：后备时钟电压，配置为 1.5 V。
➢ VSIM：2.8 V/1.8 V，根据 SIM 卡自动识别。
➢ VUSB：3.3 V。
➢ LED_KP：LCD 显示屏并联驱动电源脚。
➢ CS_KP：LCD 显示屏并联背光电流反馈。

2. 射频模块功能说明

RF 射频芯片模块采用的型号是 MT6139，这是一颗高集成度的射频处理芯片，支持 EGSM、DCS、PCS、GSM850 这 4 个频段，支持 GPRS；同时 MT6139 还是一颗直接变频的高性能四频带 RF 芯片，通过直接变频，省略了中频电路，使外部电路更简单，最大的好处就是降低了射频设计应用难度。MT6139 内部原理图如图 2－3 所示。

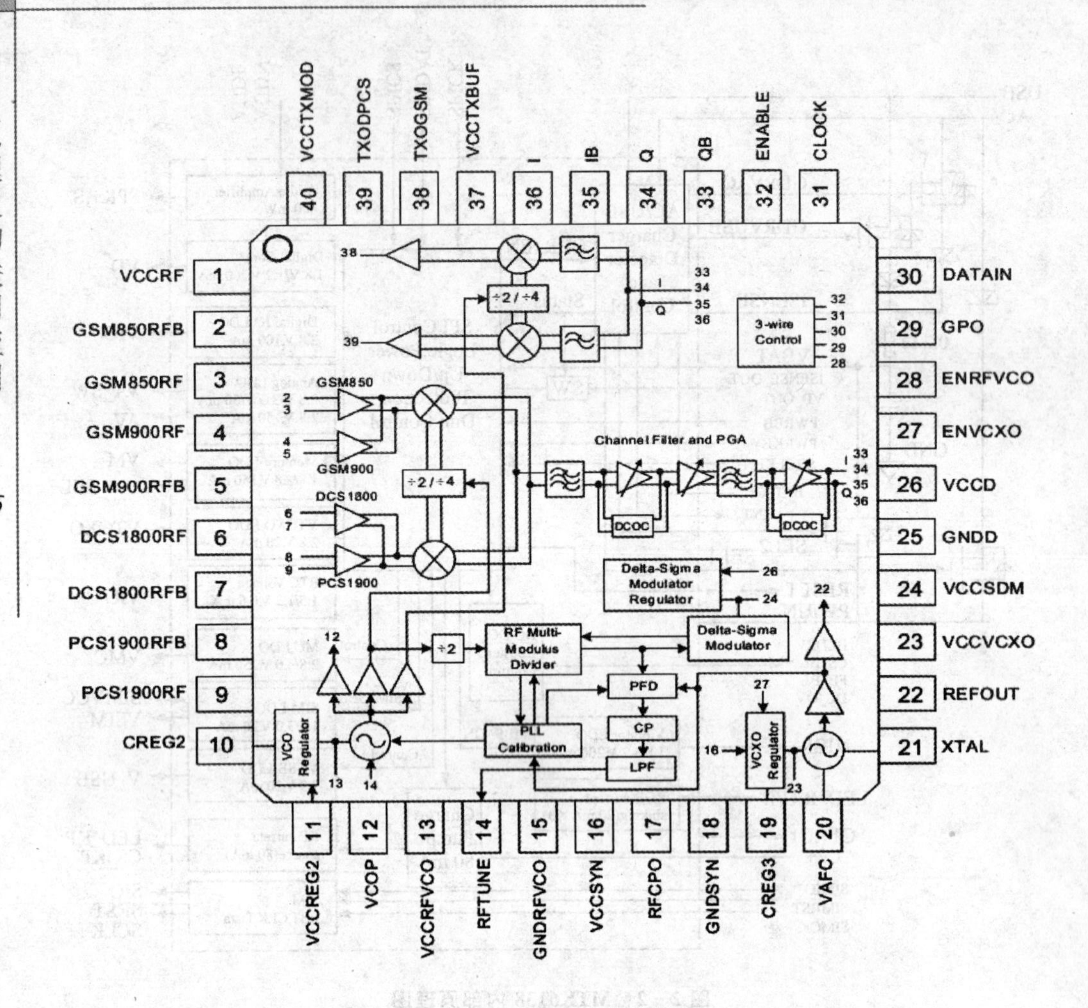

图 2-3 MT6139 内部结构图

MT6139 具体的应用特点如下：

- 采用带自动直流便移补偿的直接变频结构，无需中频电路；
- 四频差分 LNA 输入；
- 全集成 135 kHz 信道滤波器；
- 高精度 IQ 调制器；
- 带自动频率校准环路的小数 N 分频结构的频率合成器，全集成宽频 VCO；
- 支持 VCXO，提供片内可编程电容阵列和变容二级管；
- 内置用于 VCO、VCXO 和 SDM 电路的电压调压器。

3. 基带芯片功能说明

基带芯片采用的 MT6225，这是一个拥有 264 个球型引脚的 TFBGA 封装的模块，其内部结构图如图 2-4 所示。

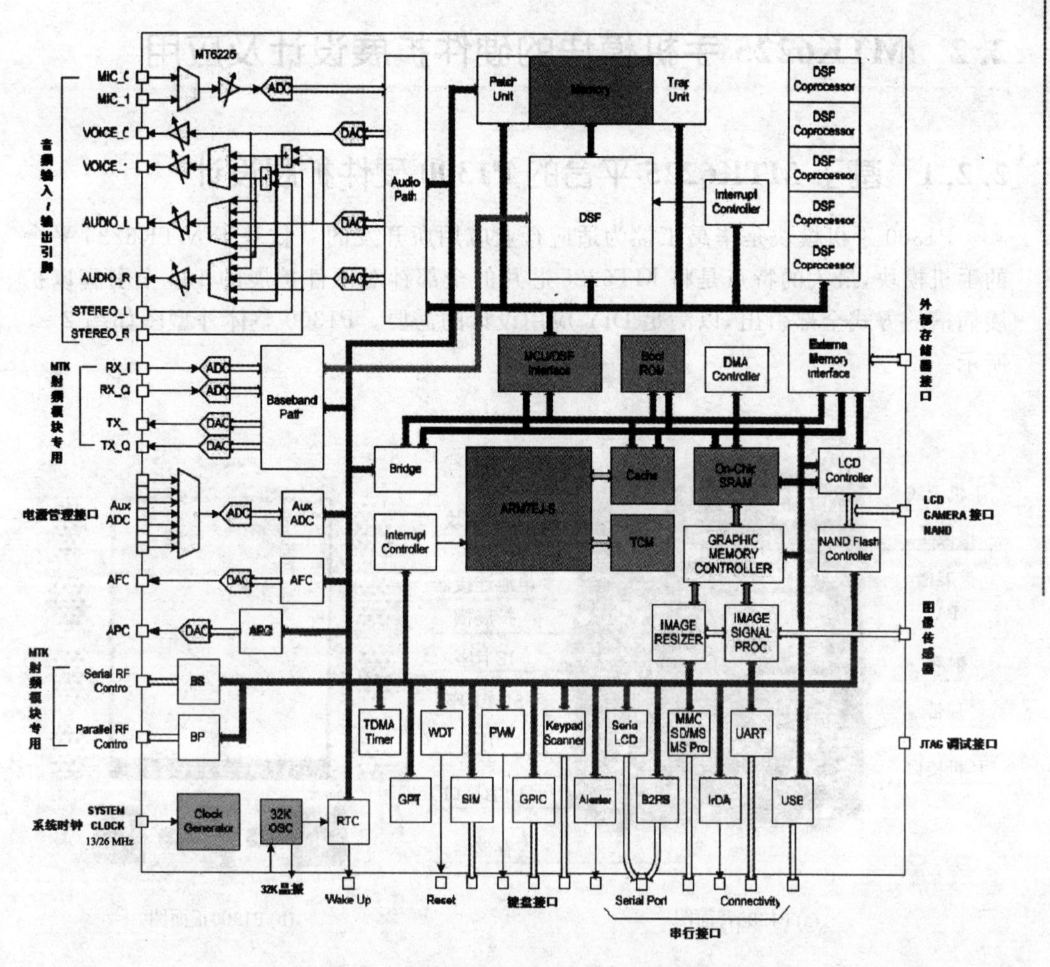

图 2-4 MT6225 基带芯片内部结构图

MT6225 基带芯片集成了一个 104 MHz 的 32 bit 的 ARM7EJ-S 处理器、一个 DSP 以及一些外部接口。ARM7EJ-S 处理器主要负责多媒体、人机交互、GSM/GPRS 上层协议处理，DSP 负责音频及 GSM/GPRS 底层协议处理。

作为一个高集成度的单信片(SOC)手机解决方案，除了上述的 CPU、DSP 的集成外，还集成了众多的多媒体应用，具体如下：

- 显示引擎；
- 64 和弦音频；
- 硬件 JAVA 引擎；
- MMS；
- 丰富扩展接口：Memory 接口、8/16 bit 并口、串口、Nand Flash、IrDA、USB、MMC/SD/MS/MS PRO、Camera、按键等接口。

2.2 MTK6225手机模块的硬件扩展设计及应用

2.2.1 基于MTK6225平台的P1300硬件扩展设计

P1300手机模块是华禹工控为适应行业应用所开发的一款基于MTK6225平台的手机模块，最大的特点是将MT6225芯片的全部针对硬件扩展的108个引脚以扩展插槽的方式全部引出，以满足DIY应用设计的需要。P1300整体外型图如图2-5所示。

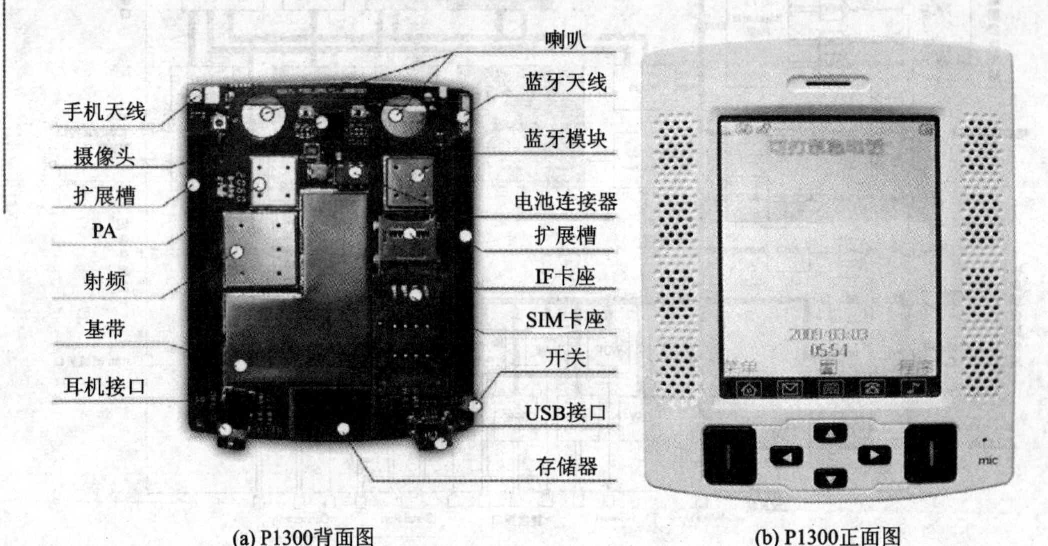

(a) P1300背面图　　(b) P1300正面图

图2-5 P1300整体外型图

从P1300背面图可以看出在手机板的背面引出了两个的扩展槽，这是将MT6225基带芯片全部108个I/O引脚全部通过扩展槽引出，以实现手机模块外部硬件扩展的个性化应用。这108个引脚的名称具体如下：

- 充电脚；
- 电池脚；
- 内部数字接口电压；
- 内部模拟电压；
- 内部数字核心电压；
- 3路ADC；
- 16 bit数据总线，5根地址线；
- 独立16 bit LCD接口；
- 音频接口；

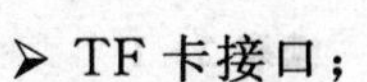

- TF 卡接口；
- SIM 卡接口；
- USB 接口；
- 两路串口；
- Camera 接口；
- 按键接口；
- 12 路 GPIO 口；
- 3 路中断接口。

这 108 个引脚分别以左右各 64 个引脚的方式从 1300 手机背板的两个扩展槽引出，具体各扩展槽引脚定义如表 2-1 和表 2-2 所列。

表 2-1　左侧 64 引脚扩展接口引脚定义

序号	名称	功能描述	参数	类型
1	VCHG	充电输入脚	5～6 V 输入	同 33 脚
2	ADC2	ADC 输入脚	10 bit、Vref=2.8 V	
3	ADC3	ADC 输入脚	10 bit、Vref=2.8 V	
4	ADC4	ADC 输入脚	10 bit、Vref=2.8 V	
5	GPO3	通用 GPO	默认输出为高	
6	EA5	总线地址脚		
7	EA4	总线地址脚		
8	EA3	总线地址脚		
9	EA2	总线地址脚		
10	EA1	总线地址脚		
11	nSYSRST	系统复位脚	低电平复位	
12	nEWAIT	总线等待脚	用于低速设备	
13	nERD	总线读脚		
14	nEWR	总线写脚		
15	nECS2	总线片选 2	地址 0x10000000	
16	ED15	总线数据脚		
17	ED14	总线数据脚		
18	ED13	总线数据脚		
19	ED12	总线数据脚		
20	ED11	总线数据脚		
21	ED10	总线数据脚		

续表 2-1

序号	名称	功能描述	参数	类型
22	ED9	总线数据脚		
23	ED8	总线数据脚		
24	ED7	总线数据脚		
25	ED6	总线数据脚		
26	ED5	总线数据脚		
27	ED4	总线数据脚		
28	ED3	总线数据脚		
29	ED2	总线数据脚		
30	ED1	总线数据脚		
31	ED0	总线数据脚		
32	GND	地		
33	VCHG	充电输入脚	5～6 V 输入	同 1 脚
34	GPIO43	通用 GPIO	默认为输入 PD	
35	GPIO2	通用 GPIO	默认为 BT RESET	*1
36	GPIO45	通用 GPIO	默认为输入 PU	
37	GPIO0	通用 GPIO/EINT4	默认为输入 PU	
38	GPIO34	通用 GPIO	一般为外部电源控制脚	*2
39	GPIO26	通用 GPIO	默认为输入 PD	
40	GPIO27	通用 GPIO	默认为输入 PD	
41	GPIO1	通用 GPIO/EINT5	默认为输入 PU	
42	GPIO3	通用 GPIO/EINT7	默认为输入 PU	
43	GPO2	通用 GPO	默认输出为低	*3
44	NLD15	LCD 数据脚		
45	NLD14	LCD 数据脚		
46	NLD13	LCD 数据脚		
47	NLD12	LCD 数据脚		
48	NLD11	LCD 数据脚		
49	NLD10	LCD 数据脚		
50	NLD9	LCD 数据脚		
51	NLD8	LCD 数据脚		
52	NLD7	LCD 数据脚		

续表 2-1

序 号	名 称	功能描述	参 数	类 型
53	NLD6	LCD 数据脚		
54	NLD5	LCD 数据脚		
55	NLD4	LCD 数据脚		
56	NLD3	LCD 数据脚		
57	NLD2	LCD 数据脚		
58	NLD1	LCD 数据脚		
59	NLD0	LCD 数据脚		
60	LRDB	LCD READ 脚		
61	LWRB	LCD WRITE 脚		
62	LPA0	LCD 命令数据脚		
63	LPCE0B	LCD 片选脚		
64	GND	地		

注：＊1：此脚内部被蓝牙占用，不建议客户使用。

＊2：huayu一般使用此脚为外部电源控制脚。

＊3：此脚为按键灯控制脚，不建议客户使用。

表 2-2 右侧 64 引脚扩展接口引脚定义

序 号	名 称	功能描述	参 数	类 型
1	VBAT	电池电源脚	3.5～4.0 V，推荐 3.8 V	同 33 脚
2	SPKL＋	左声道正差分输出	驱动 8 Ω，1 W 喇叭	同 3 配对
3	SPKL－	左声道负差分输出	驱动 8 Ω，1 W 喇叭	同 2 配对
4	SPKR＋	右声道正差分输出	驱动 8 Ω，1 W 喇叭	同 5 配对
5	SPKR－	右声道负差分输出	驱动 8 Ω，1 W 喇叭	同 4 配对
6	SPKP	听筒正差分输出	驱动 33 Ω，250 mW 喇叭	同 7 配对
7	SPKN	听筒负差分输出	驱动 33 Ω，250 mW 喇叭	同 6 配对
8	AUDIO_OUTL	左声道耳机单端输出	驱动 33 Ω 耳机	同 9 配对
9	AUDIO_OUTR	右声道耳机单端输出	驱动 33 Ω 耳机	同 8 配对
10	MICP	外部 MIC 单端输入	MIC 采用 2.2 kΩ 内阻	
11	GND	地		
12	MCCMD	SD 卡状态控制脚		
13	MCCK	SD 卡时钟信号	24 MHz	

续表 2-2

序号	名称	功能描述	参数	类型
14	MCDA3	SD 卡数据线	24 MHz	
15	MCDA2	SD 卡数据线	24 MHz	
16	MCDA1	SD 卡数据线	24 MHz	
17	MCDA0	SD 卡数据线	24 MHz	
18	GND	地		
19	SIM_IO	SIM 卡数据线	默认 9 600 速率	
20	SIM_RST	SIM 卡复位脚		
21	SIM_CLK	SIM 卡时钟	3.579 545 MHz	
22	VSIM	SIM 卡电压	2.8 V/1.8 V	*1
23	VCORE	MT6225 数字内核电压	1.8 V/1.5 V	*2
24	AVDD	MT6225 模拟电压	2.8 V	
25	VDD	MT6225 数字接口电压	2.8 V	
26	USB_DP	USB 差分数据线正极	USB SLAVE	同 27 配对
27	USB_DM	USB 差分数据线负极	USB SLAVE	同 26 配对
28	UTXD2	串口 2 发送脚	2.8 V 电平	
29	URXD2	串口 2 接收脚	2.8 V 电平	
30	UTXD1	串口 1 发送脚	2.8 V 电平	
31	URXD1	串口 1 接收脚	2.8 V 电平	
32	GND	地		
33	VBAT	电池电源脚	3.5～4.0 V，推荐 3.8 V	同 1 脚
34	CMPDN	摄像头使能脚		
35	GPIO8_SCL	I^2C SCL	内部有 10 kΩ 上拉	
36	GPIO9_SDA	I^2C SDA	内部有 10 kΩ 上拉	
37	CMPCLK	摄像头数据同步时钟		
38	CMMCLK	摄像头主时钟		
39	CMVREF	摄像头场同步信号		
40	CMHREF	摄像头行同步信号		
41	CMDATA7	摄像头数据线		
42	CMDATA6	摄像头数据线		
43	CMDATA5	摄像头数据线		
44	CMDATA4	摄像头数据线		

续表 2-2

序 号	名 称	功能描述	参 数	类 型
45	CMDATA3	摄像头数据线		
46	CMDATA2	摄像头数据线		
47	CMDATA1	摄像头数据线		
48	CMDATA0	摄像头数据线		
49	CMRST	摄像头复位脚		
50	KCOL6	按键列接收脚	与开机键连接	*3
51	KCOL5	按键列接收脚		
52	KCOL4	按键列接收脚		
53	KCOL3	按键列接收脚		
54	KCOL2	按键列接收脚		
55	KCOL1	按键列接收脚		
56	KCOL0	按键列接收脚		
57	KROW5	按键行扫描脚		
58	KROW4	按键行扫描脚		
59	KROW3	按键行扫描脚		
60	KROW2	按键行扫描脚		
61	KROW1	按键行扫描脚		
62	KROW0	按键行扫描脚		
63	PWRKEY	按键行扫描脚		
64	GND	地		

注：*1：SIM卡电压的标准为1.8 V、2.8 V、5.0 V，现在常用的都是1.8 V和2.8 V，SIM卡自动识别。

*2：Vcore数字内核电压在工作的时候为1.8 V，待机的时候为1.5 V。

*3：KCOL6一般跟开机键通过一个二极管连接在一起，这样开机键也可以当作一个普通按键来用，设计的时候不要用KCOL6。

针对定制的应用可以通过设计一个背板，将希望采用的芯片电路集成背板上，通过2 mm的排针插在两个插槽上，通过软件的编程就可以实现相关应用。以下为一个应用实例，该背板集成了一个STC8052RED、一个RF2041模块、一个GPS模块，主要是针对智能家居方面的应用而设计，具体的设计原理图如图2-6所示。

图2-6中背板采用了STC89C516单片机做前台处理，主要完成与后台MTK6225平台的数据交换以及与各下位机通过RF2401模块的数据交换；而另外一个是GPS模块，通过串口与MTK6225完成数据交换，这两个不同的功能分别通过串口1和串口2与MTK6225相连，连接的方式也是通过左右两个插槽的方式连接，如图2-7所示。

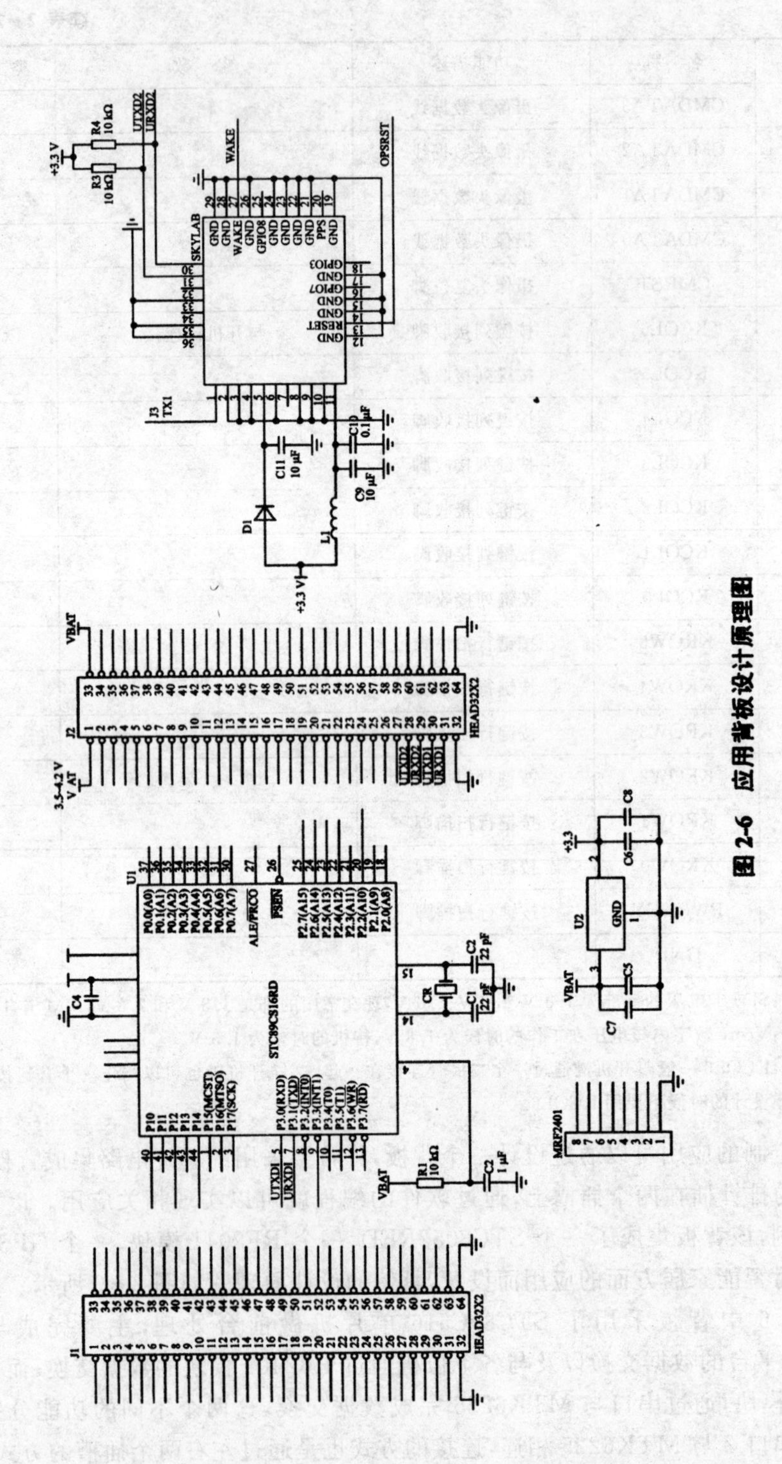

图 2-6　应用背板设计原理图

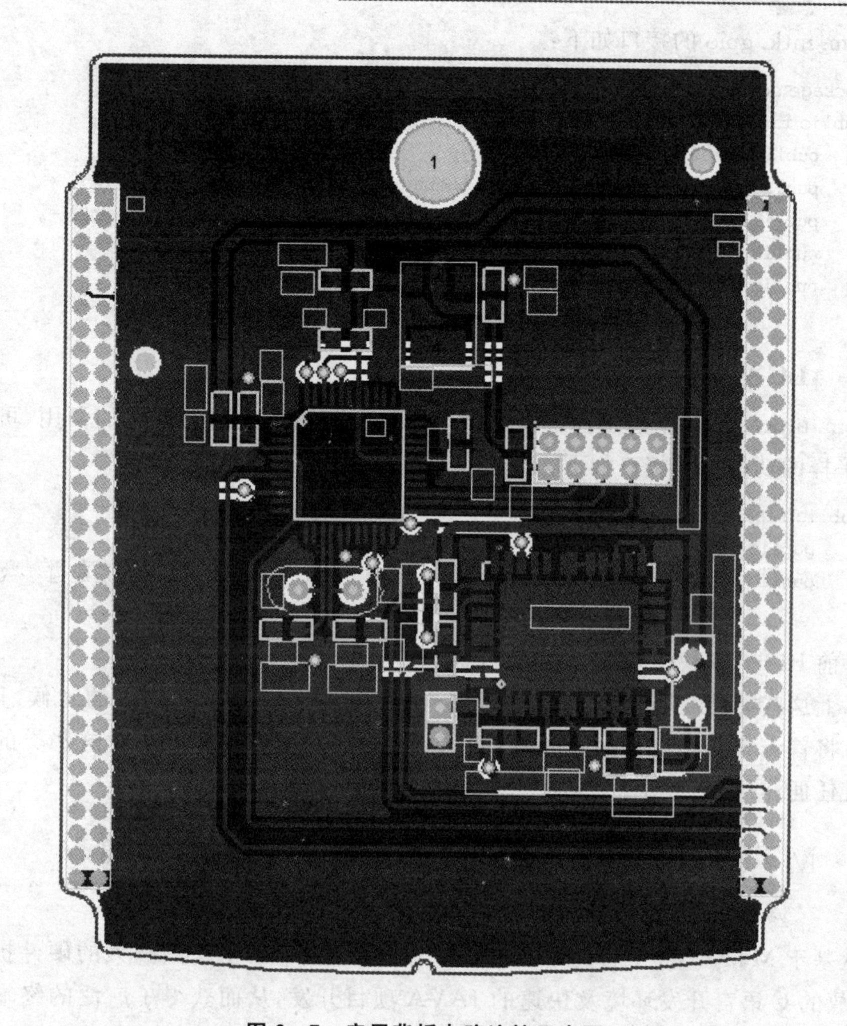

图 2-7　应用背板电路连接示意图

从上面的设计思路可以看出，MTK6225 数据采集采取了前后台通过串口进行数据交换的方法，这在实际应用中比较普遍，本书介绍的事例均采用了这样的设计思路。

2.2.2　基于 JAVA 的硬件底层控制

深圳华禹工控在标准 J2ME 的基础上开发了扩展接口，利用这些接口，可直接控制硬件，目前提供了下面几个类的调用：

1. GPIO 控制类

com.mtk.gpio 包是对 GPIO 操作的类，通过对该类中接口函数的调用可实现对硬件的 GPIO 控制。

com. mtk. gpio 的接口如下：

```
package com.mtk;
public final class Gpio {
    public Gpio() {}
    public void ModeSetup(short pin,short conf_data){}   /* GPIO 模式设置 */
    public void InitIO(byte direction,byte port){}   /* 输入输出方向设置 */
    public void WriteIO(byte data,byte port){}   /* 对 GPIO 写操作 */
    public byte ReadIO(byte port){return(byte)0}/* 对 GPIO 读操作 */
}
```

2. ADC 采样类

com. mtk. adc 是华禹工控提供的对 ADC 操作的包，通过对该包的调用，可实现 ADC 采样的功能。其接口如下：

```
public final class Adc {
    public Adc( ) {}
    public short getdata(byte channel){return (short)0;} /* getdata 是通道参数 */
}
```

目前 P1300 模块支持 0～6 共 7 个通道。

以上这些类已经固化在 P1300 模块中，在模块上使用这些调用的时候，JAVA 虚拟机将首先查找固化在设置中的 GPIO 类，但在常用的模拟器上对这些类的调用不会有任何作用。

2.3　MTK6235 手机模块工作原理及整体架构

从基于 MTK6225 平台的 P1300 模块推向市场以来，由于其强大的硬件扩展性能、开放的 C 语言开发环境及快速的 JAVA 项目开发，从而获得了广泛的终端行业的应用。但目前该模块也有一些不足：

① CPU 速度还是不够块，采用的是 ARM7 内核，只有 107 MHz；

② 本身不自带 WIFI 功能，需要扩展，这给用户的二次开发增加了难度。

以上问题限制了 P1300 模块的进一步推广，为此采用 MTK6235 平台作为新的应用模块设计是新的趋势。

MTK6235 平台是目前在非智能手机领域用量很大的手机平台，特别是在高仿机和山寨机中有着很大的市场份额，尤其是采用了 ARM9 内核，CPU 速度达到了 208 MHz，比 MTK6225 提高了一倍，同时其他结构的改进使整体性能提升 10 倍，JAVA 性能提升 13 倍，对当前的 JAVA 应用提供了很好的支持。

2.3.1　MT6235 芯片的内部结构

MT6235 内部结构如图 2－8 所示。

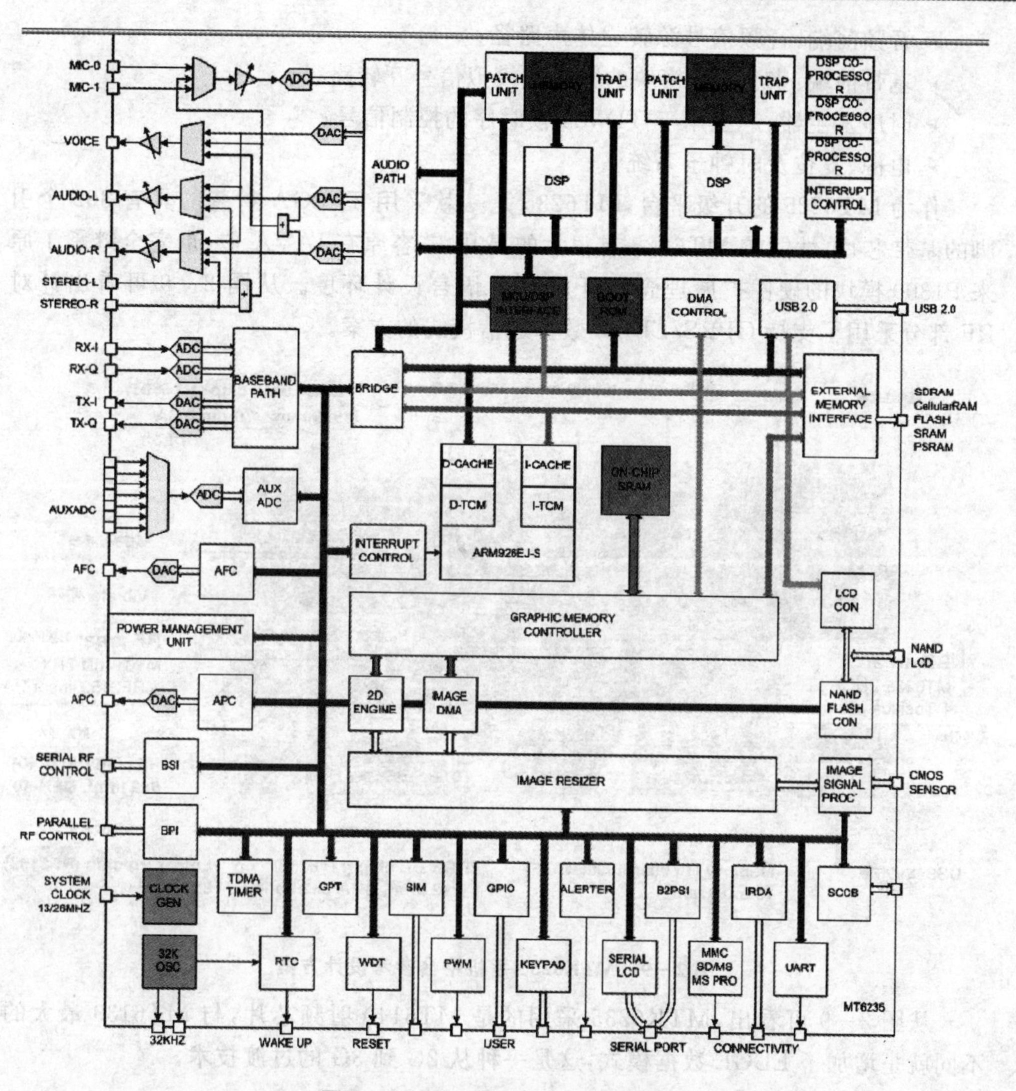

图2-8 MT6235基带芯片原理图

从MT6235原理图中可看出该基带芯片包含下面几个部分：

➢ 微控制单元子系统：包括一个ARM926EJ-S处理器内核和相关的储存管理、中断处理逻辑；
➢ DSP子系统：包括DSP内核、附加存储器、存储器控制单元以及中断控制器；
➢ MCU/DSP接口：MCU、DSP专用的硬件和软件信息交换部分；
➢ 微控制器外设部分：包括所有的用户接口模块和RF控制接口模块；
➢ DSP外设部分：对于GPRS/GSM/EDGE通道编码的硬件加速部分；
➢ 多媒体子系统：集成了多种支持多媒体应用的先进加速器器；
➢ 语音前端：语音数模转换路径；

➢ 音频前端：音频信号源转立体声路径；

➢ 基带前端：来自 RF 模块的数字和模拟信号互转路径；

➢ 时序发生器：产生用于 TDMA 帧时序的控制信号；

➢ 电源、复位及时钟子系统。

作为 MT6225 的升级平台，MT6235 是一款采用 TFBGA 封装的具有 362 个引脚的基带芯片，性能较 MT6225 有很大的提升，兼容原有 JAVA 包，也完全继承了原来 P1300 模块的硬件扩展理念和开放的 C 语言设计环境。从图 2-9 可看出针对 RF 部分采用了支持 GPRS/EDGE 数据通信模式的方案。

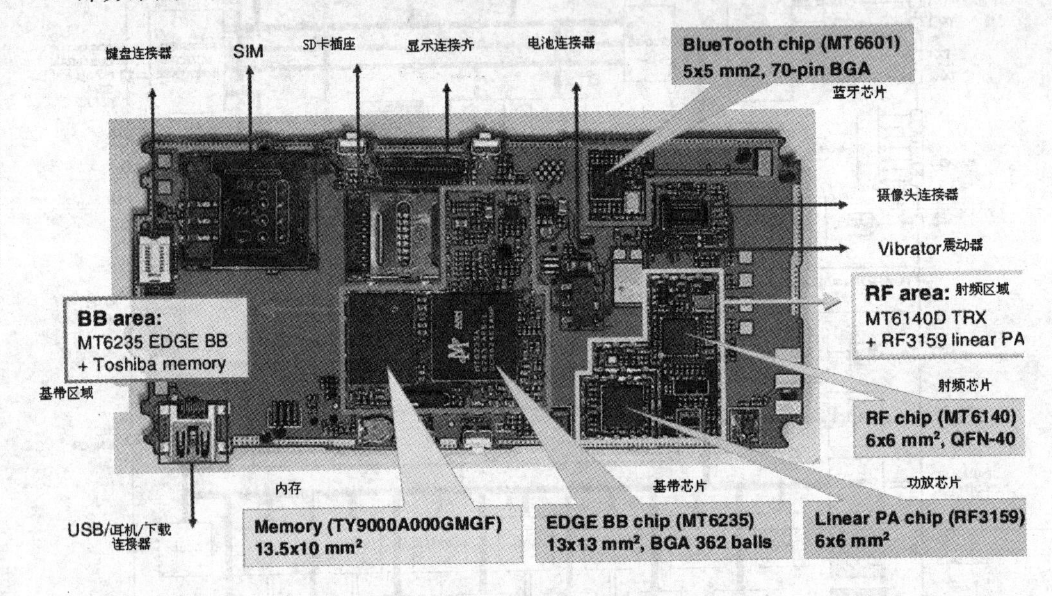

图 2-9 MTK6235 手机平台参考设计方案

从图 2-9 可看出，MTK6235 采用的是 MT6140 射频芯片，与 MT6139 最大的不同就是增加了 EDGE 数据模式，这是一种从 2G 到 3G 的过渡技术。

2.3.2 基于 MTK6235 平台的 P1322 硬件扩展设计

类似于 MTK6225 平台的手机模块的硬件扩展设计，基于 MTK6235 平台的 P1322 模块硬件扩展也是将相关的 120 个扩展引脚以邮票板的方式全部引出，以满足 DIY 应用设计的需要。P1322 手机模块的功能如下：

➢ 208 MHz 32 bit ARM9 处理器；

➢ 1 Gbit Nand Flash 及 512 Mbit SDRAM；

➢ 支持 4 GB TF 卡；

➢ 支持 USB 传输；

➢ 支持 30/200 万 Camera、MP3、MP4，标配 30 万；

- 支持320×240点阵触摸LCM，最大支持400×240点阵；
- 支持立体声双喇叭输出；
- 支持GSM通话、短消息、彩信、WAP、GPRS传输；
- 支持JAVA编程、C语言编程、客户可定制程序；
- 支持电源管理、低功耗；
- 支持便携式。

针对120功能扩展引脚的具体如下：充电脚、电池脚、内部数字接口电压、内部模拟电压、内部数字核心电压、一路ADC、独立16 bit LCD接口、音频接口、TF卡接口、SIM卡接口、USB接口、两路串口、Camera接口(可直接支持打印机扩展)、5×5按键接口、12路GPIO口及3路中断接口。

上述120扩展引脚具体序号如表2-3所列。

表2-3 P1322扩展引脚具体说明

序号	名称	功能描述	参数
1	Y-	触摸屏Y-	上面引线
2	NC	空脚，必须悬空	不得与任何东西接
3	NC	空脚，必须悬空	不得与任何东西接
4	NC	空脚，必须悬空	不得与任何东西接
5	NC	空脚，必须悬空	不得与任何东西接
6	NC	空脚，必须悬空	不得与任何东西接
7	NR	空脚，必须悬空	不得与任何东西接
8	NLD15	LCD和NANDFLASH总线数据脚	
9	NLD14	LCD和NANDFLASH总线数据脚	
10	NLD13	LCD和NANDFLASH总线数据脚	
11	NLD12	LCD和NANDFLASH总线数据脚	
12	NLD11	LCD和NANDFLASH总线数据脚	
13	NLD10	LCD和NANDFLASH总线数据脚	
14	NLD9	LCD和NANDFLASH总线数据脚	
15	NLD8	LCD和NANDFLASH总线数据脚	
16	NLD7	LCD和NANDFLASH总线数据脚	
17	NLD6	LCD和NANDFLASH总线数据脚	
18	NLD5	LCD和NANDFLASH总线数据脚	
19	NLD4	LCD和NANDFLASH总线数据脚	
20	NLD3	LCD和NANDFLASH总线数据脚	

续表 2-3

序 号	名 称	功能描述	参 数
21	NLD2	LCD 和 NANDFLASH 总线数据脚	
22	NLD1	LCD 和 NANDFLASH 总线数据脚	
23	NLD0	LCD 和 NANDFLASH 总线数据脚	
24	LRSTB	LCD 复位脚	低电平有效
25	LCD_WR	LCD 写动作脚	低电平有效
26	LCD_RS	LCD 命令/数据选择脚	低电平有效
27	LCD_CS	LCD 片选脚	低电平有效
28	LCD_RD	LCD 读动作脚	低电平有效
29	ANT_BT	蓝牙天线	接蓝牙天线
30	LCD_LED－A	共阳并联背光驱动输出脚	接并联 LED＋,3.3 V LDO 输出
31	GND	地	
32	ANT_WIFI	WIFI 天线	跟蓝牙天线一样,接 2.4 G 天线
33	GND	地	
34	VCHG	充电输入脚	5～6 V 输入
35	VBAT	供电电池电源输入脚	3.5～4.0 V,推荐 3.8 V,电流较大,建议补焊锡
36	GND	地	
37	VDD	2.8 V 数字电源输出	
38	AVDD	2.8 V 模拟电源输出	
39	VCORE	1.8 V 数字电源输出	
40	VDD_RTC	备用电池供电输入脚	不用备用电池可接电容
41	VSIM	SIM 卡供电脚,2.8 V/1.8 V	
42	SIM_IO	SIM 卡数据通信脚,默认速率 9 600 bps	
43	SIM_RST	SIM 卡复位脚	
44	SIM_CLK	SIM 卡时钟脚,频率 3.579 545 MHz	
45	PWRKEY	开机按键脚	此脚接地就开机
46	KROW5	按键行扫描脚	
47	KROW4	按键行扫描脚	
48	KROW3	按键行扫描脚	
49	KROW2	按键行扫描脚	
50	KROW1	按键行扫描脚	

续表 2-3

序 号	名 称	功能描述	参 数
51	KROW0	按键行扫描脚	
52	KCOL5	按键列扫描脚	
53	KCOL4	按键列扫描脚	
54	KCOL3	按键列扫描脚	
55	KCOL2	按键列扫描脚	
56	KCOL1	按键列扫描脚	
57	KCOL0	按键列扫描脚	
58	GND	地	
59	GSM_ANT	手机射频天线	
60	GND	地	
61	CMDATA0	摄像头数据线	
62	CMDATA1	摄像头数据线	
63	CMDATA2	摄像头数据线	
64	CMDATA3	摄像头数据线	
65	CMDATA4	摄像头数据线	
66	CMDATA5	摄像头数据线	
67	CMDATA6	摄像头数据线	
68	CMDATA7	摄像头数据线	
69	CMHREF	摄像头行同步信号	
70	CMVREF	摄像头场同步信号	
71	CMRST	摄像头复位脚	
72	CMPDN	摄像头使能脚	
73	CMPCLK	摄像头数据同步时钟输入	
74	CMMCLK	摄像头主时钟输出	
75	GPIO15_SCL	摄像头 I^2C 时钟	
76	GPIO16_SDA	摄像头 I^2C 数据	
77	GND	地	
78	GPIO26_KP_BL	键盘灯开关控制脚	
79	GPIO28_LPCE2B	通用 GPIO,常用电源控制	
80	GPIO49	通用 GPIO	

续表 2-3

序号	名称	功能描述	参数
81	GPIO73	通用 GPIO	
82	GPIO57	通用 GPIO	
83	GPIO64	通用 GPIO	
84	MCDA0	SD 卡数据线	
85	MCDA1	SD 卡数据线	
86	MCDA2	SD 卡数据线	
87	MCDA3	SD 卡数据线	
88	MCCK	SD 卡时钟信号	
89	MCCMD	SD 卡状态控制脚	
90	GND	地	
91	SPKR+	右声道正差分输出	驱动 8 Ω,1 W 喇叭
92	SPKR-	右声道负差分输出	驱动 8 Ω,1 W 喇叭
93	SPKL+	左声道正差分输出	驱动 8 Ω,1 W 喇叭
94	SPKL-	左声道负差分输出	驱动 8 Ω,1 W 喇叭
95	SPKP	听筒正差分输出	驱动 33 Ω,250 mW 喇叭
96	SPKN	听筒负差分输出	驱动 33 Ω,250 mW 喇叭
97	MICP	外部耳机 MIC 单端输入	MIC 采用 2.2 kΩ 内阻
98	AUDIO_OUTR	右声道耳机单端输出	驱动 33 Ω 耳机
99	AUDIO_OUTL	左声道耳机单端输出	驱动 33 Ω 耳机
100	EXT_MICN0	主 MIC 负输入脚	MIC 采用 2.2 kΩ 内阻
101	EXT_MICP0	主 MIC 正输入脚	MIC 采用 2.2 kΩ 内阻
102	AU_INL	外部左声道音频输入	
103	AU_INR	外部右声道音频输入	
104	ADC1	ADC 输入脚	最大测量电压 2.5 V
105	GND	地	
106	URXD1	串口 1 接收脚	
107	UTXD1	串口 1 发送脚	
108	URXD2	串口 2 接收脚	
109	UTXD2	串口 2 发送脚	
110	NC	悬空	

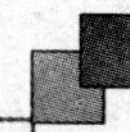

续表 2-3

序 号	名 称	功能描述	参 数
111	NC	悬空	
112	GPIO44/EINT3	通用 GPIO 或者中断输入脚	
113	GPIO47/EINT6	通用 GPIO 或者中断输入脚	
114	GPIO48/EINT7	通用 GPIO 或者中断输入脚	
115	GPIO50	通用 GPIO 脚	
116	EXT_USB_DP	USB 差分数据线正极	USB SLAVE
117	EXT_USB_DM	USB 差分数据线负极	USB SLAVE
118	X＋	触摸屏 X＋	右边引线
119	Y＋	触摸屏 Y＋	下面引线
120	X－	触摸屏 X－	左边引线

2.3.3 基于 JAVA 的硬件底层控制

与基于 MTK6225 平台的 P1300 手机模块一样，P1322 手机模块同样支持 JAVA 程序开发，同时在 JAVA 程序上的应用比 P1300 更出色、效率更高，由于华禹在这两个平台上采取的是软件兼容的方式，具体可参考 P1300 针对 JAVA 方面的说明。

第3章

J2ME的编程及仿真环境安装、配置

手机的程序设计从应用角度来说可以分为手机系统软件和第三方软件设计。手机系统软件分为:操作系统、协议栈、数据业务、本地存储、驱动程序及用户界面几个部分。

上述手机系统软件绝大多数是采用C语言编写的,并通过编译产生二进制文件后,用JTAG口固化到手机的Flash固化,当手机上电启动后,会从指定的地址开始执行,即从固化了系统软件的Flash初始地址开始执行,逐步把系统软件调入内存执行,这和PC上电启动过程中先从BIOS执行的原理类似。

本书所说的第三方软件实际上是指手机可以通过数据线或网络下载一些可执行文件到手机的文件系统中,然后通过一个装载器来执行这些程序,通过这种方式,第三方就可以设计一些应用程序,下载到手机上扩展其功能。目前最流行的第三方软件格式就是JAVA程序,它需要通过手机上已固化的JAVA虚拟机装载执行。

3.1 关于J2ME

J2ME也称为JAVA 2 PlatForm Micro Edition,中文意思JAVA平台微型版,是针对微型平台的JAVA应用,主要是为机顶盒、移动电话、PDA之类的嵌入式和移动电子设备提供的JAVA应用平台,是Sun公司面向小型移动设备而在1999年发布的,2000年9月又发布了针对移动通信工具MIDP开发规范,从而使得J2ME得到了补充和完善。

3.1.1 J2ME基本特点

(1) 平台无关性

JAVA引进了虚拟机原理,并运行于虚拟机,通过不同平台的JAVA接口运行,使JAVA编写的程序能在更多范围内共享,JAVA的特点是数据类型和机器无关,虚拟机JVM是建立在硬件和操作系统之上,实现JAVA二进制代码的解释和执行,提供不同平台的接口。

(2) 安全性

通过下面几个方面可以看出JAVA在安全方面的特点：

① 不采用类似C++的指针对存储器地址的直接操作，改由操作系统分配内存。

② 采用了虚拟机运行方式防止恶意代码进入企业系统服务。

③ 为支持安全移动保障，所推出的MIDP2.0包含了无线下载(OTA)保障规范。

(3) 面向对象

JAVA语言吸收了C++面向对象的概念，将数据封装于类中，实现了程序的简洁性，方便维护。

(4) 分布式

J2ME是建立在扩展无线网络平台上，库函数提供了无线连接协议和接收信息方法，使程序员在共享网络文件时，和本地一样方便。

(5) 图形界面和多媒体功能

J2ME提供了丰富的用户界面和事件处理功能，提供了丰富的游戏、视频和音效开发功能。

3.1.2　J2ME体系架构

J2ME平台是由配置(Configuration)和简表构成的。配置将基本运行时环境定义为一组核心类和一个运行在特定类型设备上的特定JVM。配置是提供给最大范围设备使用的最小类库集合，在配置中同时包含JAVA虚拟机。简表是针对一系列设备提供的开发包集合。在J2ME中还有一个重要的概念是可选包(Optional Package)，它是针对特定设备提供的类库，比如某些设备是支持蓝牙的，针对此功能J2ME中制定了JSR82(BluetoothAPI)，提供了对蓝牙的支持。

J2ME平台体系架构如图3-1所示，在J2ME的体系结构中第一层是Optional Package(可选包)，第二层是Profile(简表)，第三层Configuration(配置)，第四层是Host Operating System(本地操作系统)。

Optional Package(可选包)
Profile(简表)
Configurations(java virtual machine)
Host Operating System 本地操作系统

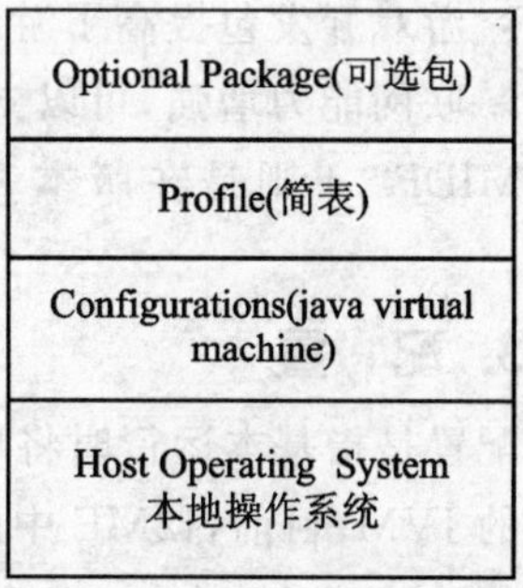

图3-1　J2ME平台体系架构

1. 可选包

可选包其实是一系列的API集合，但它们不能定义整个应用程序的运行环境，必须和配置或者简表联合起来一起使用，在配置(CLDC或者CDC)和相关简表的基础上组合不同的可选包从而对J2ME平台进行扩展。可选包通常是为了满足特殊的市场需求，如蓝牙通信、无线信息服务和Web服务。可选包是模块化的，因此设备制作商可以有选择地把它们添加到自己的JAVA平台，大大丰富设备的特性。

2. 简 表

简表是以配置为基础的，例如Moblie Information Devices Profile(MIDP)就是CLDC上层的重要简表。与配置的纵向特性不同的是，简表是横向的。简表定义了用户的应用程序所支持的设备类型。通过简表就可以定义J2ME所对应的垂直产品的JAVA平台。在实现层，简表是驻留在提供可编程存取特定设备能力的配置顶层的API集合。简表可以界定JAVA平台所对应的产品范围，并可抽象这些产品的特性，用以定义相应的JAVA虚拟机功能特性。

J2ME中已定义了两类简表：KJava和MIDP。针对MIDP简表而言，MIDP是专门为互连受限设备配置(CLDC)设计的，为移动设备提供了一个API集合，包含用户界面类、持久存储功能与网络功能，也包括一个供用户下载新应用到终端设备的标准运行环境。运行在MIDP下的小应用程序多于Midlet移动设备的小应用程序。

MIDP1.0提供了以下功能：

- 显示工具箱；
- 用户输入法；
- 持久性数据存储；
- 基于HTTP1.1的网络。

MIDP2.0在1.0版本的基础上至少增加了：

- 支持操作图像的像素，支持Alpha通道；
- 增强型的图形用户界面类Customltem，提高了高级界面类的表现力；
- Media音频子系统填补了MIDP1.0不支持声音播放的空白；
- Push注册机制和安全模型增强了对MIDlet的控制；
- 游戏开发包提高了游戏开发的效率；
- 联网能力增强，可以支持TCP/IP甚至是UDP层的通信。

MIDP2.1则是在版本2.0的基础上再次大大增强了相应的功能，这里不再赘述。

3. 配 置

配置是指基本运行时将环境定义为一套核心类和一个运行在特定类型设备上的特定的JVM，目前，J2ME中两个最主要的配置：

(1) CLDC(Comnected Limited Devices Configuration)

这是为运行在资源非常有限的设备上的Java ME应用程序制订的架构，适合于小型设备，主要面向网络连接速度慢、电池供电、内存在128～512 KB内存的设备，CLDC包括了下列包：

- Java. lang
- Java. io;
- Java. util
- Javax. microedition. io。

(2) CDC(Connected Device Confirguration)

CDC 配置面向的是类似机顶盒这种运算能力强、电源充足同时具有较大内存系统的设备，由 J2SE 中最小的 JAVA 数据包组成，是 CLDC 的一个扩展集。在上述两种配置间存在着向上的兼容性，本书主要介绍 CLDC 配置。

3.2　J2ME 开发环境的安装与配置

J2ME 的开发工具包括 3 个工具：无线应用开发包、IDE 开发环境、部署工具，具体如下所述：

1. 无线应用开发包

SUN 公司作为 JAVA ME 的创建者提供了 Sun JAVA Wireless Toolkit，这是一组用于创建 JAVA 应用程序的工具，目的是帮助开发人员简化 J2ME 开发过程，使这些应用程序可在符合 JAVA Technology for the Wireless Industry(JTWI)(JSR 185)规范和 Mobile Service Architecture(MSA)(JSR 248)规范的设备上运行。它包含了完整的生成工具、实用程序和设备仿真器，但 WTK 自身不附带 JAVA 运行环境 JDK，需要在 WTK 安装之前安装 JDK。

2. IDE 开发环境

J2ME 主要的 IDE 开发工具分为以下几种：

(1) Eclipse

Eclipse 是著名的跨平台的自由集成开发环境(IDE)。最初主要用 JAVA 语言开发，但它的用途已不局限于 JAVA 语言，已经支持如 C/C++、PHP 等编程语言的插件。

Eclipse 的设计思想是：一切皆插件，Eclipse 的本身只是一个框架平台，但是众多插件的支持使得 Eclipse 拥有其他功能相对固定的 IDE 软件很难具有的灵活性。Eclipse 核心很小，其他所有功能都以插件的形式附加于 Eclipse 核心之上。

Eclipse 基本内核包括图形 API (SWT/Jface)、JAVA 开发环境插件(JDT)、插件开发环境(PDE)等。

Eclipse 下的 JAVA ME 开发实际上是在 Eclipse 的 JAVA 开发环境(JDT)下完成的，具有 JAVA IDE 的各种强大的功能，而且简单易用。

JDT 项目提供了一系列的插件来支持 JAVA 程序的开发，其中提供了 JAVA 项目、视图、编辑器、向导、构建器、代码合并、代码重构等，并且包括了如下组件：

➢ APT：JAVA5.0 注释处理的基础架构。
➢ Core：JDT 的核心基础架构。
➢ Debug：JAVA Debug 支持框架。
➢ Text：JAVA 文本编辑器的支持。
➢ UI：JAVA IDE 的用户界面支持。

(2) NetBeans

NetBeans 是由 SUN 公司主推的一个为软件开发者而设计的自由、开放的 IDE（集成开发环境），采用的是一个全功能的开放源码 Java IDE，可以帮助开发人员编写、编译、调试和部署 Java 应用，可以在 NetBeans 中获得许多需要的工具，包括建立桌面应用、企业级应用、WEB 开发和 JAVA 移动应用程序开发、C/C++，甚至 Ruby。

NetBeans 可以非常方便地安装于多种操作系统平台，包括 Windows、Linux、Mac OS 和 Solaris 等操作系统。

在 NetBeans 的发行包中有一个 NetBeans Mobility Pack，专门用于移动开发设计的，它整合了所有的功能，也采用了 SUN Java Wireless Toolkit 无线包作为仿真开发环境。

除去上述两种常用的 J2ME IDE 开发工具外，还有 JBuilder。表 3-1 为各开发环境及插件性能的比较，本书主要针对 Elipse 做详细介绍。

表 3-1 JAVA Me 开发环境及插件比较

开发编程环境或插件	简 介
Eclipse	Eclipse 是一个开发源代码的、基于 JAVA 的可扩展开发平台。Eclipse 本身只是一个框架和一组响应的服务，并不能够开发什么程序。Eclipse 中几乎每样东西都是插件，实际上正是运行在 Eclipse 平台上的种种插件提供开发程序的各种功能。同时，各个领域的开发人员通过开发插件构建与 Eclipse 环境无缝集成的工具 EclipseME 作为 Eclipse 一个插件，致力于帮助开发者开发 J2ME 应用程序。EclipseME 并不为开发者提供无线设备模拟器，而将各手机厂商的实用模拟器紧密连接到 Eclipse 开发环境中，为开发者提供一种无缝统一的集成开发环境
JBuilder	JBuilder 是目前进行 JAVA 程序开发中使用较为广泛的开发工具。作为大厂商，Borland 当然会为不同的开发人群设计更为全面和专业的 IDE 环境。作为 J2ME 应用开发，JBuilder 是非常理想的开发环境，从第 9 版到现在的 2005 版，JBuilder 都自带了 MobileSet，且内附 J2ME Wireless Toolkit 若要开发基于各个手机厂商机型的应用程序，最好同时到各个厂商的 developer 站点（如 NokiaForum、motocoder 等）下载并在 JBuilder 中配置相关机型的 SDK 模拟器，这样可以使应用程序更好地适应相对应的真机机型

续表 3-1

开发编程环境或插件	简 介
NetBeans	NetBeans 是一套完全以 JAVA 编写而成、并且开放源码的 J2ME 开发工具。JavaStudioMicroEdition 是把 NetBeansIDE 和 J2ME Wireless Toolkit 结合在一起的产品,可以使 J2ME 应用程序的开发者更容易追踪问题与除错 笔者最近开发了一些 J2ME 的应用,同时也使用了一些主流的 J2ME 开发工具,个人认为对于 J2ME 开发工具来说,最重要的一点就是开发 UI,能够生成结构关系,如果能所见所得那是最好了。逻辑部分基本上都是要手写的
SUN Wireless Toolkit 2.2	比较适合命令行方式开发,没有所见所得的功能。但开发包中自带了许多例子,对开发来说很有参考价值。同时 emulator 的模拟运行效果不错,不过不支持中文输入。Wireless Toolkit 2.2 没有语法提示等高级功能,但作为基础的开发工具还是有必要试试的
Mobility Pack	Mobility Pack 运行在 Netbeans IDE,笔者一直以来很少使用 NetBeans,但这次使用了 Mobility Pack 感觉相当不错,特别是它对 UI 界面设计使用起来非常顺手。如果对 IDE 比较熟悉的话,拿过来就能应用了。Mobility Pack 支持所见所得的开发方式,拖拖拽拽一个 J2ME 的框架就可以搭好了,剩下的工作就是编写逻辑,填充填充代码。还有个非常实用的功能就是可以自动产生流程图 不足的是 Mobility Pack 会产生许多的注释,这些注释不能在 Mobility Pack 修改,它是用来辅助产生界面和流程图的 Mobility Pack 还有个缺点就是把所有的东西都写在一个类里面的,当应用比较大时,这个类文件会很长,阅读起来比较困能,且打包后文件还很小

3. 部署工具

J2ME 程序开发完成后需要在真机上运行验证,需要通过一些 WiFi/电缆等手段及连接软件,把 JAVA ME 程序传输到真机设备上。

3.2.1 J2ME 开发环境的搭建步骤

本书主要采用 Eclipse 作为开发环境,其进行 J2ME 编码实现系统功能的环境配置为:JDK+WTK+Eclipse+EclipseME。本系统开发环境搭建所使用的软件工具如下:

1. JAVA 开发包 J2SE:jdk-1_5_0-windows-i586.exe

JDK 是 JAVA Development Kit(Java 开发工具包)的缩写,由 SUN 公司提供,为 JAVA 程序提供了基本的开发和运行环境。JDK 还可以称为 JavaSE(JAVA Standard Edition,JAVA 标准开发环境),官方下载地址为 http://java.sun.com。此外,在 JavaThinker.org 网站上也提供了 JDK 的下载,网址为 http://www.javathinker.org/download/software/jdk.rar。

JDK主要包括以下内容：

① JAVA虚拟机程序：负责解析和运行JAVA程序。在各种操作系统平台上都有相应的JAVA虚拟机程序。在Windows操作系统中，该程序的文件名为java. exe。

② JAVA编译器程序：负责编译JAVA源程序。在Windows操作系统中，该程序的文件名为javac. exe。

③ JDK类库：提供了最基础的JAVA类及各种实用类。java. lang、java. io、java. util、java. awt和javax. swing包中的类都位于JDK类库中。

假定JDK安装到本地后的根目录为C:\jdk，则C:\jdk\bin目录下有一个java. exe和javac. exe文件，分别为Java虚拟机程序和Java编译器程序。

2. 模拟器：sun_java_wireless_toolkit-2_5_2-windows. exe

前面已介绍了这是JAVA ME无线开发工具包，可以从http://JAVA. SUN. COM/J2se下载，同时为了方便学习使用P1300MTK手机模块的开发应用，华禹工控整合了更多的MTK6225的编程仿真工具，这些都可以在学者之家电子论坛：http://www. study-bbs. com下载。

3. 开发编程工具：Eclipse3. 2

作为目前最流行的JAVA IDE开发环境，Eclipse的安装比较简单，只需要将程序文件解压到某路径下即可。

4. J2ME开发组件：eclipseme. feature_1. 7. 9_site

EclipseME是开发J2ME Midlet的Eclipse插件，通过该插件能轻松地把WTK无线工具包整合到Eclipse开发环境中，实现了在IDE中对JAVA程序的仿真和调试。

EclipseME基本的安装/更新方式如下：在Eclipse中选择"帮助→软件更新→查找并更新"，在弹出对话框中选择"搜索要安装的新功能部件"，在弹出的"新建已归档站点"对话框中，指定EclipseME压缩文件eclipseme. feature_0. 5. 5_site. zip。

相关软件的安装过程如下：

1) JDK安装

该软件安装比较简单，首先运行jdk-1_5_0-windows-i586. exe。选择同意条款，然后一直单击Next按钮继续安装，无论是安装位置还是默认安装都不用修改，只须一直单击Next按钮继续。图3-2为JDK安装过程示意图，至此完成JEK安装。

2) WTK安装

运行sun_java_wireless_toolkit-2_5_2-windows. exe，选择同意条款，单击Accept按钮继续安装。WTK首先显示自动检测当前系统已有的JAVA虚拟机，然后显示该虚拟机所在的路径，如图3-3所示。

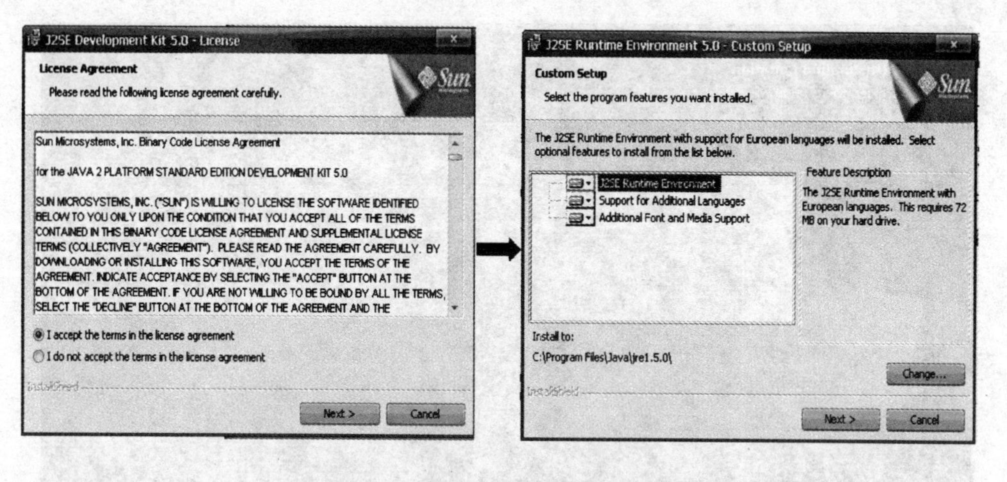

图3-2　为JDK安装过程示意图

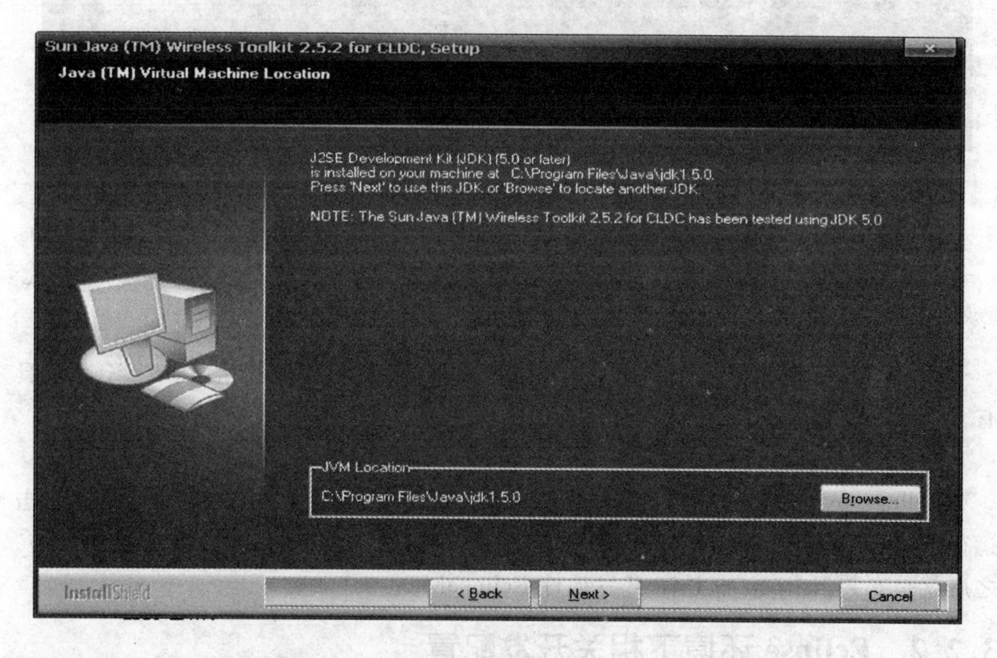

图3-3　WTK自动检测当前JAVA虚拟机示意图

然后默认路径不用修改，单击Next按钮继续安装，直到完成安装为止，如图3-4所示。

WTK安装完成后则得到一个包括多种使用工具的开发包，安装后显示的菜单项有：

➢ appdb目录：RMS数据库信息。

➢ apps目录：WTK自带的demo程序。

➢ bin目录：J2ME开发工具执行文件。

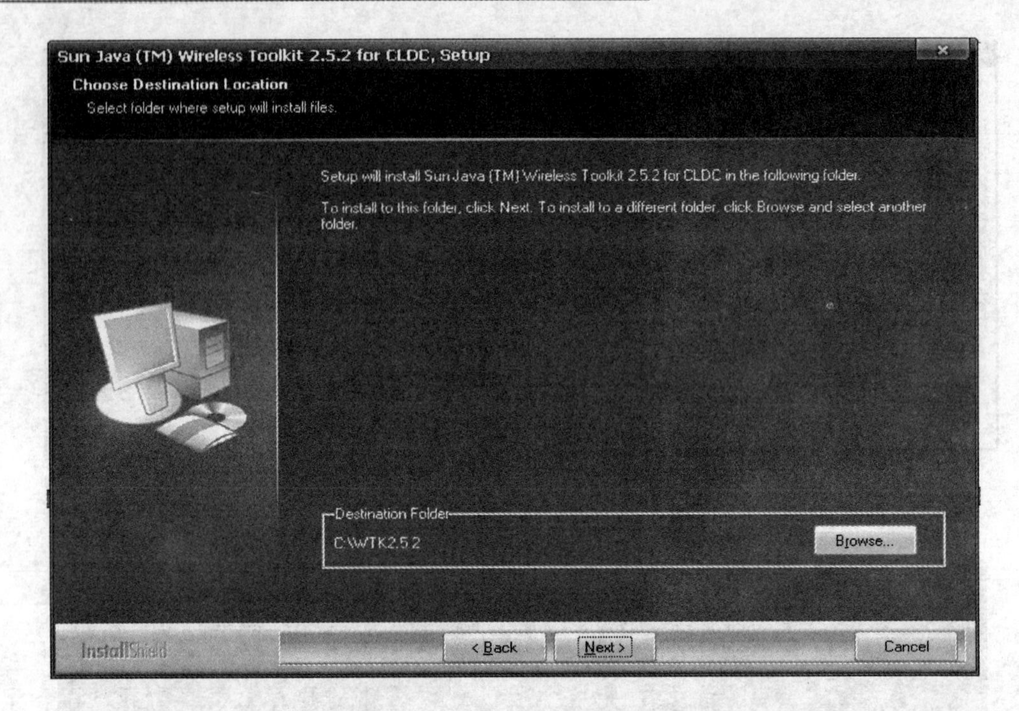

图3-4 WTK安装界面示图

➢ lib目录:各种帮助与说明文件。

➢ session目录:性能监控保存信息。

➢ wtklib目录:JWTK主程序与模拟器外观。

注:WTK是用来开发MIDP的,为了让MIDlet顺利编译和执行,WTK必须具有CLDC。

3) Eclipse及插件的安装

Eclipse安装比较简单,直接单击Eclipse.rar释放压缩文件,在安装目录中双击运行Eclipse.exe,在弹出的界面中设定工作空间即可完成Eclipse开发环境的安装。之后就是安装Eclipse的Java开发插件EclipseME。

3.2.2 Eclipse环境下相关开发配置

完成环境搭建后就可以进行Java程序的编辑与调试工作了,按照以下步骤进行软件开发前的配置工作:

1. 工程项目创建

打开Eclipse选择工程存放路径,进入Eclipse操作界面。单击文件,选择"新建→项目"。在Eclipse工作台上的新建选项中选择J2ME Midlet Suite,首先创建一个MIDP Suit,如图3-5所示。

现在已经把整个工程的基础创建起来了,这个是MIDP的套件,包含了MIDP

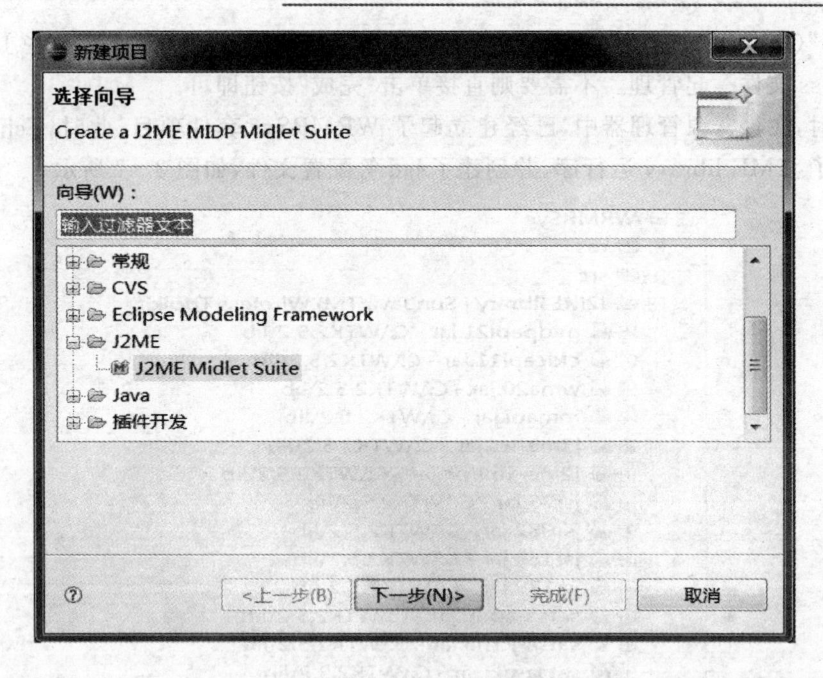

图 3-5 MIDP Suit 创建图

配置的所有定义。

接着选择“下一步”，在项目名处输入 WRMRSys，单击“下一步”进入厂商模拟器的选择界面。默认为 DefaultColorPhone，如图 3-6 所示。

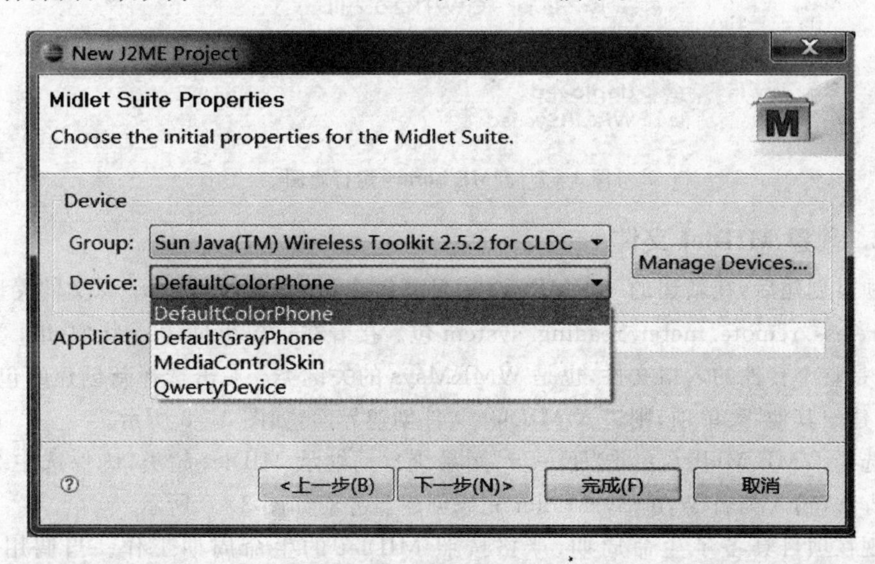

图 3-6 厂商模拟器选择图

最后的界面可以调整源文件设置、相关的项目和类库等，这是 Eclipse 的标准设置界面。如果项目需要外部的类库（比如 kXML 等），则只要把相应的 JAR 文件增加到"库"(Libraries)这个面板的列表中就可以了。EclipseME自动把这些JAR文件和class文件一起管理。不需要则直接单击"完成"按钮即可。

此时,在包资源管理器中,已经建立起了WRMRSys套件项目,此时,Eclipse自动绑定了J2ME library运行库,并创建了jad等配置文件,如图3-7所示。

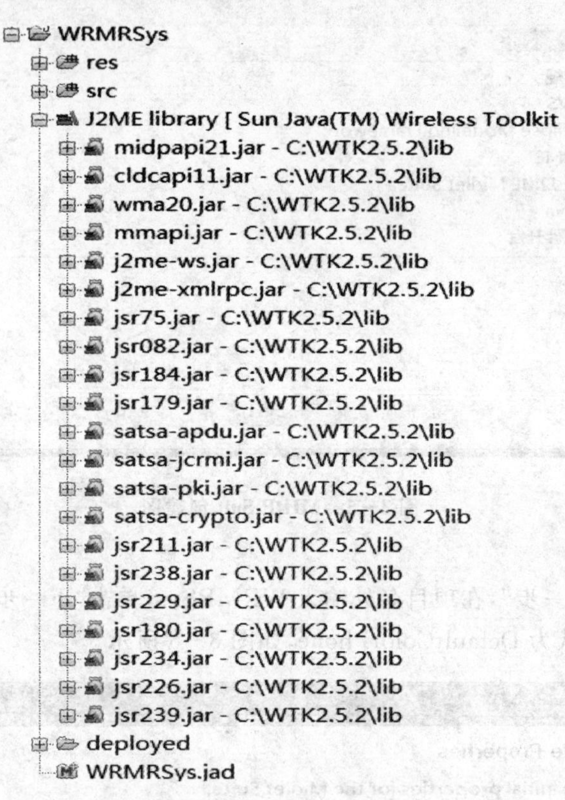

图3-7 J2ME library运行库图

2. 创建MIDlet文件

项目创建后,在新建的WRMRSys项目下新建src源文件,在src源文件夹里创建wireless.remote.meter.reading.system包。接着在这包里创建一个Midlet类文件,它是整个套件的入口文件,也是WMRMsys的关键类。右击选择新创建的包,选择"新建→其他"菜单项,则进入MIDlet文件创建界面,如图3-8所示。

选择J2ME Midlet,单击"下一步"则系统自动继承MIDlet超类,确保选中3个默认方法,输入类名WrmrSysMidlet完成创建。界面如图3-9所示.

现在项目具备了生命周期,严格按照MIDlet的生命周期工作。当调用destroyed时,退出WrmrSysMidlet,释放所有资源。Eclipse自动生成了程序主体、继承方法以及这些生命周期函数,只需要在相应的生命周期添加相关的函数就能实现要求的设计效果。

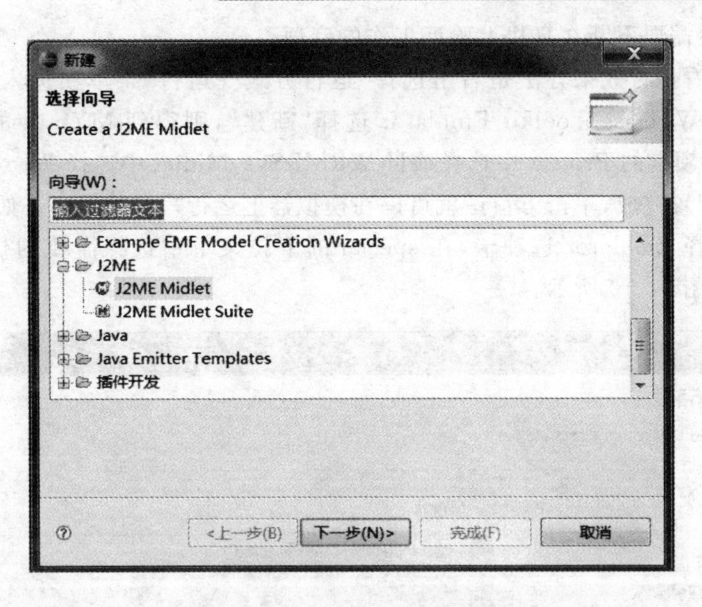

图3-8　MIDlet文件创建界面

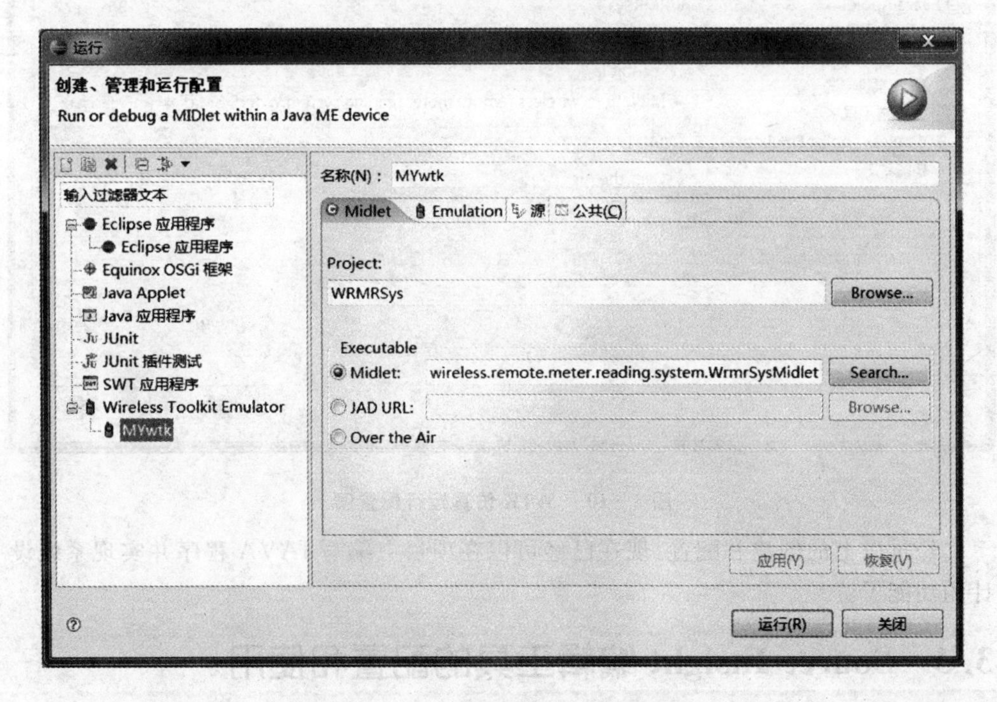

图3-9　WrmrSysMidlet类创建界面

3. 仿真运行环境配置

本软件设计基于MTK6225的系统，因此不但需要手机硬件平台的支持，也需要设定相关的硬件仿真模拟器平台，但有一些MMI程序设计可以采用仿真的方法来调试，以减少需要不断在真机上验证工作的麻烦。

需要查看运行效果方法是右击选择“运行方式→运行”菜单项进入运行配置界面。再右击 Wireless Toolkit Emulator 选择“新建”，则得到 MYmtk 的模拟配置。在 Midlet 选项卡的 Project 中选择项目 WRMRSys，Midlet 中选择 WrmrSysMidlet。此时，运行配置完成，单击“运行”就可以在模拟器上运行写好的程序。如果想更换模拟器可以选择 Emulator 选项卡，在 special 的下拉菜单中选择需要的仿真模拟器。运行配置如图 3－10 所示。

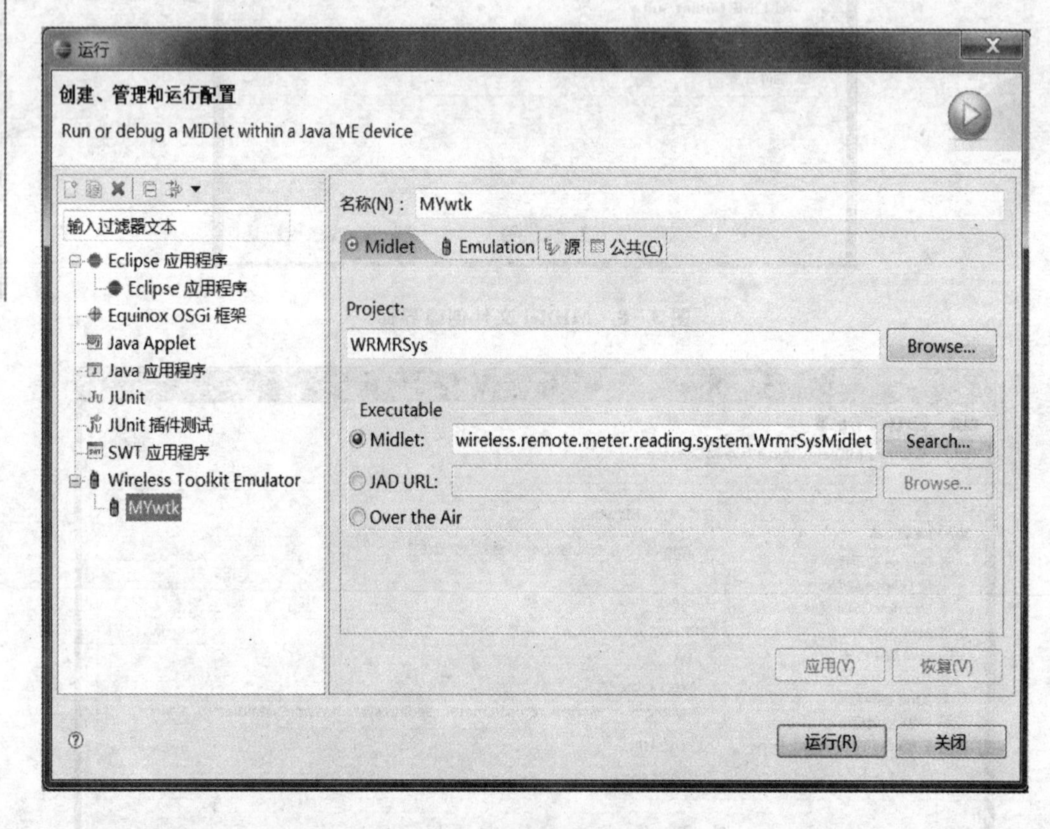

图 3－10　WTK 仿真运行配置图

经过以上的创建和配置，现在已经可以在项目上编写 JAVA 程序并实现系统设计的功能了。

3.3　Source Insight 编辑工具的配置和使用

除了 Eclipse IDE 下自带的 JAVA 编辑器可以编辑 J2ME 程序外，另外一个被手机软件开发行业普遍使用的就是 Source Insight 编辑软件。这是一个面向项目开发的程序编辑器和代码浏览器，它拥有内置的对 C/C＋＋、C＃和 Java 等程序的分析，能分析源代码并在工作的同时动态维护它自己的符号数据库，自动显示有用的上下文信息。

可以说，Source Insight 不仅仅是一个强大的程序编辑器，还能显示参考树、类继承图表和调用树；而且 Source Insight 提供了最快速的对源代码的导航和任何程序编辑器的源信息及快速访问源代码和源信息的能力。

与众多其他编辑器产品不同，Source Insight 能在编辑的同时分析源代码，以提供实用的信息并立即进行分析。

3.3.1 Source Insight 特点

Source Insight 是目前较好用的源代码阅读工具和编辑器，支持几乎所有的语言，如 C、C++、ASM、PAS、ASP、HTML 等，还支持自定义关键字，具有如下特点：

- 提供可快速访问源代码和源信息的功能，较其他的编辑器产品来说，可以帮助分析源代码，并在编辑的同时立刻提供给有用的信息和分析。
- 自动创建并维护其高性能的符号数据库，包括函数、method、全局变量、结构、类和工程源文件里定义的其他类型的符号。

Source Insight 可以迅速地更新文件信息，即使在编辑代码的时候，符号数据库的符号也可以自动创建到工程文件中。

3.3.2 Source Insight 配置和使用

同其他编辑器软件类似，使用 Source Insight 前也需做一些配置，先运行 Source Insight 软件，弹出如图 3-11 所示界面。

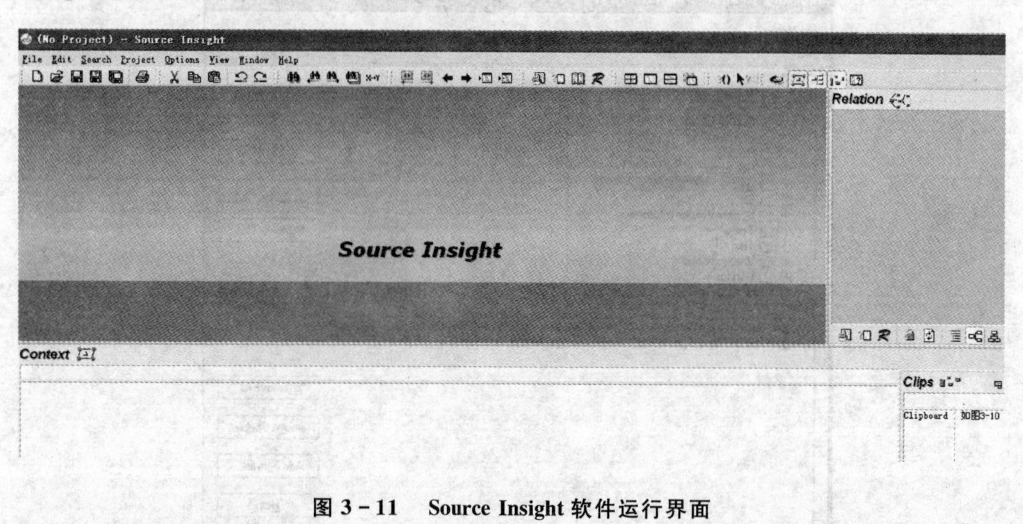

图 3-11 Source Insight 软件运行界面

1. 建立工程文件

选择 Project→Hew Project 菜单项，在弹出的 Hew Project 对话框中输入要建

立的工程名称，比如 java - edit，单击要保存的路径，单击 OK 进入下一个选择框，如图 3 - 12 所示。保持默任设置后就进入下面的添加文件内容步骤了。

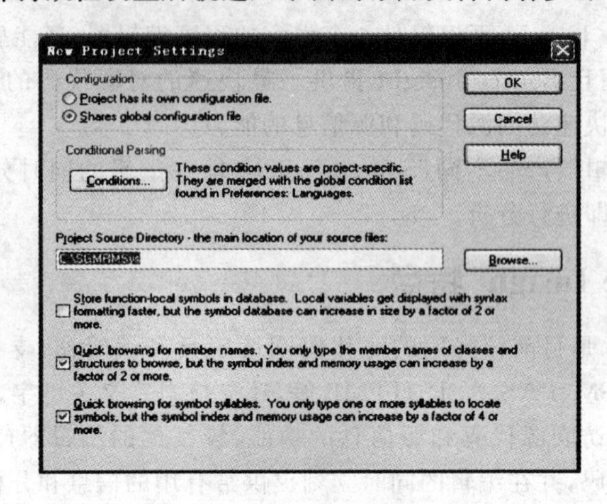

图 3 - 12 project 设置参数界面

2. 加入源文件

界面如图 3 - 13 所示。在这里可以选择将要阅读的文件加入工程，一种方式是通过在 File Name 中输入要阅读源代码文件的名称，单击 Add 按钮将其加入；另外一种方式是通过其中 Add All 和 Add Tree 两个按钮选中目录的所有文件加入到工程中，其中 Add All 选项会提示加入顶层文件和递归加入所有文件两种方式，而 Add

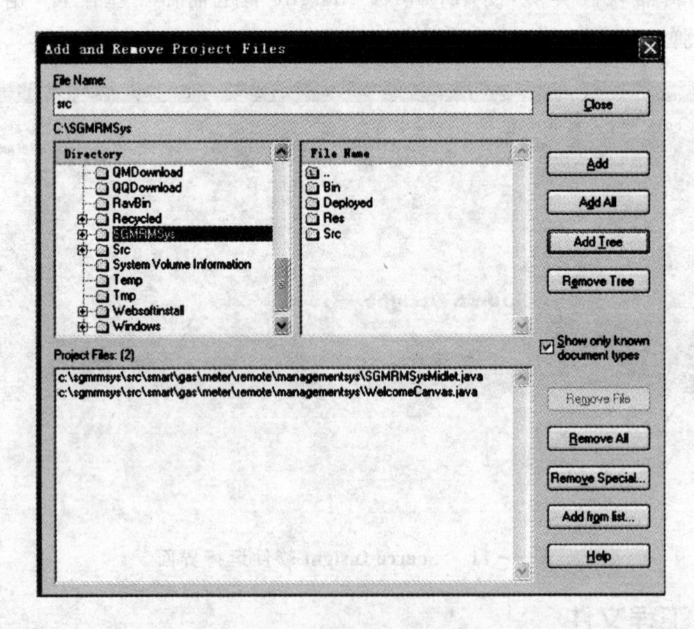

图 3 - 13 添加源文件界面

Tree相当于Add All选项的递归加入所有文件，可以根据需要使用。由于该程序采用了部分打开文件的方式，没有用到的文件不会打开，所以，加入数千个文件也不用担心加入的文件超出程序所能容忍的最大值。

至此完成了工程文件的建立和所有源文件的输入，现在可以进入第三步，源文件的阅读编辑了。

3. 文件的阅读

文件阅读界面如图3-14所示，共有5个区：

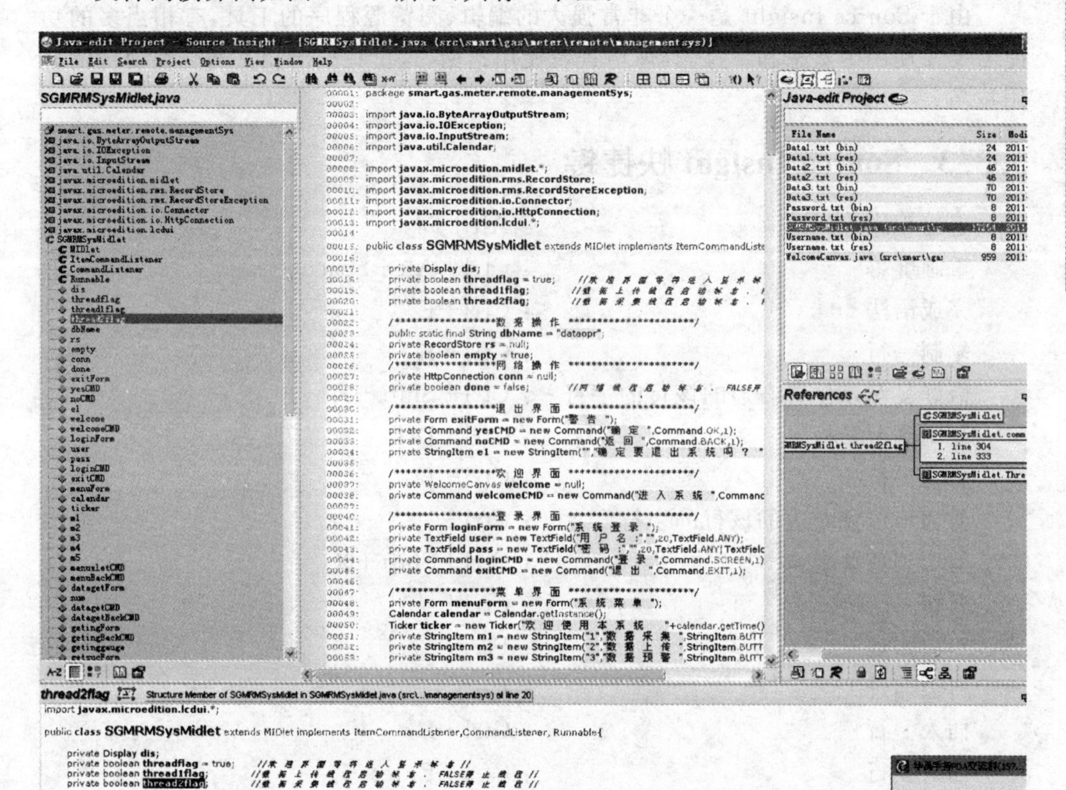

图3-14　文件阅读界面

(1) 右上侧的file name区

该区为所有加入到工程文件中的源文件，可以选择任一个文件进行查看。

(2) 右下侧是relation window区

显示引用、调用数及其他关系的区域，这是Source Insight的一个创新功能，就像关联区中自动跟踪和显示所单击函数后的信息原理一样，它也是显示当前选择的符合和其他函数间的关系。

(3) 左侧显示是符号窗

File name选中的文件中的变量、函数、包含文件的名称都在此窗口显示，该窗口列出了指定文件中用到的所有符号参数，如功能、结构、类、宏及常量和其他参数列表。Source Insight 在后台扫描所选中的软件，并实时更新符号库，一旦有新的变量申明，该变量将立刻出现在符号窗显示。

(4) 中间是源文件窗口区

需要编辑和浏览文件代码区域。

(5) 最下方是关联区

当选中某些类型和函数时，该区域将自动显示关联信息。

由于 Source Insight 是一个非常强大的编辑、阅览源程序的工具，有相当多的功能需要在使用中熟悉和掌握，具体请查看使用指南，这里只给出相关部分快捷键的使用技巧。

3.3.3　Source Insight 快捷键

退出程序　　: Alt+F4
重画屏幕　　: Ctrl+Alt+Space
完成语法　　: Ctrl+E
复制一行　　: Ctrl+K
恰好复制该位置右边的该行的字符　　: Ctrl+Shift+K
复制到剪贴板　　: Ctrl+Del
剪切一行　　: Ctrl+U
剪切该位置右边的该行的字符　　: Ctrl+
剪切到剪贴板　　: Ctrl+Shift+X
剪切一个字　　: Ctrl+
左边缩进　　: F9
右边缩进　　: F10
插入一行　　: Ctrl+I
插入新行　　: Ctrl+Enter
加入一行　　: Ctrl+J
从剪切板粘贴　　: Ctrl+Ins
粘贴一行　　: Ctrl+P
重复上一个动作　　: Ctrl+Y
重新编号　　: Ctrl+R
重复输入　　: Ctrl+替换
Ctrl+H 智能重命名　　: Ctrl+\'
关闭文件　　: Ctrl+W
关闭所有文件　　: Ctrl+Shift+W
新建　　: Ctrl+N

转到下一个文件 ：Ctrl＋Shift＋N
打开 ：Ctrl＋O
重新装载文件 ：Ctrl＋Shift＋O
另存为 ：Ctrl＋Shift＋S
显示文件状态 ：Shift＋F10
激活语法窗口 ：Alt＋L
回到该行的开始 ：Home
回到选择的开始 ：Ctrl＋Alt＋[
到块的下面 ：Ctrl＋Shift＋]
到块的上面 ：Ctrl＋Shift＋[
书签 ：Ctrl＋M
到文件底部 ：Ctrl＋End，Ctrl＋(KeyPad) End
到窗口底部 ：(KeyPad) End（小键盘的END）
到一行的尾部 ：End
到选择部分的尾部 ：Ctrl＋Alt＋]
到下一个函数 ：小键盘＋
上一个函数 ：小键盘－
后退 ：Alt＋,，Thumb 1 Click
后退到索引 ：Alt＋M
向前 ：Alt＋.，Thumb 2 Click
转到行 ：F5，Ctrl＋G
转到下一个修改 ：Alt＋(KeyPad)＋
转到下一个链接 ：Shift＋F9，Ctrl＋Shift＋L
回到前一个修改 ：Alt＋(KeyPad)－
跳到连接(就是语法串口列表的地方)：Ctrl＋L
跳到匹配 ：Alt＋]
下一页 ：PgDn，(KeyPad) PgDn
上一页 ：PgUp，(KeyPad) PgUp
向上滚动半屏 ：Ctrl＋PgDn，Ctrl＋(KeyPad) PgDn，(KeyPad) *
向下滚动半屏 ：Ctrl＋PgUp，Ctrl＋(KeyPad) PgUp，(KeyPad) /
左滚 ：Alt＋Left
向上滚动一行 ：Alt＋Down
向下滚动一行 ：Alt＋Up
右滚 ：Alt＋Right
选择一块 ：Ctrl＋－
选择当前位置的左边一个字符 ：Shift＋Left

选择当前位置右边一个字符 ：Shift＋Right
选择一行 ：Shift＋F6
从当前行其开始向下选择 ：Shift＋Down
从当前行其开始向上选择 ：Shift＋Up
选择上页 ：Shift＋PgDn，Shift＋(KeyPad) PgDn
选择下页 ：Shift＋PgUp，Shift＋(KeyPad) PgUp
选择句子(直到遇到一个. 为止) ：Shift＋F7，Ctrl＋.
从当前位置选择到文件结束 ：Ctrl＋Shift＋End
从当前位置选择到行结束 ：Shift＋End
从当前位置选择到行的开始 ：Shift＋Home
从当前位置选择到文件顶部 ：Ctrl＋Shift＋Home
选择一个单词 ：Shift＋F5
选择左边单词 ：Ctrl＋Shift＋Left
选择右边单词 ：Ctrl＋Shift＋Right
到文件顶部 ：Ctrl＋Home，Ctrl＋(KeyPad) Home
到窗口顶部 ：(KeyPad) Home
到单词左边(也就是到一个单词的开始) ：Ctrl＋Left
到单词右边(到该单词的结束) ：Ctrl＋Right
排列语法窗口(有 3 种排列方式分别按 1,2,3 次) ：Alt＋F7
移除文件 ：Alt＋Shift＋R
同步文件 ：Alt＋Shift＋S
增量搜索(当用 Ctrl＋F 搜索,然后按 F12 就会转到下一个匹配) ：F12
替换文件 ：Ctrl＋Shift＋H
向后搜索 ：F3
在多个文件中搜索 ：Ctrl＋Shift＋F
向前搜索 ：F4
搜索选择的(比如选择了一个单词,shift＋F4 将搜索下一个) ：Shift＋F4
搜索 ：Ctrl＋F
浏览本地语法(弹出该文件语法列表窗口,如果光标放到一个变量/函数等,那么列出本文件该变量/函数等的信息) ：F8
浏览工程语法 ：F7，Alt＋G
跳到基本类型(即跳到原型) ：Alt＋0
跳到定义出(也就是声明) ：Ctrl＋=，Ctrl＋L Click (select)，
：Ctrl＋Double L Click
检查引用 ：Ctrl＋/
语法信息(弹出该语法的信息) ：Alt＋/，Ctrl＋R Click (select)

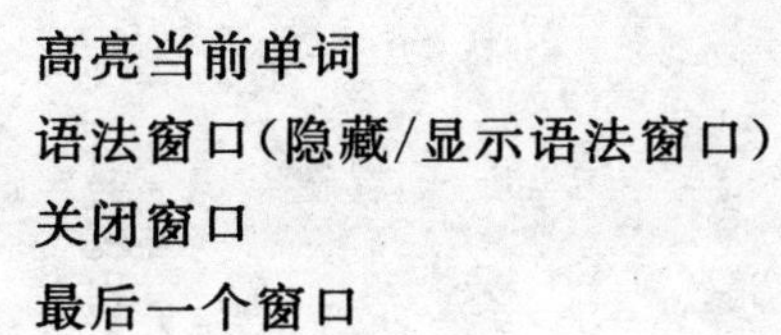

高亮当前单词　　　　　　　　：Shift＋F8
语法窗口（隐藏/显示语法窗口）：Alt＋F8
关闭窗口　　　　　　　　　　：Alt＋F6，Ctrl＋F4
最后一个窗口　　　　　　　　：Ctrl＋Tab，Ctrl＋Shift＋Tab

第 4 章

简易智能家居控制系统设计

智能家居也称为智能住宅，在英文中常用 Smart Home 表示，与其含义相近的还有家庭自动化、电子家庭、数字家园、家庭网络、网络家居、智能家庭/建筑等称谓，是以住宅为平台，兼顾建筑、网络通信、信息家电、设备自动化，集系统、结构、服务、管理为一体的高效、舒适、安全、便利、环保的居住环境。

智能家居可以定义为一个过程或者一个系统，利用先进的计算机技术、网络通信技术、综合布线技术将与家居生活有关的各种子系统有机地结合在一起，通过统筹管理让家居生活更加舒适、安全、有效。与普通家居相比，智能家居不仅具有传统的居住功能，提供舒适、安全、高品位且宜人的家庭生活空间；还由原来的被动静止结构转变为具有能动智慧的工具，提供全方位的信息交换功能，帮助家庭与外部保持信息交流畅通，优化人们的生活方式，帮助人们有效安排时间，增强家居生活的安全性，甚至为各种能源费用节约资金。

4.1 智能家居系统的应用和发展现状

自从世界上第一幢智能建筑 1984 年在美国出现后，美国、加拿大、欧洲、澳大利亚和东南亚等经济比较发达的国家先后提出了各种智能家居的方案。1998 年 5 月新加坡举办的 98 亚洲家庭电器与电子消费品国际展览会上，通过在场内模拟“未来之家”，推出了新加坡模式的家庭智能化系统。

智能住宅、小区在国外历经了 20 世纪 80 年代初的住宅电子化、20 世纪 80 年代中的住宅自动化到 20 世纪 90 年代美国的“智慧屋”(WISE HOME)、欧洲的“聪明屋”(SMART HOME)的住宅智能化这样几个阶段。美国、日本、新加坡都有根据这些标准建立的智能住宅和小区的示范工程。

智能家居在中国经历了近 10 年的起步阶段，发展速度缓慢，这主要是因为没有投入大量的资金，开发技术短期内不成熟。但是随着建筑智能化行业协会的成立及技术水平的不断提高，产品在市场上已逐步推广，前期主要集中在一些分散的智能家庭控制子系统的研究上，如三表抄送系统、门禁系统、可视对讲系统等。

进入 21 世纪以来，现代技术的发展带动了智能住宅的发展，使建筑电气、计算机技术与建筑融为一体，使人们的工作和生活更加舒适、便捷和安全。科技进步的同时，人们的购买力也在不断提高，相关产品成本不断降低，使智能产品走向家庭成为可能。例如近几年出现了一些智能化小区，一些高档住宅和别墅也安装了智能系统；一些家庭在进行家庭装饰中已经考虑预埋线路组建网络，有的已经安装可视门铃，有的安装了家庭影院等。

但从目前智能家居的应用现状来看主要有以下几方面的特点：

(1) 无统一的标准，厂家各自为政

虽然沿海发达城市(如广东)已经提交了家庭网络的地方标准，但在国家标准层面还只是送审状态，这导致没有一个统一的全国性行业标准，各家的产品存在兼容性不够、产品稳定性难以保证等问题。

(2) 产品的规模化不大

目前智能家居相关产品的生产主要集中在东部沿海地区，并没有形成规模化生产，无论从市场角度或者品牌角度来说，远没有国外品牌的影响力大。

(3) 市场分布不均匀

沿海经济发达地区和内地大中城市的市场活跃，人们大多接受智能家居的概念；北方和西部地区则逊色许多，但是市场潜力巨大。

(4) 现实中的智能家居理念和理想中的理念差距较大

目前家居智能化的主要功能包括安防报警、远程智能抄表、录音留言、小区公共信息发布、商业信息远程发布、远程家电控制、单元门口与室内可视对讲、单元门开锁、管理中心与住户室内通话以及室内住户监视单元门口等，与比尔·盖茨的"智慧家"有很大的距离，与数字家电的互连互通目前也还没有真正得到应用。

完整的智能家居既不是单一的灯光、窗帘控制，也不是可视对讲与家庭安防的简单集成，而是将电器控制(包括灯光、窗帘的控制)、安全防范(包括可视对讲、家庭安防)、家庭娱乐(包括背景音乐、家庭影院等视听信号控制)、信息通信等多种功能有机地整合在一起，使智能家居真正成为家庭的控制中心、安全中心、娱乐中心和信息中心。

4.2 简易智能家居控制系统设计原理

目前智能家居相关产品的价格普遍偏高，特别是高端系统，虽然其具备完善的功能，但昂贵的价格却让普通消费者难以承受，而低端的产品却很多因为采用了有线方式控制(如 RS485)，实际使用时需要布线，这也成为推广普及的障碍。

能否有一种智能家居产品，价格上便宜，性能上稳定，同时功能丰富，只通过软件升级就能满足今后的生活需要？华禹工控的 MTK6225、MTK6235 手机模块特别适合这方面的应用，其理由如下：

- 丰富的 I/O 控制功能；
- 彩色触摸 LCD 显示；

➢ 已经具有了 GPRS、WiFi(MT6235)无线传输功能；

➢ 有丰富的 I/O 功能供选择，使得外挂各种模块变得容易；

➢ 可以采用 JAVA 语言、C 语言进行开发；

➢ 出色的移动终端管理功能，使得便携式管理不再是问题。

本书介绍的智能家居系统主要采用 RF 2.4 GHz 无线方式对家居环境中的如温/湿度数据采集、智能插座的管理和控制、以及燃气泄漏报警控制等。原理如图 4-1 所示。

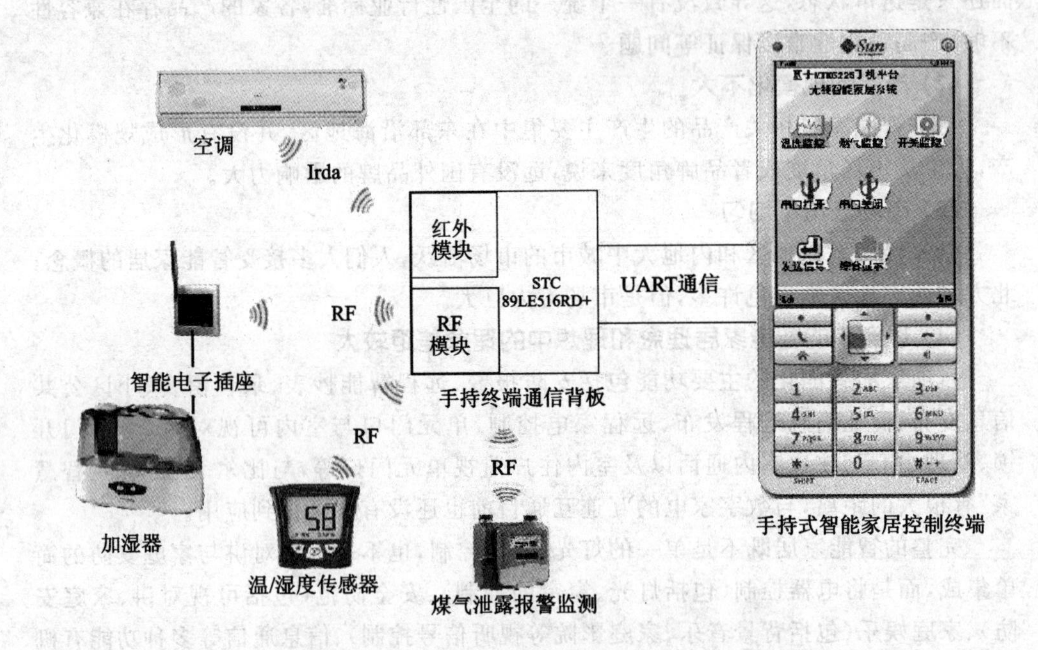

图 4-1　简易智能家居控制及管理系统原理图

如图 4-1 所示，简易智能家居控制系统是由 MTK6225 手持终端和一块终端通信背板组成，通信背板采用的是 RF 2.4 GHz 无线模块实现手持终端与各下位机（如智能电子插座、温/湿度传感器、燃气泄漏传感器）的数据通信，而红外模块则是传统家电常用的控制模块。在该方案中，通信背板通过串口(RS232)实现与手持终端的数据通信，从而实现了前台数据传输、后台数据管理的控制方案。

为了顺利实现手持终端对各下位设备的控制，需要制定一定格式的通信协议，这里将通信协议分成两个部分：

1. 通信背板与 MTK6225 通信协议设计

(1) MTK 手机向 MTK 背板发送命令的格式

|数据头|设备类型数据|设备编号数据|命令数据|校验和|

其中各部分含义如下：

➢ 数据头固定为十六进制数:0xAA;

➢ 设备类型数据格式:两字节。

将现有设备分类为:0x000A 代表温湿度检测设备;0x000B 代表智能开关设备;0x000D 代表可燃气体检测设备,其他保留。

➢ 设备编号数据格式:两字节。区分同类设备,作为设备的 ID 编号。

➢ 命令数据格式:两字节长度,现有几种查询命令内容如下:

ⓐ 温湿度检测设备命令集:

0x00A1——温湿度查询；　0x00A0——更改该设备 ID 编号;

ⓑ 智能开关设备命令集:

0x00A0——更改该设备 ID 编号；　0x00A2——智能开关打开;

0x00A3——智能开关关闭；　0x00A4——智能开关状态查询。

注:校验和数据格式字节长度为 1 字节。校验和采用的是累加和校验法,即将前面的数据累加然后取反加 1 就可以得到校验和字节数据。该字节由发送数据方计算,接收数据方将该字节与前面的数据相加求和以验证数据的正确。

(2) MTK 背板向 MTK 手机回传数据的格式

|数据头|设备类型数据|设备编号数据|返回命令数据|设备返回数据|校验和|

该格式与手机向背板发命令的格式基本相同,也采用数据头固定为十六进制数:0xAA。其他部分除了设备返回数据外,设备类型数据格式、设备编号数据格式、命令数据格式、校验和数据求法和用法均与上面定义的相同。而在设备的返回数据上,不同类型的设备操作返回数据的定义是不一样的。下面为几种类型设备的操作数据返回格式:

1) 温湿度设备返回数据信息格式

共 14 个字节,两字节的温度数据,两字节的湿度数据。将全部数据存放在一个 14 字节的数组中,具体如下:

第 1 字节	第 2 字节	第 3 字节	第 4 字节	第 5 字节	第 6 字节	第 7 字节
0xAA	设备类型高字节	设备类型低字节	设备编号高字节	设备编号低字节	返回命令高字节	返回命令低字节
第 8 字节	**第 9 字节**	**第 10 字节**	**第 11 字节**	**第 12 字节**	**第 13 字节**	**第 14 字节**
温度数据高 8 位	温度数据低 8 位	湿度数据高 8 位	湿度数据低 8 位	保留字节 0x00	保留字节 0x00	检验和数据

2) 智能开关设备返回数据格式

共 14 个字节,其中包含两字节正能开关状态信息,如下所示:

第 1 字节	第 2 字节	第 3 字节	第 4 字节	第 5 字节	第 6 字节	第 7 字节
0xAA	设备类型 高字节	设备类型 低字节	设备编号 高字节	设备编号 低字节	返回命令 高字节	返回命令 低字节
第 8 字节	第 9 字节	第 10 字节	第 11 字节	第 12 字节	第 13 字节	第 14 字节
开关状态信息 高 8 位	开关状态信息 低 8 位	保留字节 0x00	保留字节 0x00	保留字节 0x00	保留字节 0x00	检验和数据

3）可燃气体检测设备返回数据格式

共 14 个字节，其中包含两字节燃气检测信息数据，如下所示：

第 1 字节	第 2 字节	第 3 字节	第 4 字节	第 5 字节	第 6 字节	第 7 字节
0xAA	设备类型 高字节	设备类型 低字节	设备编号 高字节	设备编号 低字节	返回命令 高字节	返回命令 低字节
第 8 字节	第 9 字节	第 10 字节	第 11 字节	第 12 字节	第 13 字节	第 14 字节
燃气检测信息 高 8 位	燃气检测信息 低 8 位	保留字节 0x00	保留字节 0x00	保留字节 0x00	保留字节 0x00	检验和数据

2. 通信背板与各下位机设备通信协议设计

MTK 背板与下位机之间的通信协议与 MTK 手机跟 MTK 背板通信协议一致，此时应该把 MTK 背板当成上位机，而数据采集模块则是下位机。不同的是，MTK 背板与下位机之间通信的数据头统一采用 0xBB，也就是说从 MTK 手机发往 MTK 背板的控制命令要发往下位机模块，要经过数据头的转换（0xAA 换成 0xBB）以及重新计算校验和。而下位机模块发往 MTK 背板的数据要发送到 MTK 手机上，也要经过数据的转换（0xBB 换成 0xAA）和校验和的重新计算。

4.3　下位机控制模块设计

智能家居对家用电器的控制是通过装在各种电器设备上的控制模块实现的，比如红外管理模块、RF 控制模块等，本节介绍几种常用控制模块的原理及设计。

4.3.1　温/湿度采样模块设计

该模块作为智能家居系统中的一个子模块，是基于 MTK6225 手机管理平台的，通过 RF 2.4 GHz 无线远程对各点的温/湿度参数采集，能够在各种场合下进行温/湿度的采集监控，并实时远传的一个监控系统。其实现原理如图 4-2 所示。

在该方案中采用了几个关键器件，如下：

1. AHT11 温湿度模块

AHT11 是一款湿敏电阻型传感器，主要特点如下：

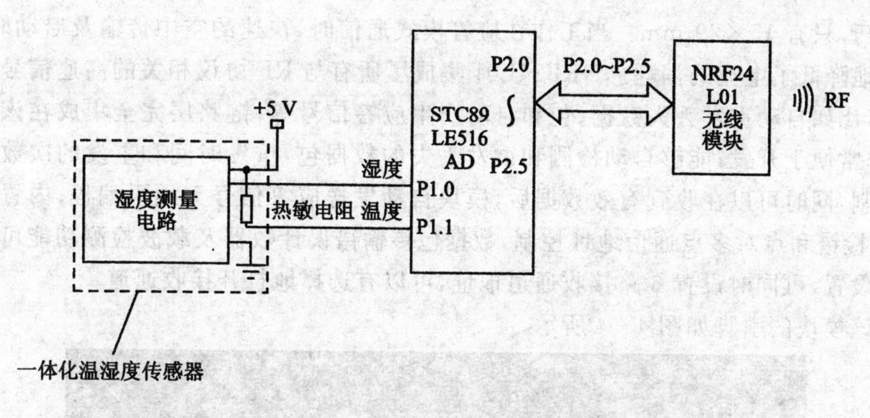

图 4－2　温/湿度采集模块原理图

➢ 供电电压(Vin):DC 4.5～6 V;
➢ 消耗电流：约 2 mA(MAX 3 mA);
➢ 使用温度范围:0～50℃;
➢ 使用湿度范围:95%RH 以下(非凝露);
➢ 湿度检测范围:20～90%RH;
➢ 保存温度范围:0～50℃;
➢ 保存湿度范围:80%RH 以下(非凝露)
➢ 湿度检测精度：±5%RH(0～50℃,30%～80%RH);

该传感器的线路连接及如图 4－3 所示。

电气接头	内　容
1	电源DC 4.5~6 V
2	湿度电压输出
3	负极(GND)
4	温度输出10 kΩ(at25℃)

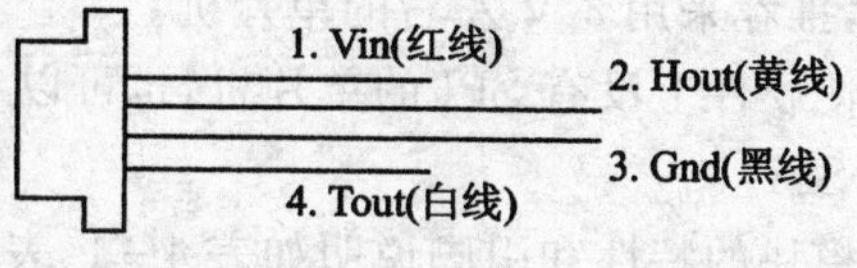

1. Vin(红线)
2. Hout(黄线)
3. Gnd(黑线)
4. Tout(白线)

图 4－3　AHT11 的一体化温湿度传感器接线图

该传感器的详细资料可参考本书第 10 章关于 AHT11 的详细介绍。

2. NRF2401 无线传输模块

NRF24L01 是一款工作在 2.4～2.5 GHz 通用 ISM 频段的单片无线收发器芯片。无线收发器包括:频率发生器、增强型模式控制器、功率放大器、晶体振荡器、调制器、解调器。输出功率、频道可以通过 SP1 接口进行设置。

该模块支持 6 路通道的数据接收,可以在 1.9～3.6 V 低电压下工作,传输速率高达 2 Mbps 每秒。由于空间传输时间极短,所以极大地降低了无限传输中的碰撞问题;频点数高达 125,可以满足多点通信和跳频通信的需要;内置 2、4 GHz 天线,体积小巧，只有 15×29 mm。当工作在应答模式通信时，快速的空中传输及启动时间，极大地降低了电流的消耗。NRF24L01 集成了所有与 RF 协议相关的高速信号处理部分，比如自动重发丢失数据、包和自动产生应答信号等；链路层完全集成在该模块上，非常便于开发；能够自动检测和重发丢失的数据包，重发时间和重发的次数可软件控制，同时可以在收到有效数据后，模块自动发送应答信号无须再编程；内置硬件 CRC 检错和点对多点通信地址控制，数据包传输错误计数器及载波检测功能可用于跳频设置，可同时设置 6 路接收通道地址，可以有选择地打开接收通道。

该模块的引脚如图 4－4 所示。

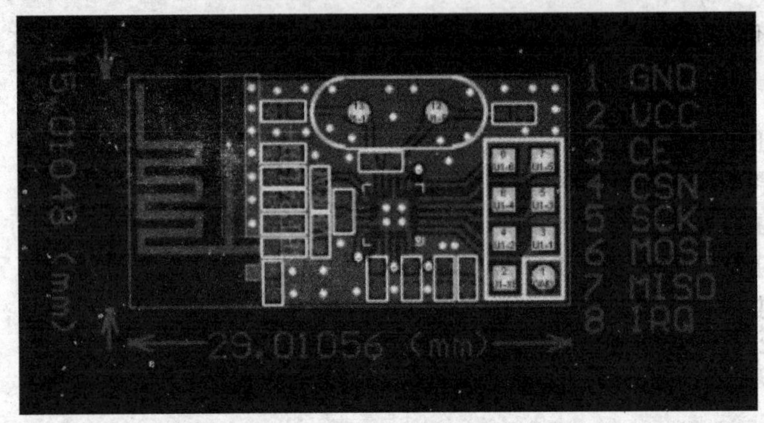

图 4－4　NRF2401 引脚接线图

如图 4－4 所示，该模块需要 6 根控制线和 2 根电源线来工作，VCC 引脚电压范围为 1.9～3.6 V，控制脚都可以随意和普通 5 V 的单片机 I/O 口直接连接，无需电平转换，推荐采用 3 V 左右的单片机。

即使硬件上没有 SPI 的单片机，也可以对该模块进行控制，用普通单片机的 I/O 口模拟 SPI。

该模块的特性和引脚说明如表 4－1、表 4－2 所列。

表 4－1　NRF2401 电器特性

参　数	数　值	单　位
供电电压	1.9～3.6	V
最大发射功率	0	dBm
最大数据传输率	2000	Kbps
发射模式下，电流消耗(0 dBm)	11.3	mA
接收模式下电流消耗(2 000 kbps)	12.3	mA
温度范围	－40～＋85	0C
数据传输率为 1 000 kbps 下的灵敏度	－85	dBm
掉电模式下的电流消耗	900	nA

表 4－2　NRF2401 引脚说明

引　脚	名　称	引脚功能	描　述
1	CE	数字输入	RX 或 TX 模式选择
2	CSN	数字输入	SPI 片选信号
3	SCK	数字输入	SPI 时钟
4	MOSI	数字输入	从 SPI 数据输入脚
5	MISO	数字输入	从 SPI 数据输出脚
6	IRQ	数字输入	可屏蔽中断脚
7	VDD	电源	电源(＋3 V)
8	VSS	电源	接地(0 V)
9	XC2	模拟输出	晶体振荡器 2 脚
10	XC1	模拟输入	晶体振荡器 1 脚/外部时钟输入脚
11	VDD－PA	电源输出	给 RF 的功率放大器提供的＋1.8 V 电源
12	ANT1	天线	天线接口 1
13	ANT2	天线	天线接口 2
14	VSS	电源	接地(0 V)
15	VDD	电源	电源(＋3 V)
16	IREP	模拟输入	参考电流
17	VSS	电源	接地(0 V)
18	VDD	电源	电源(＋3 V)
19	DVDD	电源输出	去耦电路电源正极端
20	VSS	电源	接地(0 V)

3. STC89LE516AD 单片机

该单片机为宏晶科技的一款低功耗产品，采用 44 脚的 PQFP 封装，与 STC89C516RD＋类似，但这里涉及了模拟量的数字转化，所以多了个 A/D 变换功能。STC89LE516AD 采用 P1.0～1.7 为复用口，即第二功能为 A/D 转换口，一共是 8 路 A/D 变换，精度为 8 位，满足温湿度采集的要求，具体可以参考宏晶可以的参考设计手册。

4.3.2　电子插座模块设计

该模块的设计原理是通过对插座的工作状态进行监控的，比如是否有负载、是否存在短路以及通过继电器控制插座的开关状态，这些都通过 RF2401 无线模块采用

MTK6225 平台无线控制实现家居的无线化智能化管理，原理如图 4-5 所示。

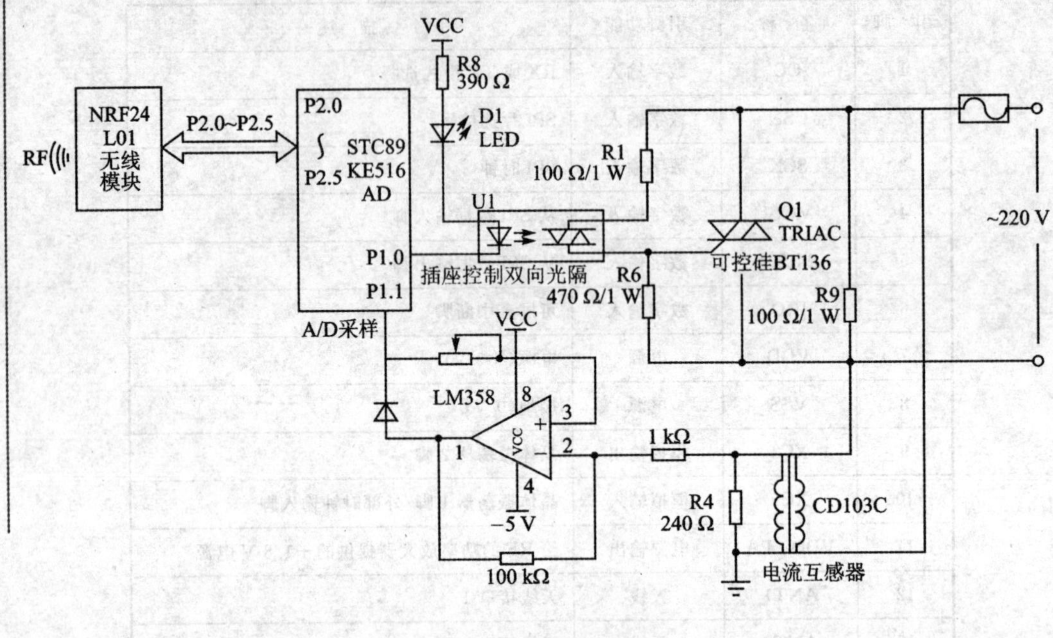

图 4-5 智能开关原理图

从图 4-5 可以看到，智能开关分成 3 个组成部分：

1. 无线发送

该部分同上一节温/湿度采样模块设计中采用的无线数据传输原理一样，就是采用了 NRF24L01 无线模块，它是一款工作在 2.4～2.5 GHz 通用 ISM 频段的单片无线收发器芯片。无线收发器包括：频率发生器、增强型模式控制器、功率放大器、晶体振荡器、调制器、解调器。输出功率、频道可以通过 SP1 接口进行设置，具体编程控制实现方法可参考前面相关内容。

2. 电流采样

该部分的功能主要是对插座的使用状态进行监控，一般有负载的情况下，线路中会有电流通过，电流的数据采集是确定插座使用与否的标志。家用电器一般都是工作在 220 V 的高电压下，而且用电电流也相对大，直接测交流电的电流肯定不现实，所以采用了 CD103 系列超小型精密电流互感器 CD103C 来实现电流的采集，它可以把电流转换成电压参数送入 A/D 采样引脚。该器件专门用于电力测量，其特点是体积小、精度高、一致性好，参数如表 4-3 所列。

CD103C 可以把插座中的电流转换成电压，最后经过 LM358 运放放大后送入 A/D 采样引脚，从而得到插座目前的使用状态。

表 4-3　CD103C 技术参数

参　数	说　明	参　数	说　明
额定输入电流	5 A	精度等级	0.2%
额定输出电流	5 A	隔离耐压	3 000 V
变比	5 mA	用途	隔离
相位差(额定输入时)	1 000:1	精密材料	环氧树脂
线性范围	＜30	安装方式	印制板安装
线性度	0～10 A	工作温度	－40～＋70℃

3. 插座控制

该部分通过对可控硅 BT136 的控制可以实现对插座的闭合和关断的控制，同时通过采样电路还能监控插座的短路和断路情况，可以通过 NRF2401 实现手持终端的远程控制。

智能插座的软件工作流程如图 4-6 所示。

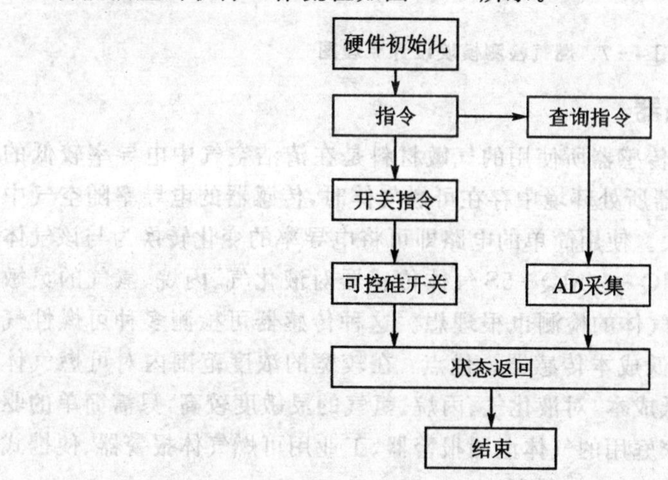

图 4-6　智能开关软件工作流程

4.3.3　燃气泄漏监控模块设计

本模块主要是检测煤气和烟雾的浓度，并及时发到控制网关上的设计方案，主要采用了气敏传感器；它是一种检测特定气体的传感器，主要包括半导体气敏传感器、接触燃烧式气敏传感器和电化学气敏传感器等。它的优点是驱动电路简单、寿命长、测量范围广，广泛应用于一氧化碳气体的检测、瓦斯气体的检测、煤气的检测等。

图 4-7 为燃气泄露监控方案原理图。

同 4.3.1 小节的温/湿度采样模块设计一样，气体监控也是采用采样后远传的方法实现，有几个组成部分：

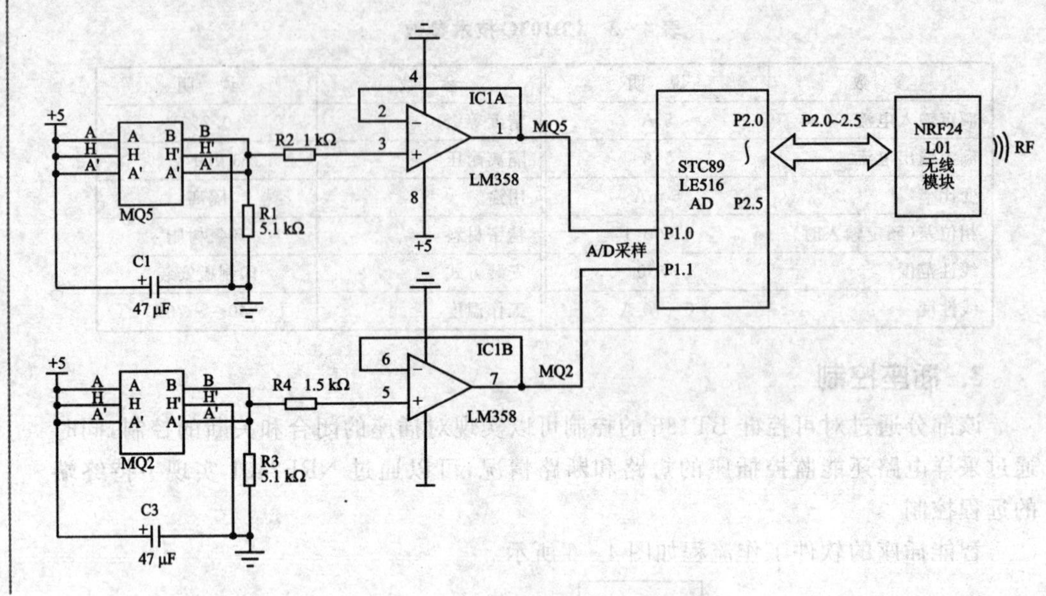

图4-7 燃气检测模块设计原理图

1. MQ-5煤气传感器

MQ-5/MQ-5S气体传感器所使用的气敏材料是在清洁空气中电导率较低的二氧化锡(SnO2)。当传感器所处环境中存在可燃气体时,传感器的电导率随空气中可燃气体浓度的增加而增大。使用简单的电路即可将电导率的变化转换为与该气体浓度相对应的输出信号。MQ-5/MQ-5S气体传感器对液化气、丙烷、氢气的灵敏度高,对天然气和其他可燃气体的检测也很理想。这种传感器可检测多种可燃性气体,是一款适合多种应用的低成本传感器。优点:在较宽的浓度范围内对可燃气体有良好的灵敏度、长寿命、低成本,对液化气、丙烷、氢气的灵敏度较高,只需简单的驱动电路即可。主要应用在家庭用的气体泄漏报警器、工业用可燃气体报警器、便携式气体检测器。灵敏度特性如表4-4所列。

表4-4 MQ5灵敏度特性

符 号	参数名称	技术参数	备 注
Rs	敏感体表面电阻	2~20 kΩ (2 000 ppm C_3H_8)	适用范围: 300~10 000 ppm 丙烷、丁烷、氢气
α ($R_{3000ppm}/R_{1\,000\,ppm}C_3H_8$)	浓度斜率	≤0.6	
标准工作条件	温度:(20±2)℃ V_C:(5.0±0.1)V 相对湿度:65%±5% V_H:(5.0±0.1)V		
预热时间	不少于5 min		

敏感体功耗(Ps)值可用下式计算：

$$Ps = Vc^2 \times Rs/(Rs + R_L)^2$$

传感器电阻(Rs)，可用下式计算：

$$Rs = (Vc/V_{RL} - 1) \times R$$

2. MQ－2 烟雾传感器

MQ－2/MQ－2S 烟雾传感器所使用的气敏材料是在清洁空气中电导率较低的二氧化锡(SnO_2)。当传感器所处环境中存在烟雾时，传感器的电导率随空气中烟雾浓度的增加而增大，使用简单的电路即可将电导率的变化转换为与该气体浓度相对应的输出信号。MQ－2/MQ－2S 烟雾传感器对烟雾灵敏度高，可检测多种可燃性气体，是一款适合多种应用的低成本传感器。优点：在较宽的浓度范围内对烟雾有良好的灵敏度、长寿命、低成本且只需简单的驱动电路即可。灵敏度特性如表 4－5 所列。

表 4－5　灵敏性特性表

符　号	参数名称	技术参数		备　注
Rs	敏感体表面电阻	2～20 Ω (2 000 ppm C_3H_8)		适用范围： 300～10 000 ppm 丙烷、丁烷、氢气
α ($R_{3000ppm}/R_{1000ppm}C_3H_8$)	浓度斜率	≤0.6		
标准工作条件	温度：(20±2)℃ 相对湿度：65%±5%	Vc：(5.0±0.1)V V_H：(5.0±0.1)V		
预热时间	不少于 5 min			

敏感体功耗(Ps)值可用下式计算：

$$Ps = Vc^2 \times Rs/(Rs + R_L)^2$$

传感器电阻(Rs)，可用下式计算：

$$Rs = (Vc/V_{RL} - 1) \times R$$

3. STC89LE516AD 单片机

可参考 4.3.2 小节的内容。

4. NRF2401 无线传输模块

可参考 4.3.2 小节的内容。

本模块软件设计流程如图 4－8 所示。

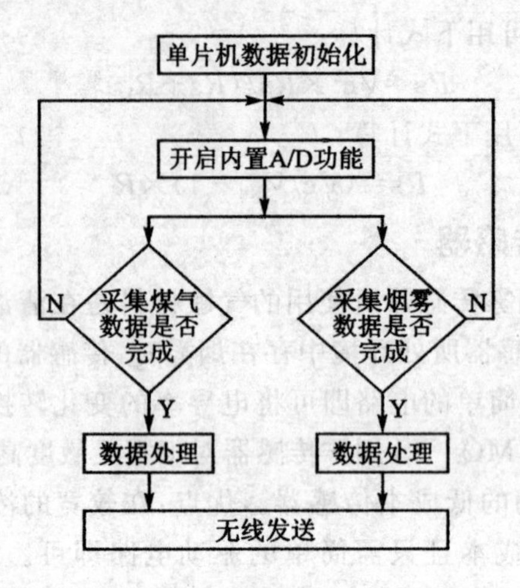

图4-8 燃气监测模块软件设计流程

4.4 手持机管理系统的设计及仿真实现

该系统的主要功能就是对各种家电进行无线远程管理和控制，以实现控制和调节各种家居电子设备的工作状态，从而达到居住环境舒适、安全的目的。

由于MTK6225手机模块可以采用C++或者JAVA编写管理软件，但C++编程需要转成BIN文件固化到手机中，这实际上修改了手机的软件结构。为此，推荐使用JAVA编写管理软件。由于JAVA语言是跨平台的，只要安装了JAVA虚拟机即可运行，所以安装方便，设置简单，本软件涉及的主要内容之一就是用户界面(MMI)设计。

智能家居最重要的人机交互功能之一就是用户界面的设计，好的界面能使人赏心悦目，增加互动的乐趣。用户界面是应用程序和用户之间交互的接口。操作方便、界面良好的高性能图形用户界面是智能管理系统必不可少的。MIDP提供了一套完整的用户界面接口全部定义在javax.microedition.lcdui包中，将开发人员创建的一个个“界面”呈现给用户，并根据用户命令完成指定的任务在各界面间切换。MIDP提供了Canvas和Screen两种不同的Display接口，分别代表低级UI和高级UI。本系统界面主要采用高级UI实现，不过也用到了低级UI，如欢迎界面的实现。

手持式智能家居管理系统实际就是采用了手机界面的设计思路，将传统手机的界面融入更多的智能家居主题的元素和功能，比如温/湿度检测、智能开关控制、电表、水表管理等。手机的菜单应用设计实际采用高亮图标覆盖背景图案的方式来选择需要操作的对象，也就是两部分图像，一张是完整功能的图像，即在背景上有完整的图标显示，这组成了智能家居的主界面，界面上的每个图标都代表不同功能的事件响应，另外一部分图是由各个图标组成的图标图像集，所有图像以Png格式保存。

图4-9为手持终端控制界面的仿真效果。

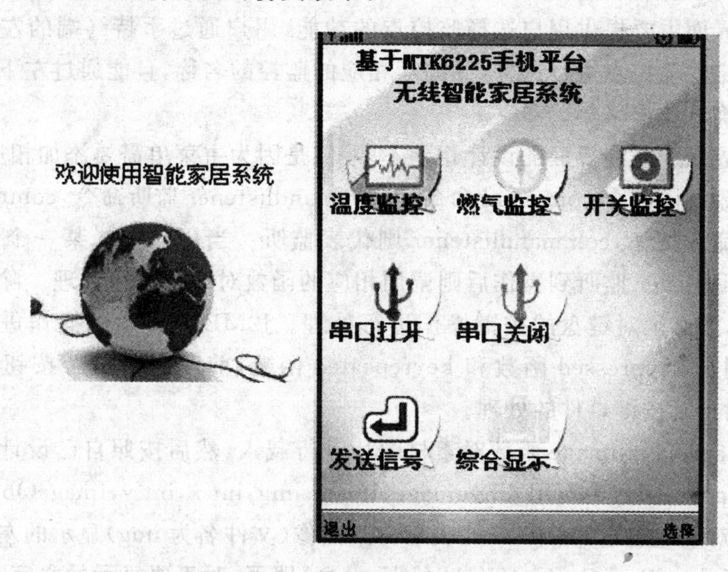

图4-9　手持终端控制界面

由图4-9可见，手持终端主要有两个MMI(人机交互)界面：一个是欢迎界面，一个是主菜单界面，下面为两部分的设计方法：

1. 欢迎界面的设计

欢迎界面的的主要功能是通过构造一个splashcanvas类来实现的，splashcanvas类主要通过image类中的creatimage函数实现了欢迎界面显示的图片的载入，并通过paint()函数显示出来。

用户界面类库javax.microedition.lcdui.*可以分成两种类型；高层用户界面类(screen类)和低层用户界面类(画布canvas类和画笔graphic类)。本系统主要运用canvas类来进行界面设计。用到低级UI就必须要继承Canvas这个抽象类，Canvas的核心是paint()方法，其负责绘制屏幕上的画面，每当屏幕需要重新绘制时就会产生重绘事件时，系统就自动调用paint()并传入一个Graphics对象。任何时候都可以通过调用reapaint()来产生重绘事件，它有两个方法，一个需要4个参数，分别用来指示起始坐标(X,Y)，另一个则不需要任何参数，代表整个画面重新绘制。

2. 主菜单界面的设计

传统的用户界面主要包括：命令行和图形，而图形中又包含菜单、按钮等控件。在小型设备中，显示信息的屏幕比较小，分辨率比较低，因此传统的用户界面在小型设备上的应用不能照搬，而要进行一系列的优化。在JDK的MIDP程序中，每一个应用都会有一个屏幕显示类，用于表示一个屏幕状态，当需要显示在屏幕上时，使用方法将此对象写入当前屏幕；收到用户响应或程序自身的要求改变屏幕显示对象的内容。

主操作界面主要提供用户选择监控点的功能，用户通过手持终端的左右方向导航键对所设定的监控点进行选择，并提示相应的监控的名称，且能通过左下角和右下角的软按键确认数据采集。

主菜单界面和欢迎界面的设计相差不多，但是因为主菜单需要添加相应的操作，所以这里还添加了一个 command 命令和 commandlistener 监听命令，command 的对象代表一个命令按钮，commandlistener 则代表监听。当用户选择某一个 command 后，commandlistener 监听到操作后则调用相应的函数对事件进行处理。除了特殊按键的响应外，还必须对键盘的按键操作进行处理。J2ME 对键盘的操作进行了专门的设定，分别是 keypressed 函数和 keyrepeated 函数，前者是对单个按钮事件的处理，后者是对重复按键事件的处理。

通过 image. creatimage 函数对素材图片进行载入，然后按照自己设计的主菜单界面通过在 paint 函数中调用 drawimage(Image img，int x，int y，ImageObserver observer)从而对应地显示，其中(x，y)表示背景图像(文件名为 img)显示的左上角的位置，之后执行 drawBackGround()、drawCanvas()即可；对于要显示的文字，可以通过 drwastring 函数来实现。当通过键盘对不同的温/湿度监控点进行选择时，keypresse 函数处理后再通过 repaint 函数对整个屏幕进行更新，以显示相应的操作变化。

手持机管理软件实现流程如图 4 - 10 所示。

MTK 手持管理机 JAVA 编程实现如下：

```
package temperature_humidity;
import java.io.IOException;
import java.util.Timer;
import javax.microedition.lcdui.*;
import javax.microedition.midlet.MIDlet;
import javax.microedition.midlet.MIDletStateChangeException;
import javax.microedition.rms.RecordStore;
import javax.microedition.rms.RecordStoreException;
import temperature_humidity.Maincanvas.openT;

public class temperature_humidity extends MIDlet implements Runnable{
    private Image img;
    private int y, height,width ;
    private Display display = null;
    Maincanvas main = new Maincanvas(this); //实例化 Maincanvas
    public temperature_humidity()
    {         if(display == null)
              {
        display = Display.getDisplay(this);
```

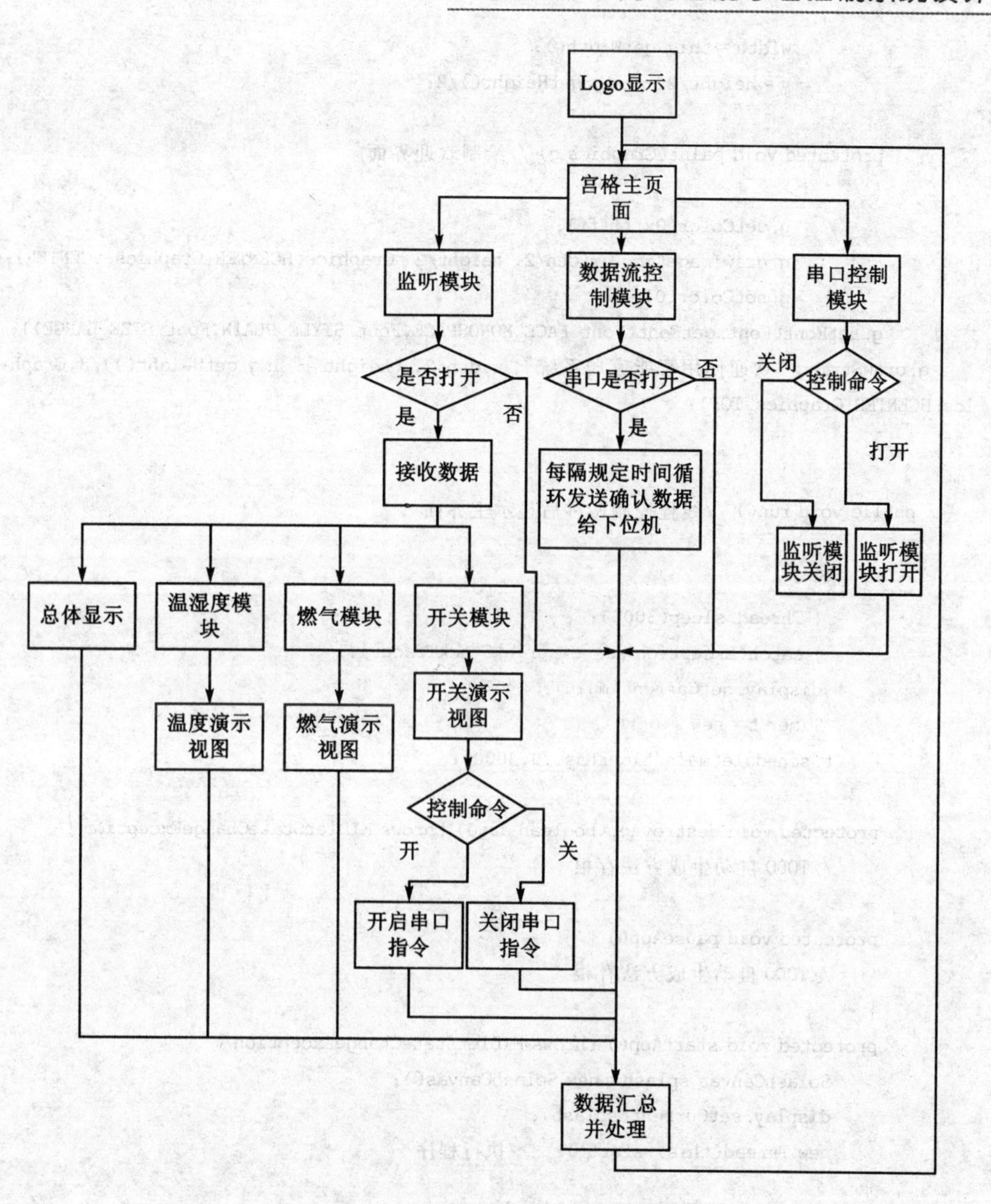

图 4-10 手持机管理软件设计实现流程

```
            }
        try{
            img = Image.createImage("/logo.png"); //载入欢迎界面图片
            }catch(IOException ex){ex.printStackTrace();}
            }
public class SplashCanvas extends Canvas{ //欢迎界面
    public SplashCanvas()
    {        height = this.getHeight();
```

```
            width = this.getWidth();
            y = height/2 - img.getHeight()/2;
        }
    protected void paint(Graphics g) //绘制欢迎界面
    {
            g.setColor(0xffffff);
            g.drawImage(img, width/2, height/2, Graphics.HCENTER|Graphics.VCENTER);
            g.setColor(0);
    g.setFont(Font.getFont(Font.FACE_MONOSPACE,Font.STYLE_PLAIN,Font.SIZE_LARGE));
  g.drawString("欢迎使用智能家居系统", width/2, (height - img.getHeight())/3,Graph-
ics.HCENTER|Graphics.TOP);
    }
            }
  public void run() //线程控制两秒后显示主界面
  {
    try
        { Thread.sleep(3000);
        } catch(Exception ex){ex.printStackTrace();}
        display.setCurrent(main);
        Timer t = new Timer();
       t.schedule(main.timertask,0,3000);
    }
    protected void destroyApp(boolean arg0) throws MIDletStateChangeException {
        //TODO 自动生成方法存根
    }
    protected void pauseApp() {
        //TODO 自动生成方法存根
    }
    protected void startApp() throws MIDletStateChangeException {
        SplashCanvas splash = new SplashCanvas();
        display.setCurrent(splash);
        new Thread(this).start();  //执行程序
    }
}
package temperature_humidity;
import java.io.*;
import java.util.Timer;
import java.util.TimerTask;
import javax.microedition.lcdui.*;
import javax.microedition.rms.InvalidRecordIDException;
import javax.microedition.rms.RecordStore;
import javax.microedition.rms.RecordStoreException;
```

```
import javax.microedition.rms.RecordStoreFullException;
import javax.microedition.rms.RecordStoreNotFoundException;
import javax.microedition.rms.RecordStoreNotOpenException;
import tempValue.value;
public class Temperature extends Canvas implements CommandListener {
    private Display display = null;
    private temperature_humidity md ;
    public Graphics s;
    private Maincanvas maincanvas;
    private Command exitCommand = new Command("返回",Command.EXIT,0);
    //private Command selectCommand = new Command("选择",Command.OK,0);
    public static Image img;
    public TimerTask timertask_2 = new TimerTask(){  ////定义周期数据显示事件
        public void run()
        {repaint();
        }
    };
    public Temperature(temperature_humidity m){  //构造函数
        if(display == null){
            md = m;
            display = Display.getDisplay(m);   //获取显示事件标记
        }
        addCommand(exitCommand);
        setCommandListener(this);
    }
    public void setMainView(Maincanvas mainv) {
        this.maincanvas = mainv;
    }
    protected void paint(Graphics g) {   //画背景
        g.setColor(0xffffff);
        g.drawImage(maincanvas.img[0], 0, 0, Graphics.LEFT|Graphics.TOP);
        Graphics.HCENTER|Graphics.TOP);
        g.setColor(0);
        g.setFont(Font.getFont(Font.FACE_MONOSPACE,Font.STYLE_PLAIN,Font.SIZE_
LARGE)); //设置字体风格
        show_address(g);  //画选中的地点
        data_show(g);  //显示获取的数据
    }
        // TODO 自动生成方法存根
        public void commandAction(Command cmd, Displayable arg1) {
        if(exitCommand == cmd){
            System.gc();
```

```
        display.setCurrent(maincanvas);
    }
}
/*******显示选择点和拆分该点数据***************************/
public void show_address(Graphics g)
{    g.drawString("温度监控",0, 0, Graphics.LEFT|Graphics.TOP);   //标题
}
/******************数据显示**************************/
public void data_show(Graphics g)
{
        try {
        if(! (value.t_data[0].equals("无"))){
    int vs1 = Integer.parseInt(value.t_data[0]);
    if((vs1>0)&&(vs1< = 10)){img = Image.createImage("/m1.png");}
    if(vs1 == 11){img = Image.createImage("/m2.png");}
    if(vs1 == 12){img = Image.createImage("/m3.png");}
    if(vs1 == 13){img = Image.createImage("/m4.png");}
    if(vs1 == 14){img = Image.createImage("/m5.png");}
    if(vs1 == 15){img = Image.createImage("/m6.png");}
    if(vs1 == 16){img = Image.createImage("/m7.png");}
    if(vs1 == 17){img = Image.createImage("/m8.png");}
    if(vs1 == 18){img = Image.createImage("/m9.png");}
    if(vs1 == 19){img = Image.createImage("/m10.png");}
    if(vs1 == 20){img = Image.createImage("/m11.png");}
    if(vs1 == 21){img = Image.createImage("/m12.png");}
    if(vs1 == 22){img = Image.createImage("/m13.png");}
    if(vs1 == 23){img = Image.createImage("/m14.png");}
    if(vs1 == 24){img = Image.createImage("/m15.png");}
    if(vs1 == 25){img = Image.createImage("/m16.png");}
    if(vs1 == 26){img = Image.createImage("/m17.png");}
    if(vs1 == 27){img = Image.createImage("/m18.png");}
    if(vs1 == 28){img = Image.createImage("/m19.png");}
    if(vs1 == 29){img = Image.createImage("/m20.png");}
    if(vs1 == 30){img = Image.createImage("/m21.png");}
    if(vs1 == 31){img = Image.createImage("/m22.png");}
    if(vs1 == 32){img = Image.createImage("/m23.png");}
    if(vs1 == 33){img = Image.createImage("/m24.png");}
    if(vs1 == 34){img = Image.createImage("/m25.png");}
    if(vs1 == 35){img = Image.createImage("/m26.png");}
    if(vs1 == 36){img = Image.createImage("/m27.png");}
    if(vs1 == 37){img = Image.createImage("/m28.png");}
    if(vs1 == 38){img = Image.createImage("/m29.png");}
```

```
        if(vs1 == 39){img = Image.createImage("/m30.png");}
        if(vs1 == 40){img = Image.createImage("/m31.png");}
        g.drawImage(img, 0, 50, Graphics.LEFT|Graphics.TOP);
        }
            else {
                if(img == null) {
                    img = Image.createImage("/m1.png");
                }
                g.drawImage(img, 0, 50, Graphics.LEFT|Graphics.TOP);
            }
        } catch (IOException e) {
            // TODO Auto - generated catch block
            e.printStackTrace();
        }
    }
    public void keyRepeated(int keyCode){
        keyPressed(keyCode);
    }
    public void keyPressed(int keyCode)
    {

    }
}
package temperature_humidity;
import java.io.*;
import java.util.*;
import javax.microedition.io.*;
import javax.microedition.lcdui.*;
import javax.microedition.media.Manager;
import javax.microedition.midlet.MIDletStateChangeException;
import javax.microedition.rms.RecordStore;
import javax.microedition.rms.RecordStoreException;
import javax.microedition.rms.RecordStoreNotFoundException;
import tempValue.value;
import com.sun.perseus.model.Switch;
public class Maincanvas extends Canvas implements CommandListener{
    private CommConnection ccon;  //定义串口的连接口
    private DataInputStream dis;  //数据输出流
    private DataOutputStream dos; //数据输入流
    public String[] data;    //定义 data 字符串数组
    public String read_data;
    private temperature_humidity md ;
```

```
private Display display = null;
public Image[] img;
public storeTheinfo sto_thr;
private Command exitCommand = new Command("退出",Command.EXIT,0);
private Command selectCommand = new Command("选择",Command.OK,0);
public SwitchCav si = null;
public Temperature ti = null;
public Gas gi = null;
public everyone ei = null;
private CommConnection cc;
private InputStream in;
public OutputStream out;
private boolean m_start;
//public boolean store_bool = false;
//温度,开关,燃气实例化
boolean a = true;
boolean b = true;
boolean c = true;
public String y1 = "y1";
public String y2 = "y2";
public String hexTem = "空的临时变量";
public String store_ok = "存入初始化";
public String send_str = "还未发";
public String recive_str = "还未收";
public String open_str = "初次未连";
public String chek = "还没有值";
public static boolean m_store  = false;//处理数据开始
private boolean realStors  = false;
private StringBuffer receive;
public boolean checkA = false;//监控判断设备是否有传回数据
public boolean checkB = false;
public boolean checkC = false;
public String[] t_data = {"无","无","无","无"};
public String[] s_data = {"无"};
public String[] g_data = {"无"};
public int focus = 0;    //定义选择地点的焦点
public int focusorg = 0;    //定义保存焦点的变量
public int thirdchange  = 0;//3 秒变一次
private int sign_l = 15;   //显示 selec 图片位置的标记
private int sign_r = 45;
public String[]  address = {"开关监控","温度器监控","燃气监控"};
                                             //选中监控点后显示的提示
```

```
public int y = 0;
public Maincanvas(temperature_humidity m)
{
    if(display == null){
        md = m;
    display = Display.getDisplay(md); }
        try
        {
            img = new Image[]  //读入图片
        {
                Image.createImage("/background.png"),//0
                Image.createImage("/m_background.png"),
                Image.createImage("/a.png"),//2
                Image.createImage("/aselect.png"),
                Image.createImage("/b.png"),
                Image.createImage("/bselect.png"),
                Image.createImage("/c.png"),
                Image.createImage("/cselect.png"),
                Image.createImage("/d.png"),
                Image.createImage("/dselect.png"),
                Image.createImage("/e.png"),//10
                Image.createImage("/eselect.png"),
                Image.createImage("/f.png"),
                Image.createImage("/fselect.png"),
                Image.createImage("/g.png"),
                Image.createImage("/gselect.png"),//15
                Image.createImage("/k1.png"),
                Image.createImage("/k2.png"),
                Image.createImage("/l1.png"),
                Image.createImage("/l2.png"),
                  };
        }catch(Exception e)
        {
            System.out.print("error:" + e.getMessage());
        }

        addCommand(selectCommand);
        addCommand(exitCommand);
        setCommandListener(this);
}
/************************* 操作界面 **********************/
    public void drawBackGround(Graphics g) {  //画背景
```

```
        g.setColor(0xffffff);
        g.drawImage(img[0], 0, 0, Graphics.LEFT|Graphics.TOP);
        g.drawImage(img[2], 15, 45, Graphics.LEFT|Graphics.TOP);
        g.drawImage(img[4], 95, 45, Graphics.LEFT|Graphics.TOP);
        g.drawImage(img[6], 175, 45, Graphics.LEFT|Graphics.TOP);
        g.drawImage(img[8], 15, 125, Graphics.LEFT|Graphics.TOP);
        g.drawImage(img[10], 95, 125, Graphics.LEFT|Graphics.TOP);
        g.drawImage(img[12], 15, 205, Graphics.LEFT|Graphics.TOP);
        g.drawImage(img[14], 95, 205, Graphics.LEFT|Graphics.TOP);
        if(value.ico1 == false){
            g.drawImage(img[16], 175, 135, Graphics.LEFT|Graphics.TOP);
        }
        if(value.ico1 == true){
            g.drawImage(img[17], 175, 135, Graphics.LEFT|Graphics.TOP);
        }
        if(value.ico2 == false){
        g.drawImage(img[18], 175, 205, Graphics.LEFT|Graphics.TOP);
        }
        if(value.ico2 == true){
            g.drawImage(img[19], 175, 205, Graphics.LEFT|Graphics.TOP);
        }
        g.setColor(0);
    g.setFont(Font.getFont(Font.FACE_MONOSPACE,Font.STYLE_BOLD,Font.SIZE_LARGE));
    }
/******************** 按键处理 ***********************/
    public void keyPressed(int keyCode)
    {
        value.keynow = keyCode;
        focusorg = focus;
        if(keyCode == -7)
         {
         }
        else
        {
            switch(keyCode)
            {
                case 49:break;//数字键 1
                case 50:break;//数字键 2
                case 51:break;//数字键 3
                case 52:break;//数字键 4
                case 53:break;//数字键 5
                case 54:break;//数字键 6
```

```
case 55:break;//数字键 7
case 56:break;//数字键 8
case 57:break;//数字键 9
case 48:break;//数字键 0
case -5:
case -6:
 //选择
    break;
case -1:
    switch(focus){
        case 0:focus = 2;break;
        case 1:focus = 5;break;
        case 2:focus = 6;break;
        case 3:focus = 0;break;
        case 4:focus = 1;break;
        case 5:focus = 3;break;
        case 6:focus = 4;break;
    }
    break;
case -2:
    switch(focus){
    case 0:focus = 3;break;
    case 1:focus = 4;break;
    case 2:focus = 0;break;
    case 3:focus = 5;break;
    case 4:focus = 6;break;
    case 5:focus = 1;break;
    case 6:focus = 2;break;
}
    break;
case -3:
    if(focus == 0){
        focus = 6;
    }else{
        focus = (--focus);
    };

    break;
case -4:
    if(focus == 6){
        focus = 0;
    }
```

```
            else{
                focus = ( ++ focus);
            }
            break;
        case    - 20:
            {
                try
                {
                    Manager.playTone(80, 100, 100);
                }
                catch (Exception e)
                {
                    System.out.println("error SetVoice Line118;" + e);
                }
            }
    }
}

if(focusorg != focus) {
    if(focus == 0){
        sign_l = 15;
        sign_r = 45;
    }if(focus == 1){
        sign_l = 95;
        sign_r = 45;
    }if(focus == 2){
        sign_l = 175;
        sign_r = 45;
    }if(focus == 3){
        sign_l = 15;
        sign_r = 125;
    }if(focus == 4){
        sign_l = 95;
        sign_r = 125;
    }if(focus == 5){
        sign_l = 15;
        sign_r = 205;
    }if(focus == 6){
        sign_l = 95;
        sign_r = 205;
    }
    repaint();
```

```
    }
}

public void keyRepeated(int keyCode){
        keyPressed(keyCode);
}
    /********************软按键响应******************
     * @throws MIDletStateChangeException
     * @throws Exception */
public void commandAction(Command cmd, Displayable arg1){
        if(cmd == selectCommand) {
            if(focus == 0){
            System.gc();
            if(ti == null){
                ti = new Temperature(md);
            }
            ti.setMainView(this);
            display.setCurrent(ti);
            Timer t = new Timer();
            t.schedule(ti.timertask_2,0,2000);
        }
        if(focus == 1){
            System.gc();
            if(gi == null){
                gi = new Gas(md);
            }
            gi.setMainView(this);
            display.setCurrent(gi);
            Timer t = new Timer();
            t.schedule(gi.timertask,0,2000);
        }
        if(focus == 2){
            System.gc();
            if(si == null){
                si = new SwitchCav(md);
            }
            si.setMainView(this);
            display.setCurrent(si);
            Timer t = new Timer();
            t.schedule(si.timertask,0,2000);
        }
        if(focus == 3){
```

```
            openT op = new openT();
            op.start();
            value.ico1 = true;
            repaint();
        }
        if(focus == 4){
            m_start = false;
            new closeT().start();
            value.ico1 = false;
            value.ico2 = false;
            repaint();
        }
        if(focus == 5){
            //store("aa000a000100a15e001a00000000");
            new sendT().start();
            //new s_open().start();
            //new s_close().start();
            if(true == value.ico1){
                value.ico2 = true;
                repaint();
            }
        }
        if(focus == 6){
            System.gc();
            if(ei == null){
                ei = new everyone(md);
            }
            ei.setMainView(this);
            display.setCurrent(ei);
            Timer t = new Timer();
            t.schedule(ei.timertask,0,2000);
        }
    }
    if(cmd == exitCommand) { //退出程序
        try {
            md.destroyApp(false);
        } catch (MIDletStateChangeException e) {
            e.printStackTrace();
        }
        md.notifyDestroyed();
    }
```

```
    }
    /************************绘制被选择的监控点************************
***********/
    protected void paint(Graphics g) {
        drawBackGround(g);
        if(focus == 0){g.drawImage(img[3],sign_l,sign_r, Graphics.LEFT|Graphics.
TOP);}
        if(focus == 1){g.drawImage(img[5],sign_l,sign_r, Graphics.LEFT|Graphics.
TOP);}
        if(focus == 2){g.drawImage(img[7],sign_l,sign_r, Graphics.LEFT|Graphics.
TOP);}
        if(focus == 3){g.drawImage(img[9],sign_l,sign_r, Graphics.LEFT|Graphics.
TOP);}
        if(focus == 4){g.drawImage(img[11],sign_l,sign_r, Graphics.LEFT|Graphics.
TOP);}
        if(focus == 5){g.drawImage(img[13],sign_l,sign_r, Graphics.LEFT|Graphics.
TOP);}
        if(focus == 6){g.drawImage(img[15],sign_l,sign_r, Graphics.LEFT|Graphics.
TOP);}
    g.setFont(Font.getFont(Font.FACE_MONOSPACE,Font.STYLE_BOLD,Font.SIZE_LARGE));
        g.drawString("温度监控", 5, 90, Graphics.LEFT|Graphics.TOP);
        g.drawString("燃气监控", 85, 90, Graphics.LEFT|Graphics.TOP);
        g.drawString("开关监控", 165, 90, Graphics.LEFT|Graphics.TOP);
        g.drawString("串口打开", 5, 170, Graphics.LEFT|Graphics.TOP);
        g.drawString("串口关闭", 85, 170, Graphics.LEFT|Graphics.TOP);
        g.drawString("发送信号", 5, 250, Graphics.LEFT|Graphics.TOP);
        g.drawString("综合显示", 85, 250, Graphics.LEFT|Graphics.TOP);
        g.drawString("基于 MTK6225 手机平台", 21, 0, Graphics.LEFT|Graphics.TOP);
        g.drawString("无线智能家居系统", 45, 20, Graphics.LEFT|Graphics.TOP);
    }

    public TimerTask timertask = new TimerTask(){  ////定义周期数据显示事件
            public void run()
            { repaint();
            }
    };

    public class openT extends Thread{
        public void run() {
            try {
                Thread.sleep(100);
            } catch (InterruptedException e) {
```

```
                // TODO Auto - generated catch block
                e.printStackTrace();
            }
    String s_commUrl = "tckcomm:0;baudrate = 115200;blocking = off;autocts = off;autorts = off";
            System.out.println(s_commUrl);
                try {
                    if(cc == null) {
                        cc = (CommConnection) Connector.open(s_commUrl);
                    }
                    if(in == null){
                        in = cc.openInputStream();
                    }
                    if(out == null){
                        out = cc.openOutputStream();
                    }
                    m_start = true;
                    m_store = true;

                    open_str = "Success Open";
                    if(sto_thr == null){
                        sto_thr  = new storeTheinfo();
                    }
                    sto_thr.start();

                } catch (IOException e) {
                    // TODO 自动生成 catch 块
                    String struf = "端口已被占用";
                    Alert erro = new Alert("错误");
                    erro.setString("错误信息:端口已被占用");
                    open_str = e.getMessage();//"错误信息:端口已被占用";
                    repaint();
                    }
            }
        }
    public class closeT extends Thread{
        public void run() {
            try {
                Thread.sleep(100);
            } catch (InterruptedException e1) {
                // TODO Auto - generated catch block
                e1.printStackTrace();
            }
```

```
        try {
            if(out != null) {
                out.close();
                out = null;
            }
            if(in != null) {
                in.close();
                in = null;
            }
            if(cc != null) {
                cc.close();
                cc = null;
            }
            open_str = "Success close";
            value.t_data[0] = "无";
            value.t_data[1] = "无";
            value.t_data[2] = "无";
            value.t_data[3] = "无";
            s_data[0] = "无";
            g_data[0] = "无";
            //repaint();

        } catch (IOException e) {
            // TODO 自动生成 catch 块
            e.printStackTrace();
        }
    }
}

public class s_open extends Thread{
    public void run() {
        try {
            Thread.sleep(100);
        } catch (InterruptedException e1) {
            // TODO Auto - generated catch block
            e1.printStackTrace();
        }
        //while(true == value.swio_send){
            try {
                value.switch_check_on = true;
                Thread.sleep(1500);
                if(out != null) {
```

```
                    String str = "AA000B000100A2A8";//开关开的十六进制字符串
                    byte[] bData;
                    bData = hexStringToBytes(str);
                    try{
                        out.write(bData,0,bData.length);
                        out.flush();
                        System.out.println("已执行");
                    } catch (IOException e) {
                        // TODO 自动生成 catch 块
                        e.printStackTrace();
                    }
                }
            } catch (InterruptedException e) {
                // TODO Auto - generated catch block
                e.printStackTrace();
            }
        }
}

public class s_close extends Thread{
    public void run() {
        try {
            Thread.sleep(100);
        } catch (InterruptedException e1) {
            // TODO Auto - generated catch block
            e1.printStackTrace();
        }
        try {
            value.switch_check_off = true;
            Thread.sleep(1500);
            if(out != null) {
                String str = "AA000B000100A3A7";//开关开的 16 进制字符串
                byte[] bData;
                bData = hexStringToBytes(str);
                try{
                    out.write(bData,0,bData.length);
                    out.flush();
                    System.out.println("已执行");
                } catch (IOException e) {
                    // TODO 自动生成 catch 块
                    e.printStackTrace();
                }
```

```
            }
        } catch (InterruptedException e) {
            // TODO Auto - generated catch block
            e.printStackTrace();
        }
    }
}
public class sendT extends Thread{
public void run() {
    try {
        Thread.sleep(100);
    } catch (InterruptedException e1) {
        // TODO Auto - generated catch block
        e1.printStackTrace();
    }

            while(m_start) {
                try {

if((value.switch_check_on == false)&&(value.switch_check_off == false)){
                    //1 开关
                    String str_1 = "AA000B000100A4A6";//开关开的十六进制字符串
                    byte[] bData_1;
                    bData_1 = hexStringToBytes(str_1);
                    out.write(bData_1,0,bData_1.length);
                    out.flush();
                    send_str = str_1;
                    new listenA().start();
                    Thread.sleep(2000);
                    }
                } catch (IOException e) {
                        e.printStackTrace();
                }
                 catch (InterruptedException e) {
                    e.printStackTrace();
                }


                //2 温度
                try{
                    Thread.sleep(100);
if((value.switch_check_on == false)&&(value.switch_check_off == false)){
                    String str_2 = "AA000A000100A1AA";
                    byte[] bData_2;
```

```
                bData_2 = hexStringToBytes(str_2);
                out.write(bData_2,0,bData_2.length);
                out.flush();
                send_str = str_2;
                new listenB().start();
                Thread.sleep(2000);
                }
            } catch (IOException e) {
                    e.printStackTrace();
                    send_str = e.getMessage();
                    repaint();
            }catch (InterruptedException e) {
                e.printStackTrace();
            }

            //3 燃气
            try{
                Thread.sleep(100);
    if((value.switch_check_on == false)&&(value.switch_check_off == false)){
                String str_3 = "AA000D000100A1A7";
                byte[] bData_3;
                bData_3 = hexStringToBytes(str_3);
                out.write(bData_3,0,bData_3.length);
                out.flush();
                send_str = str_3;
                new listenC().start();
                Thread.sleep(2000);
                }
            } catch (IOException e) {
                    e.printStackTrace();
            }catch (InterruptedException e) {
                e.printStackTrace();
            }
        }
    }
}
public static byte[] hexStringToBytes(String hexString) {
    if (hexString == null || hexString.equals("")) {
        return null;
    }
    hexString = hexString.toUpperCase();
    int length = hexString.length() / 2;
```

```
        char[] hexChars = hexString.toCharArray();
        byte[] d = new byte[length];
        for (int i = 0; i < length; i++) {
            int pos = i * 2;
            d[i] = (byte) (charToByte(hexChars[pos]) << 4 | charToByte(hexChars
[pos + 1]));
        }
        return d;
    }

    private static byte charToByte(char c) {
        return (byte) "0123456789ABCDEF".indexOf(c);
    }

    public class storeTheinfo extends Thread{
        public void run() {
            try {
                Thread.sleep(100);
            } catch (InterruptedException e1) {
                // TODO Auto-generated catch block
                e1.printStackTrace();
            }
            while(m_store) {
                try {
                    int len;
                    len = in.available();
                    y1 = "y1 进来了";
                    if(len != 0) {
                        byte[] bData_s = new byte[len];
                        int iRet = in.read(bData_s);
                        String str_b;

                        str_b = bytesToHexString(bData_s);
                        recive_str = str_b;

                        store(str_b);

                    }
                    Thread.sleep(200);
                }catch (Exception e) {
                    e.printStackTrace();
                    recive_str = "出错";
```

```
                }
            }
        }
    }

    public class listenA extends Thread{
        public void run() {
            try {
                Thread.sleep(3000);
            } catch (InterruptedException e) {
                // TODO Auto - generated catch block
                e.printStackTrace();
            }
            if(checkA == false){
                value.t_data[0] = "无";
                value.t_data[1] = "无";
                value.t_data[2] = "无";
                value.t_data[3] = "无";
            }
            else{checkA = false;}
        }

    }

    public class listenB extends Thread{
        public void run() {
            try {
                Thread.sleep(3000);
            } catch (InterruptedException e) {
                // TODO Auto - generated catch block
                e.printStackTrace();
            }
            if(checkB == false){
                s_data[0] = "无";
            }
            else{checkB = false;}
        }
    }
    public class listenC extends Thread{
        public void run() {
            try {
                Thread.sleep(3000);
```

```
            } catch (InterruptedException e) {
                // TODO Auto - generated catch block
                e.printStackTrace();
            }
            if(checkC == false){
                g_data[0] = "无";
            }
            else{checkC = false;}
        }
    }
    public  String bytesToHexString(byte[] src){
        StringBuffer stringBuilder = new StringBuffer("");
        if (src == null || src.length <= 0) {
            return null;
        }
        for (int i = 0; i < src.length; i ++ ) {
            int v = src[i] & 0xFF;
            String hv = Integer.toHexString(v);
            if (hv.length() < 2) {
                stringBuilder.append(0);
            }
            stringBuilder.append(hv);
        }
        return stringBuilder.toString();
    }
    public int hextoten(String temp){
        int flag1  = 0;
        int flag2  = 0;
        int a = 0;
        int b = 0;
        int c = 0;
        String first = temp.substring(0, 1);
        String second =  temp.substring(1, 2);

        if((first.equals("A"))||(first.equals("a"))){flag1 = 1;}
        if((first.equals("B"))||(first.equals("b"))){flag1 = 2;}
        if((first.equals("C"))||(first.equals("c"))){flag1 = 3;}
        if((first.equals("D"))||(first.equals("d"))){flag1 = 4;}
        if((first.equals("E"))||(first.equals("e"))){flag1 = 5;}
        if((first.equals("F"))||(first.equals("f"))){flag1 = 6;}
            switch(flag1){
            case 0:a =  Integer.parseInt(first);break;
```

```
            case 1:a = 10;break;
            case 2:a = 11;break;
            case 3:a = 12;break;
            case 4:a = 13;break;
            case 5:a = 14;break;
            case 6:a = 15;break;
        }

        if((second.equals("A"))||(second.equals("a"))){flag2 = 1;}
        if((second.equals("B"))||(second.equals("b"))){flag2 = 2;}
        if((second.equals("C"))||(second.equals("c"))){flag2 = 3;}
        if((second.equals("D"))||(second.equals("d"))){flag2 = 4;}
        if((second.equals("E"))||(second.equals("e"))){flag2 = 5;}
        if((second.equals("F"))||(second.equals("f"))){flag2 = 6;}
            switch(flag2){
            case 0:b =  Integer.parseInt(second);break;
            case 1:b = 10;break;
            case 2:b = 11;break;
            case 3:b = 12;break;
            case 4:b = 13;break;
            case 5:b = 14;break;
            case 6:b = 15;break;
        }

        c = a * 16 + b;
        return c;
    }

    public  void store(String str){
        String checkDevice  = str.substring(5, 6);
        y1 = checkDevice;
        if((checkDevice.equals("A"))||(checkDevice.equals("a"))){
            String tem_string = null;
            String humity_string =  null;
            int temp_tem = 0;
            int temp_humi = 0;
            int temp_int_a = hextoten(str.substring(18, 20));
            int temp_int_b = hextoten(str.substring(14, 16));
            String e_temp = temp_int_a + "";
            String e_humi  = "" + temp_int_b;
            temp_tem = temp_int_a; //将提取的温湿度转为浮点数据
            temp_humi = temp_int_b;
```

```
    if(temp_tem>35){tem_string = "酷热";}
    else if(28< = temp_tem&&temp_tem< = 35){tem_string = "热";}
    else if(19< = temp_tem&&temp_tem< = 27.9){tem_string = "舒适";}
    else if(5< = temp_tem&&temp_tem< = 18.9){tem_string = "凉";}
    else if( - 10.9< = temp_tem&&temp_tem< = 4.9){tem_string = "寒冷";}
    else if(temp_tem< = - 11){tem_string = "深寒"};
    if(temp_humi< = 30){humity_string = "干燥";}
    else if(31< = temp_humi&&temp_humi< = 50){humity_string = "干爽";}
    else if(51< = temp_humi&&temp_humi< = 70){humity_string = "湿润";}
    else if(temp_humi>70){humity_string = "潮湿";}
    value.t_data[0] = e_temp;
    value.t_data[1] = e_humi;
    value.t_data[2] = tem_string;
    value.t_data[3] = humity_string;
    checkA = true;
}
if((checkDevice.equals("B"))||(checkDevice.equals("b"))){

    //[(开关状态信息高八位 * 4 + 开关状态信息低八位)×5÷1024÷24]

    double e_swi_h = Double.parseDouble(str.substring(14, 16)) ;
    double e_swi_l = Double.parseDouble(str.substring(16, 18)) ;
    double e_swi_i = (((e_swi_h * 256) + (e_swi_l)));
    String  state = null;
    String  h = null;
    String  l = null;
    state =  "" + e_swi_i;
    h = e_swi_h + "";
    l = e_swi_l + "";
    value.s_data[0] = state;
    value.s_data[1] = h;
    value.s_data[2] = l;
    checkB = true;
}
if((checkDevice.equals("D"))||(checkDevice.equals("d"))){
    String e_gas_a  = str.substring(21, 22);
    String e_gas_b  = str.substring(23, 24);
    String e_gas_c  = str.substring(25, 26);
    String e_gas_d  = str.substring(15, 16);
    String e_gas_e  = str.substring(17, 18);
    String e_gas_f  = str.substring(19, 20);
    String e_gas_i  = e_gas_a + e_gas_b + e_gas_c;
```

```
            String e_gas_j = e_gas_d + e_gas_e + e_gas_f;
            value.g_data[0] = "" + Integer.parseInt(e_gas_i);
            value.g_data[1] = "" + Integer.parseInt(e_gas_j);
            checkC = true;
        }

    }

}
package temperature_humidity;
import java.io.*;
import java.util.Timer;
import java.util.TimerTask;
import javax.microedition.lcdui.*;
import javax.microedition.rms.InvalidRecordIDException;
import javax.microedition.rms.RecordStore;
import javax.microedition.rms.RecordStoreException;
import javax.microedition.rms.RecordStoreFullException;
import javax.microedition.rms.RecordStoreNotFoundException;
import javax.microedition.rms.RecordStoreNotOpenException;
import tempValue.value;
public class Gas extends Canvas implements CommandListener {
    private Display display = null;
    private temperature_humidity md ;
    public Graphics s;
    private Maincanvas maincanvas;
    public Image img;

    public OutputStream outswitch ;
    private Command exitCommand = new Command("返回",Command.EXIT,0);
    //private Command selectCommand = new Command("选择",Command.OK,0);
    public TimerTask timertask = new TimerTask(){  ////定义周期数据显示事件
        public void run()
        {
            repaint();
        }
    };
    //public int flag,x = 0;  //定义标记 flag
    private boolean empty = true;  //数据库空标记
    public int id = -1;  //id 用于获取数据库记录总数
    public String[] data_final;
    public Gas(temperature_humidity m){   //构造函数
```

```
        if(display == null){
            md = m   ;
            display = Display.getDisplay(m);   //获取显示事件标记

        }
        //addCommand(selectCommand);
        addCommand(exitCommand);
        setCommandListener(this);
            img = null;
    }

    public void setMainView(Maincanvas mainv) {
        this.maincanvas = mainv;
    }
    protected void paint(Graphics g) {        //画背景
        g.setColor(0xffffff);
        g.drawImage(maincanvas.img[0], 0, 0, Graphics.LEFT|Graphics.TOP);
        Graphics.HCENTER|Graphics.TOP);
        g.setColor(0);
        g.setFont(Font.getFont(Font.FACE_MONOSPACE,Font.STYLE_PLAIN,Font.SIZE_
LARGE)); //设置字体风格
        show_address(g);  //画选中的地点
        data_show(g);     //显示获取的数据
    }
    public void keyRepeated(int keyCode){
        keyPressed(keyCode);
    }
    public void keyPressed(int keyCode)
    {

    }
    /*******显示选择点和拆分该点数据***************************/
    public void show_address(Graphics g)
    {
        g.drawString("燃气监控",0, 0, Graphics.LEFT|Graphics.TOP);  //标题
    }
    /*****************数据显示*****************************/
    public void data_show(Graphics g)
    {
        try {
        if(!(value.g_data[0].equals("无"))){
            int vs = Integer.parseInt(value.g_data[0]);
```

```
            if((0<vs)&&(vs<5)){img = Image.createImage("/i1.png");}
            if((5< = vs)&&(vs<30)){img = Image.createImage("/i2.png");}
            if((30< = vs)&&(vs<45)){img = Image.createImage("/i3.png");}
            if((45< = vs)&&(vs<70)){img = Image.createImage("/i4.png");}
            if((70< = vs)&&(vs<85)){img = Image.createImage("/i5.png");}
            if((85< = vs)&&(vs<100)){img = Image.createImage("/i6.png");}
            g.drawImage(img, 0, 50, Graphics.LEFT|Graphics.TOP);
        }
        else{

            img = Image.createImage("/i1.png");
            g.drawImage(img, 0, 50, Graphics.LEFT|Graphics.TOP);
        }

        } catch (IOException e) {
            // TODO Auto - generated catch block
            e.printStackTrace();
        }
    }
    public void commandAction(Command arg0, Displayable arg1) {
        if(exitCommand == arg0){
            System.gc();
            img = null;
            display.setCurrent(maincanvas);
        }
    }
}
package temperature_humidity;
import java.io.*;
import java.util.Timer;
import java.util.TimerTask;
import javax.microedition.lcdui.*;
import javax.microedition.rms.InvalidRecordIDException;
import javax.microedition.rms.RecordStore;
import javax.microedition.rms.RecordStoreException;
import javax.microedition.rms.RecordStoreFullException;
import javax.microedition.rms.RecordStoreNotFoundException;
import javax.microedition.rms.RecordStoreNotOpenException;
import tempValue.value;

public class SwitchCav extends Canvas implements CommandListener {
    private Display display = null;
```

```
    private temperature_humidity md ;
    public Graphics s;
    private Maincanvas maincanvas;
    public Image img[];
    public boolean fouce_swi = false;
    public OutputStream outswitch ;
    public   s_open sp;
    private Command exitCommand    = new Command("返回",Command.EXIT,0);
    //private Command selectCommand    = new Command("选择",Command.OK,0);
    public TimerTask timertask = new TimerTask(){  ////定义周期数据显示事件
        public void run()
        {
            repaint();
        }
    };

    public SwitchCav(temperature_humidity m){  //构造函数
        if(display == null){
            md = m    ;
            display = Display.getDisplay(m);    //获取显示事件标记
        }

        addCommand(exitCommand);
        setCommandListener(this);
        img = new Image[]{null,null};
    }

    public void setMainView(Maincanvas mainv) {
        this.maincanvas = mainv;
        this.outswitch = mainv.out;
    }
    protected void paint(Graphics g) {    //画背景
        g.setColor(0xffffff);
        g.drawImage(maincanvas.img[0], 0, 0, Graphics.LEFT|Graphics.TOP);
        Graphics.HCENTER|Graphics.TOP);
        g.setColor(0);
        g.setFont(Font.getFont(Font.FACE_MONOSPACE,Font.STYLE_PLAIN,Font.SIZE_
LARGE)); //设置字体风格
        show_address(g);  //画选中的地点
        data_show(g);     //显示获取的数据
    }
        // TODO 自动生成方法存根
```

```
public void commandAction(Command cmd, Displayable arg1) {
    if(exitCommand == cmd){
        System.gc();
        img[0] = null;
        img[1] = null;
        display.setCurrent(maincanvas);
    }

}
/*******显示选择点和拆分该点数据*****************************/
public void show_address(Graphics g)
{
    g.drawString("设备开关监控",0, 0, Graphics.LEFT|Graphics.TOP);   //标题
}
/*******************数据显示*****************************/
public void data_show(Graphics g)
{    try {
    if(true == fouce_swi){
        img[0] = Image.createImage("/h1.png");
    }
    if(false == fouce_swi){
        img[0] = Image.createImage("/h2.png");
    }
    g.drawImage(img[0], 0, 110, Graphics.LEFT|Graphics.TOP);
    if(img[1] == null){
    img[1] = Image.createImage("/h3.png");}
    g.drawImage(img[1], 55, 40, Graphics.LEFT|Graphics.TOP);
    g.drawString("状态:",90, 50, Graphics.LEFT|Graphics.TOP);
    g.drawString(value.s_data[0],140, 50, Graphics.LEFT|Graphics.TOP);
    g.drawString(value.s_data[1],170, 50, Graphics.LEFT|Graphics.TOP);
    g.drawString(value.s_data[2],200, 50, Graphics.LEFT|Graphics.TOP);
    g.drawString("按左右键",80, 220, Graphics.LEFT|Graphics.TOP);
    g.drawString("控制视图按钮发送数据",30, 240, Graphics.LEFT|Graphics.TOP);
} catch (IOException e) {
    // TODO Auto - generated catch block
    e.printStackTrace();
}
}
public void keyRepeated( int keyCode){
    keyPressed(keyCode);
}
```

```
public void keyPressed(int keyCode)
{
    switch(keyCode){
     case -3:
     case -4:
          if(false == fouce_swi){
             // value.swio_send = true;
               fouce_swi = true;

                    sp = new s_open();
                    sp.start();
          }
          else{
             // value.swic_send = true;
               fouce_swi = false;
               new s_close().start();
          }
          //Maincanvas.s_open ops = new Maincanvas.s_open();
          repaint();
          break;
    }
}
public class s_open extends Thread{
    public void run() {
         try {
             Thread.sleep(100);
         } catch (InterruptedException e1) {
             // TODO Auto-generated catch block
             e1.printStackTrace();
         }
             try {
                  value.switch_check_on = true;
                  Thread.sleep(1500);
                  if(outswitch != null) {
                       String str = "AA000B000100A2A8";//开关开的十六进制字符串
                       byte[] bData;
                       bData = hexStringToBytes(str);
                       try{
                           outswitch.write(bData,0,bData.length);
                           outswitch.flush();
                           System.out.println("已执行");
                       } catch (IOException e) {
```

```
                    // TODO 自动生成 catch 块
                    e.printStackTrace();
                }
            }
        } catch (InterruptedException e) {
            // TODO Auto - generated catch block
            e.printStackTrace();
        }
        //value.swio_send = false;
        value.switch_check_on = false;

    }
}

public class s_close extends Thread{
    public void run() {
        try {
            Thread.sleep(100);
        } catch (InterruptedException e1) {
            // TODO Auto - generated catch block
            e1.printStackTrace();
        }
            try {
            value.switch_check_off = true;
            Thread.sleep(1500);
            if(outswitch != null) {
                String str = "AA000B000100A3A7";//开关开的十六进制字符串
                byte[] bData;
                bData = hexStringToBytes(str);
                try{
                    outswitch.write(bData,0,bData.length);
                    outswitch.flush();
                    System.out.println("已执行");
                } catch (IOException e) {
                    // TODO 自动生成 catch 块
                    e.printStackTrace();
                }
            }
        } catch (InterruptedException e) {
            // TODO Auto - generated catch block
            e.printStackTrace();
        }
```

```
            value.switch_check_off = false;
        }
    }

    public  byte[] hexStringToBytes(String hexString) {
        if (hexString == null || hexString.equals("")) {
            return null;
        }
        hexString = hexString.toUpperCase();
        int length = hexString.length() / 2;
        char[] hexChars = hexString.toCharArray();
        byte[] d = new byte[length];
        for (int i = 0; i < length; i++) {
            int pos = i * 2;
            d[i] = (byte) (charToByte(hexChars[pos]) << 4 | charToByte(hexChars
[pos + 1]));
        }
        return d;
    }

    private static byte charToByte(char c) {
        return (byte) "0123456789ABCDEF".indexOf(c);
    }
}

package temperature_humidity;
import java.io.*;
import java.util.Timer;
import java.util.TimerTask;
import javax.microedition.lcdui.*;
import javax.microedition.rms.InvalidRecordIDException;
import javax.microedition.rms.RecordStore;
import javax.microedition.rms.RecordStoreException;
import javax.microedition.rms.RecordStoreFullException;
import javax.microedition.rms.RecordStoreNotFoundException;
import javax.microedition.rms.RecordStoreNotOpenException;
import tempValue.value;

public class everyone extends Canvas implements CommandListener {
    private Display display = null;
    private temperature_humidity md ;
    public Graphics s;
```

```
    private Maincanvas maincanvas;
    public Image img;
    public OutputStream outswitch ;
    private Command exitCommand = new Command("返回",Command.EXIT,0);
        public TimerTask timertask = new TimerTask(){  ////定义周期数据显示事件
      public void run()
      {
            repaint();
      }
    };

    public everyone(temperature_humidity m){  //构造函数
        if(display == null){
            md = m   ;
            display = Display.getDisplay(m);    //获取显示事件标记
        }
        addCommand(exitCommand);
        setCommandListener(this);
    }
    public void setMainView(Maincanvas mainv) {
        this.maincanvas = mainv;
    }
    protected void paint(Graphics g) {      //画背景
        g.setColor(0xffffff);
        g.drawImage(maincanvas.img[0], 0, 0, Graphics.LEFT|Graphics.TOP);
        Graphics.HCENTER|Graphics.TOP);
        g.setColor(0);
        g.setFont(Font.getFont(Font.FACE_MONOSPACE, Font.STYLE_PLAIN, Font.SIZE_
LARGE)); //设置字体风格
        show_address(g);  //画选中的地点
        data_show(g);    //显示获取的数据

    }
        // TODO 自动生成方法存根
    public void commandAction(Command cmd, Displayable arg1) {
        if(exitCommand == cmd){
            System.gc();
            display.setCurrent(maincanvas);
        }
    }
    /*******显示选择点和拆分该点数据***************************/
```

```
public void show_address(Graphics g)
{
    g.drawString("全局查看",0, 0, Graphics.LEFT|Graphics.TOP);
}
/****************数据显示***************************/
public void data_show(Graphics g)
{
    try {
            if(img == null){
                img = Image.createImage("/n.png");
            }
            g.drawImage(img, 0, 40, Graphics.LEFT|Graphics.TOP);
            g.drawString("温度:", 40, 130, Graphics.LEFT|Graphics.TOP);//显示数据
            g.drawString("湿度:", 40, 150, Graphics.LEFT|Graphics.TOP);
            g.drawString("人体舒适度:", 40, 90, Graphics.LEFT|Graphics.TOP);
            g.drawString("空气潮湿度:", 40, 110, Graphics.LEFT|Graphics.TOP);
            g.drawString(value.t_data[0] + "℃", 85, 130, Graphics.LEFT|Graph-
ics.TOP);
            g.drawString(value.t_data[1] + "%", 85, 150, Graphics.LEFT|Graph-
ics.TOP);
            g.drawString(value.t_data[2], 140, 90, Graphics.LEFT|Graphics.
TOP);
            g.drawString(value.t_data[3], 140, 110, Graphics.LEFT|Graphics.
TOP);
    g.drawString("开关状态:", 130, 170, Graphics.LEFT|Graphics.TOP);//显示数据
    g.drawString(value.s_data[0], 210, 170, Graphics.LEFT|Graphics.TOP);
    g.drawString("高8位:", 40, 150, Graphics.LEFT|Graphics.TOP);//显示数据
            g.drawString(value.s_data[0], 110, 150, Graphics.LEFT|Graphics.TOP);
        g.drawString("低8位:", 40, 170, Graphics.LEFT|Graphics.TOP);//显示数据
        g.drawString(value.s_data[0], 110, 150, Graphics.LEFT|Graphics.TOP);
        g.drawString("燃气量:", 130, 190, Graphics.LEFT|Graphics.TOP);//显示数据
        g.drawString(value.g_data[0] + "%", 190, 190, Graphics.LEFT|Graphics.
TOP);
        g.drawString("烟雾量:", 130, 210, Graphics.LEFT|Graphics.TOP);//显示数据
            g.drawString(value.g_data[1] + "%", 190, 210, Graphics.LEFT|Graph-
ics.TOP);
    } catch (IOException e) {
        // TODO Auto-generated catch block
        e.printStackTrace();
    }
}
}
```

```
package tempValue;
import java.io.IOException;
import javax.microedition.io.CommConnection;
import javax.microedition.io.Connector;
import javax.microedition.lcdui.Alert;
import temperature_humidity.Maincanvas.storeTheinfo;

public class value {
    public static String[] t_data = {"无","无","无","无"};
    public static String[] s_data = {"无","无","无"};
    public static String[] g_data = {"无","无"};
    public static int keynow = 0;
    public static boolean ico1 = false;
    public static boolean ico2 = false;
    public static boolean switch_check_on = false;
    public static boolean switch_check_off = false;
        public static boolean storing  = false;
}
```

控制程序仿真实现效果如下：

主界面如图 4－11 所示。温度显示界面如图 4－12 所示。燃气监控显示效果如图 4－13 所示。开关监控显示效果如图 4－14 所示。综合显示效果如图 4－15 所示。

以上为本系统所设计的 3 个模块的控制实现，由于智能家居的范围很广，设计时可以根据更多的个性化设计加入更多的控制方案，以满足对家居智能控制的需要。

图 4－11　主界面显示效果

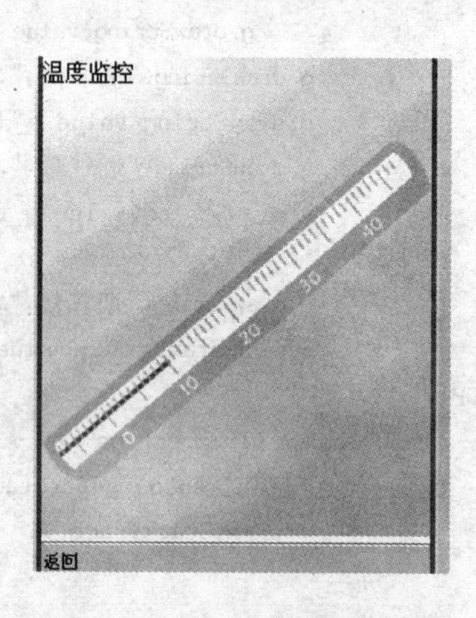

图 4－12　温度监控显示效果

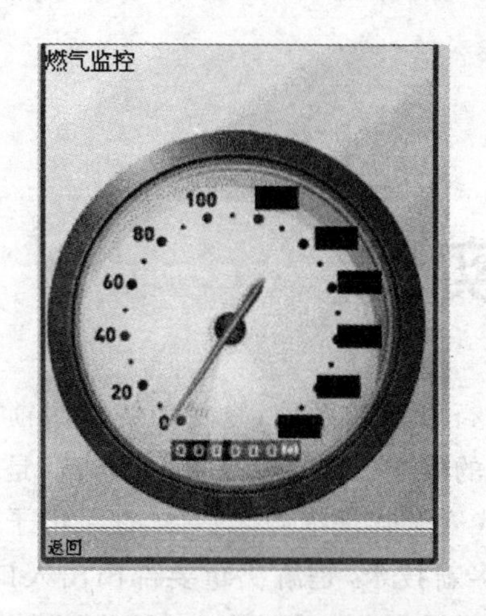

图4-13 燃气监控显示效果

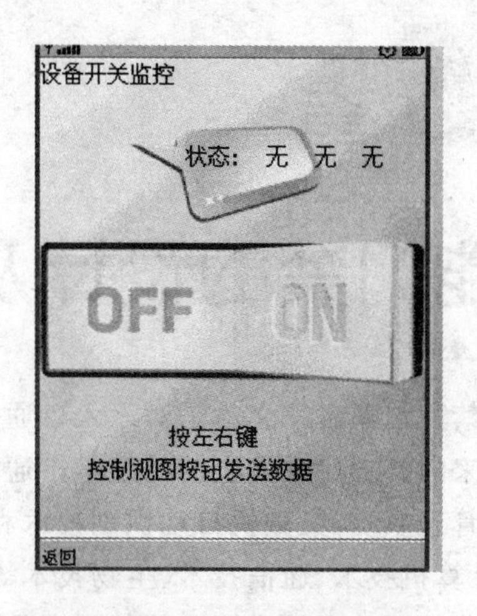

图4-14 开关监控显示效果

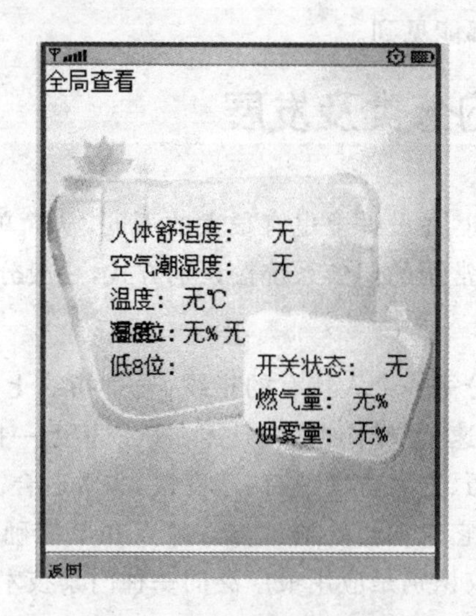

图4-15 综合显示效果

结束语:

从技术角度来看,目前流行的智能家居技术协议有 RS232/485 串行通信技术、电力波载技术、无线射频技术等。今后随着技术的发展、相关行业标准的出台以及大型家电厂商的加入,各种模块的功能将被集成在电器内部,用户只要将电器自带的标准接口连接到住宅网络上就可以实现协同工作了。本章介绍的低成本智能家居模块及手持终端的设计方案具有高可靠性、用户界面良好的特点,完全适合家用电器的管理和控制,特别是 MTK6255 平台目前所具备的网络化特性,可以通过简单扩展实现个性功能,而且设计周期短、方案先进,值得在智能家居领域中发挥作用。

第 5 章

智能门禁的设计及实现

门禁系统顾名思义就是对出入口通道进行管制的系统，是在传统的门锁基础上发展而来的。现代意义上的门禁是指通道门的禁止权限、门口的戒备防范，是一种现代安全管理系统，集微机自动识别技术和现代安全管理措施为一体，涉及电子、机械、光学、计算机技术、通信技术、生物技术等诸多新技术，是解决重要部门出入口、实现安全防范管理的有效措施。门禁一直是安防领域中一个很大的市场，应用非常广泛，无论是小区、楼宇、学校都能见到。

5.1 门禁系统的分类及发展

现代门禁依功能不同，在设计上也有很大的不同，从简单到复杂，从花哨到实用的应有尽有，目前市场上常用的门禁系统按识别方式，一般分为以下几类：

1. 指纹识别门禁

指纹识别首先要备份每一个人特有的指纹，通过指纹上的纹理来辨别一个人的身份。优点在于简洁、迅速、可操作性强，只需在识别板上一按，就能识别身份。一般的指纹识别机都机身轻巧、安装方便、检测速度快，非常适合需要快速检测的场合，如公司考勤、学校考勤都是它发挥长处的地方。缺点在于准确率不高，容易出现误差，机器容易损坏。目前指纹识别是应用最广泛的一种门禁技术，广泛用于简单的考勤。

2. 面部识别门禁

面部识别是指通过人的面部特征进行识别。优点在于识别速度快、识别效果更直观。人只需在识别机面前一站，屏幕上立刻显示出你的影像，对面部快速识别，让你迅速通过门禁。这种识别方式非常适合公司、金融等领域。不过现阶段它的缺点也是很明显的，比如在最基本的考勤门禁上，它的价格显得偏贵，而技术上的不成熟也让很多客户对它望而却步。另外，体积过大也是一大问题，早期的面部识别机过分追求直观效果，前端的显示器过大导致它适用的环境过小。目前面部识别技术在这些方面都做了较大的改进，同时也被业界看成未来市场最好的识别技术。现在，面部识别技术已经开始应用在楼宇门禁方面，甚至在金融领域已经有银行使用它来及时寻找 VIP 客户，以提高服务质量。这些都说明面部识别技术的市场正在进一步扩大，前景明朗。

3. 虹膜识别门禁

虹膜识别是利用人眼中独一无二的虹膜进行识别的一种技术，目前认为是最安全、准确率最高的识别技术。优点是准确率高、安全性好。缺点在于识别复杂、识别速度慢，在价格上略高于其他识别产品。由于以上特性的影响，它在应用方面的市场比较特殊，通常是大型保密单位、要害部门使用虹膜识别，而在基层的（如学校、公司）门禁则很少使用。不过，行业内还是很看好它的发展，目前虹膜识别的产品已经在识别速度上有了相当大的改进，但由于价位一直较高，始终不能完全占领低端市场。

4. 密码识别门禁

通过检验输入密码是否正确来识别进出权限，这类产品又分两类：

➢ 普通型：优点是操作方便、无须携带卡片、成本低。缺点是同时只能容纳3组密码，容易泄露，安全性很差；无进出记录；只能单向控制。

➢ 乱序键盘型（键盘上的数字不固定，不定期自动变化）：优点是操作方便，无须携带卡片，安全系数稍高。缺点是密码容易泄露，安全性还是不高、无进出记录、只能单向控制。

目前密码门禁系统由于其本身的安全性弱和便捷性差已经面临淘汰。

5. 非接触感应卡门禁

非接触式门禁系统采用射频识别卡方式工作，给每个有权进入的人发一张个人识别卡，相当于一把钥匙，系统根据该卡的卡号和当前时间等信息判断该卡持有人是否可以进出。使用者用一张卡可以打开多把门锁，对门锁的开启也可以有一定的时间限制。如果卡丢失了，不必更换门锁，只需将其从控制主机中注销。非接触感应识别门禁系统是目前应用最广泛的门禁系统，优点是卡片与设备无接触，开门方便安全；寿命长，理论数据至少十年；安全性高，可连计算机，有开门记录；可以实现双向控制；卡片很难被复制。通过读卡或读卡加密码方式来识别进出权限。在感应卡技术成熟之前使用过磁卡门禁技术，磁卡通过刷卡开启门禁，缺点是卡片及设备有磨损，寿命较短；卡片容易复制；不易双向控制。卡片信息容易因外界磁场丢失，使卡片无效，目前已经被淘汰。

6. IC卡门禁

IC卡全称集成电路卡（Integrated Circuit Card），又称智能卡（Smart Card），是超大规模集成电路技术、计算机技术以及信息安全技术等发展的产物，将集成电路芯片镶嵌于塑料基片的指定位置上，利用集成电路的可存储特性保存、读取和修改芯片上的信息；具有可读/写、容量大、有加密等特点，数据记录可靠，使用更方便，如一卡通系统，消费系统等，目前主要有PHILIPS的Mifare系列卡。

IC卡的概念是20世纪70年代初提出来的，其一出现就以超小的体积、先进的集成电路芯片技术、特殊的保密措施和无法被破译、仿造的特点受到普遍欢迎。40

年来，已广泛应用于金融、交通、通信、医疗、身份证明等众多领域。现在国际最流行、最通用的还是非接触IC卡门禁系统，由于其较高的安全性、最好的便捷性和性价比成为门禁系统的主流。

7. 无线门禁

无线门禁产品从诞生到现在，经过技术的不断演化已经出现了通过FSK、GPRS、蓝牙、等传输方式的产品。而随着物联网技术的兴起，物联网门禁产品受到了安防行业内的普遍关注，本书介绍的就是以手机模块为基础而设计的一种GPRS＋WiFi为无线传输手段的新型智能门禁。

5.2　无线智能门禁的设计

按照传统的设计模式，对于无线产品的设计一般是采用MCU再外加GPRS MODEM或WiFi MODEM的方式，其实就是搭积木的设计思想；如果还想再有摄像头，就又集成CMOS摄像头传感器。同理，这种需要什么就加什么的模式一直是控制产品设计领域所采用的方式，这种方式的缺点是对硬件设计的要求比较高、设计出来样机的可靠性需要经过长时间验证，功能的可扩展性有很大的限制。而华禹工控的MTK6235手机平台在无线门禁的方案设计上改变了这种思维方式。

5.2.1　基于MTK6235平台的智能门禁设计

MTK6235平台是目前在非智能手机领域用量很大的手机平台，特别是目前在高仿机和山寨机中有着很大的市场份额，尤其是其采用了ARM9内核，CPU速度达到了208 MHz，比MTK6225提高了一倍，同时其他结构的改进使整体性能提升10倍，JAVA性能提升13倍，对当前的JAVA应用提供了很好的支持。

值得一提的是，一块以MTK6235芯片做成的核心控制板P1322上集成了GPRS(EDGE)芯片、蓝牙芯片、音频、WiFi芯片、大容量Flash、低功耗电源管理芯片等，集成度高，功能完善，满足现在对无线通信及控制的需要。图5-1为P1322模块外观形状。

可以看出，P1322核心板尺寸仅为3个1元硬币大小，尺寸大约为49×39×3 mm，采用的是邮票版设计方式，120个引脚在四周平均排列，便于扩展连接；可以扩展出LCD、CAMERA、串口、GPIO、TOUCH、USB、键盘、耳机、SPEAKER、I^2C、SPI、SD/TF卡、外部中断等，完全可以根据需要灵活定制各种设备；配好电池及LCD，再加一个外壳就是一台完整的便携式移动设备的硬件设计。如果由用户自己设计类似的硬件方案，则成本和性能的因素肯定要高很多。

软件设计上可以采用C＋＋、JAVA先仿真模拟，再导入核心板，如果再配合简单的外围器件，就构成了一个完整的控制系统。

在无线智能门禁设计中，充分利用手机模块打电话和拍照的功能，实现了按房号

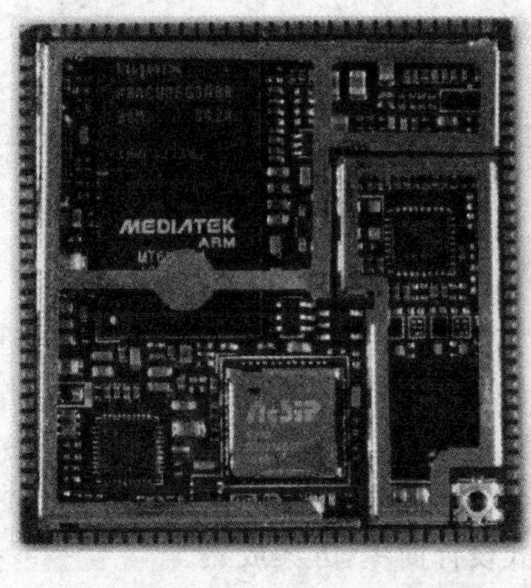

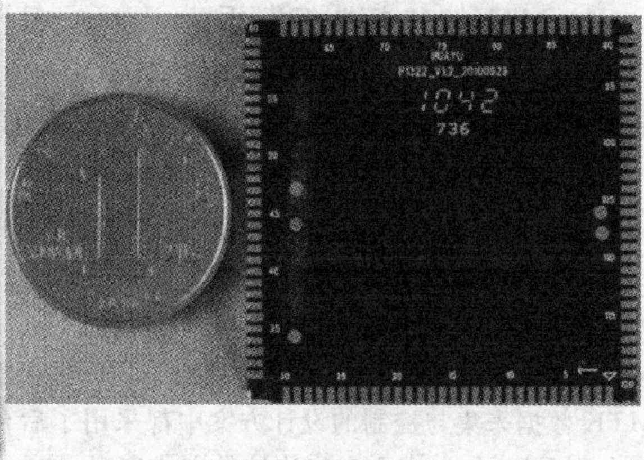

图 5-1　P1322 模块正/反面形状

直接手机通话，房主用手机遥控开门，同时可以通过彩信、GPRS 图像传输对来访者确认，还可以对一些乱按门禁的恶作剧行为通过图像上传来监控。

5.2.2　智能门禁的硬件组成

本智能门禁的硬件设计打破了传统的嵌入式设计方法，直接采用了成熟的功能强大的硬件设计方案，缩短了设计周期，产品可靠性大大增加。

该硬件组成方案如图 5-2 所示。智能门禁的系统组成由 3 部分组成：

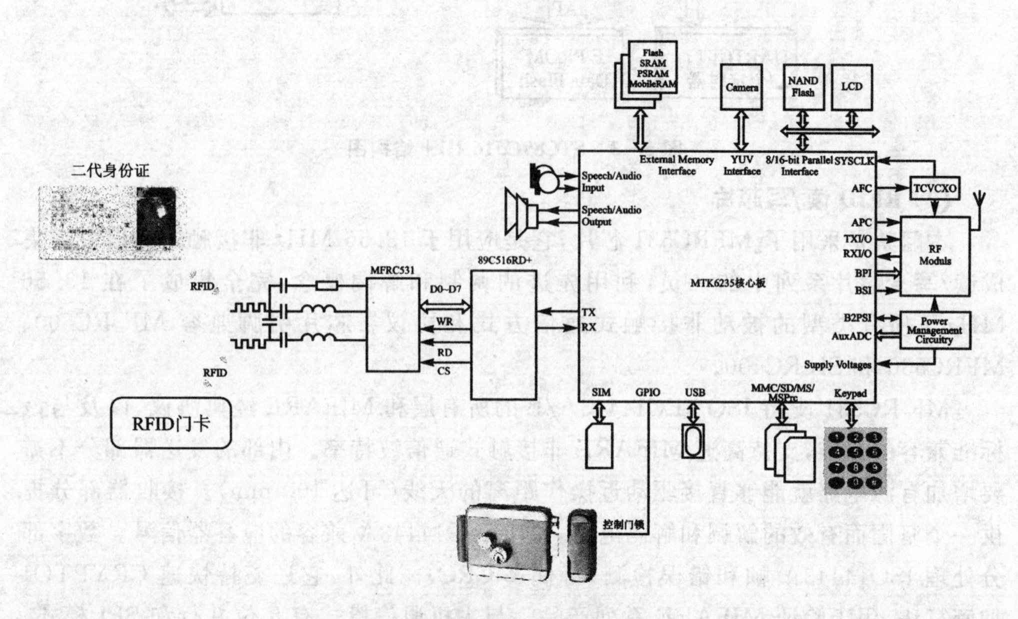

图 5-2　智能门禁系统组成

1. MTK6235核心控制板

该核心板由MT6235基带芯片、MT6140 RF芯片、电源管理芯片MT6318、蓝牙芯片MT6601、WIFI模块及常用于功率放大的RF3159或其他外围芯片组成。

2. RFID刷卡系统

该部分是由MCU和RFID芯片组成，具体为：

(1) 89C516RD+单片机

该单片机为宏晶科技出的一款低功耗产品，本门禁采用的是44脚的PQFP封装，结构如图5-3所示，主要实现对RFID的控制及与MTK6235的数据交换。在MTK数据采集与控制的设计方案中都采用了后台数据处理、前台控制的方式，而前后台则采用了UART串口连接的方式实现，该方式设计简单，方案成熟。

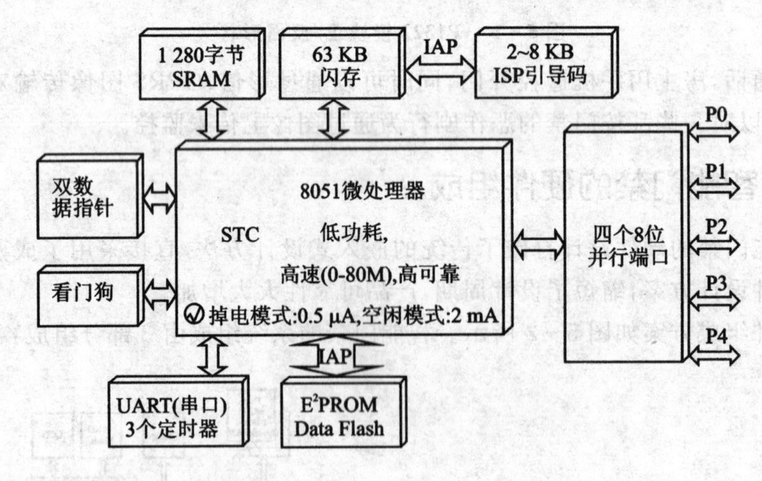

图5-3 STC89C516RD+结构图

(2) RFID读/写芯片

本门禁是采用了MFRC531芯片，它是应用于13.56 MHz非接触式通信中高集成读/写卡芯片系列中的一员，利用先进的调制和解调概念，完全集成了在13.56 MHz下所有类型的被动非接触式通信方式和协议。芯片引脚兼容MF RC500、MFRC530和SL RC400。

MF RC531支持ISO/IEC14443A/B的所有层和MIFARE经典协议，以及与该标准兼容的标准，支持高速MIFARE非接触式通信波特率。内部的发送器部分不需要增加有源电路就能够直接驱动近操作距离的天线(可达100 mm)。接收器部分提供一个坚固而有效的解调和解码电路，用于ISO14443A兼容的应答器信号。数字部分处理ISO14443A帧和错误检测(奇偶&CRC)。此外，它还支持快速CRYPTO1加密算法，用于验证MIFARE系列产品。与主机通信模式有8位并行和SPI模式，用户可根据不同的需求选择不同的模式，这样给读卡器/终端的设计提供了极大的灵活性。MRFC531功能原理图如图5-4所示。

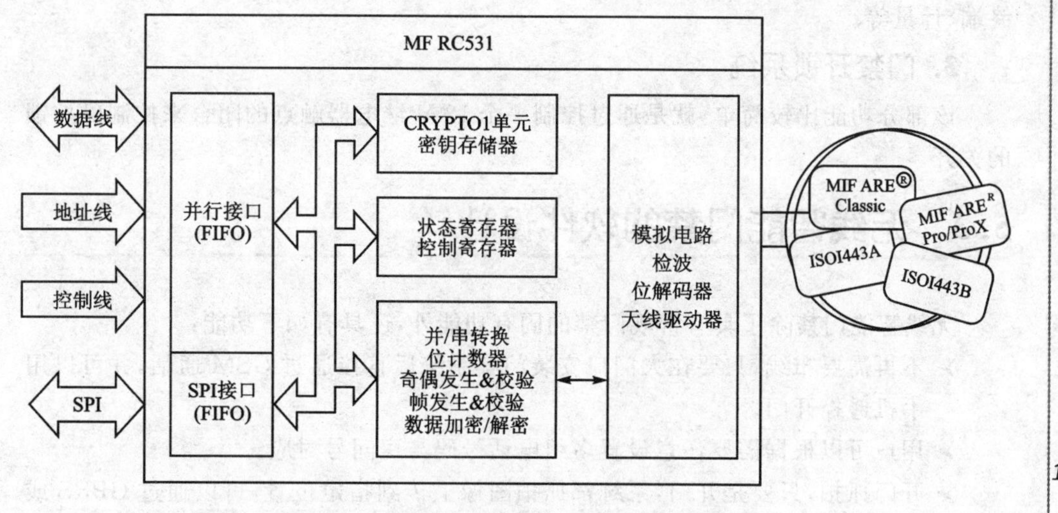

图 5-4 MFRC531 读写卡芯片功能原理图

MFRC531 特性如下：

- ➢ 高集成度的调制解调电路；
- ➢ 采用少量外部器件，即可输出驱动级接至天线；
- ➢ 最大工作距离 100 mm；
- ➢ 支持 ISO/IEC14443 A/B 和 MIFARE 经典协议；
- ➢ 支持非接触式高速通信模式，波特率可达 424 kbps；
- ➢ 采用 Crypto1 加密算法并含有安全的非易失性内部密匙存储器；
- ➢ 引脚兼容 MF RC500、MF RC530 和 SL RC400；
- ➢ 与主机通信的 2 种接口：并行接口和 SPI，可满足不同用户的需求；
- ➢ 自动检测微处理器并行接口类型；
- ➢ 灵活的中断处理；
- ➢ 64 字节发送和接收 FIFO 缓冲区；
- ➢ 带低功耗的硬件复位；
- ➢ 可编程定时器；
- ➢ 唯一的序列号；
- ➢ 用户可编程初始化配置；
- ➢ 面向位和字节的帧结构；
- ➢ 数字、模拟和发送器部分经独立的引脚分别供电；
- ➢ 内部振荡器缓存器连接 13.56 MHz 石英晶体；
- ➢ 数字部分的电源(DVDD)可选择 3.3 V 或 5 V；
- ➢ 在短距离应用中，发送器(天线驱动)可以用 3.3 V 供电。

目前该读写卡芯片广泛用于公共交通终端、手持终端、板上单元、非接触式 PC

终端、计量等。

3. 门禁开锁系统

该部分功能比较简单，就是通过控制一个12 V继电器触点的闭合来控制磁控锁的关开。

5.3 无线智能门禁的软件设计

无线智能门禁除了具有常规门禁的固有功能外，还具有如下功能：

- 不再需要布线，只要在大门口安装门禁系统后直接通过GSM通话，并可以用手机遥控开门。
- 用户可以根据需要任意设置多组电话号码与房间号对应。
- 开门抓拍，只要是开门，系统都抓拍图像上传到指定位置，可以通过GPRS或者WiFi、也可以是彩信，并上传到指定的后台管理系统或手机上。
- 还可以实现身份证刷卡或RFID刷卡方式。
- 可以根据用户订制，实现彩信拍照传输或者集中式后台传输管理。

这些功能的实现主要是通过下面介绍的多个不同的JAVA程序模块实现的。

5.3.1 拍照功能的程序设计

本模块是控制6235平台的30万像素夜视广角摄像头进行拍照，并做上传的准备，具体实现如下程序所示：

```
import java.io.IOException;
import javax.microedition.lcdui.Canvas;
import javax.microedition.lcdui.Graphics;
import javax.microedition.media.Manager;
import javax.microedition.media.MediaException;
import javax.microedition.media.Player;
import javax.microedition.media.control.VideoControl;
import com.iwt57.util.UPDATA;
public class CameraScreen extends Canvas {
    private Player player = null;
    private VideoControl videoControl = null;
    private String url = "http://www.meter-gl.com/RfidCard/Upload";
        public CameraScreen() {
    }
    protected void paint(Graphics g) {
    }
    //开始拍照并上传数据
    public void capture() {
```

```
        try {
            byte[] snap = videoControl.getSnapshot("encoding = jpeg");
            if (snap ! = null) {
                //构造上传工具类
                UPDATA upload = new UPDATA(url);
                upload.uploadFile(snap);
            }
        } catch (Exception e) {
            e.printStackTrace();
        }
    }
    / * *
     * 拍照并且上传数据
     * @param addMsg
     * @return
     * /
    public String capture(String addMsg) {
        String returnMsg = "";
        try {
            byte[] snap = videoControl.getSnapshot("encoding = jpeg");
            if (snap ! = null) {
                UPDATA upload = new UPDATA(url);
                upload.uploadFile(snap);
            }
        } catch (Exception e) {
            e.printStackTrace();
        }
        return returnMsg;
    }
    //打开摄像头
    public synchronized void start() {
        try {
            player = Manager.createPlayer("capture://video");
            player.realize();
            videoControl = (VideoControl)player.getControl("VideoControl");
            if(videoControl = = null) {
                discardPlayer();
                player = null;
            }
            else {
                videoControl.initDisplayMode(VideoControl.USE_DIRECT_VIDEO, this);
                player.prefetch();
```

```
                player.start();
                videoControl.setVisible(false);
            }
        } catch (IOException ioe) {
            discardPlayer();
        } catch (MediaException me) {

        } catch (SecurityException se) {

        }

    }
    public synchronized void stop() {
        if(player != null) {
            try {videoControl.setVisible(false);
                player.stop();
            } catch (MediaException me) {
            }
        }
    }
    public synchronized void discardPlayer() {
        // TODO Auto - generated method stub
        if (player != null) {
            player.deallocate();
            player.close();
            player = null;
        }
        videoControl = null;
    }
```

5.3.2 GPRS上传图片功能的程序设计

```
import java.io.OutputStream;
import javax.microedition.io.Connector;
import javax.microedition.io.StreamConnection;

public class UploadDatas {
    private byte[] datas = null;
    private String url = null;
        private OutputStream out = null;
    private StreamConnection conn = null;
```

```
        public UploadDatas(byte[] datas, String url) {
        // TODO Auto-generated constructor stub
        this.datas = datas;
        this.url = url;
    }
    /*
     * 开始上传工作
     */
    public void StartUpload() throws Exception {
        conn = (StreamConnection)Connector.open(url);
        out = conn.openOutputStream();
        out.write(datas);
        out.flush();
        //关闭所有连接
        out.close();
        conn.close();
        conn = null;
        out = null;
    }
}
```


5.3.3　RFID刷卡功能的程序设计

本RFID操作可以识别身份证和普通RF门禁卡的特征。识别普通门禁卡采取的是通过文件查表对比的模式，每张门禁卡都有一个唯一的ID号，把这合法的ID号写入一个叫CRK.TXT文件中，比如一张卡的ID号为eecf6f76，把ID号放入CRK.TXT中，刷卡的时候，门禁系统在读取门禁卡的卡号后自动与CRK.TXT中的ID号进行对比，正确，则说明是合法的门禁卡，就会调用OPENDOOR操作并进行拍照上传；如果是管理卡，则把该卡列入巡更操作。

```
//if have rfid,读串口值
                if((iReadedComm0 > 0)||(iReadedComm1 > 0)){
                FileOperator.AppendLogFile(PlatformAttribute.getFilePrefix() + "il-
og", ("\nread comm0 " + iReadedComm0 + " read comm1 " + iReadedComm1).getBytes());
                    //find in the memory,判断卡类型,身份证还是门禁卡
                    String strCardNumber = null;
                            if(bRead[0] == 1){
                        iTypeCard = CRecord.TYPE_CARD_B;//是身份证
                    }else{
                        iTypeCard = CRecord.TYPE_CARD_A;//普通门禁
                    }
                        if(iReadedComm0 != 0){
```

```
                    strCardNumber = TranslateCardNumber(bRead,iReadedComm0);
                }else{
                    strCardNumber = TranslateCardNumber(bRead,iReadedComm1);
                }
        FileOperator.AppendLogFile(PlatformAttribute.getFilePrefix() + "ilog", ("\nCard-
Number:" + strCardNumber).getBytes());

                String strImageName = null;
                    if((iReadedComm1 != 0)&&(!IsCalling())){
                        //flash camera light 打开闪光灯
                        //capture image and get image absolute path,拍照
                        strImageName = CaptureImageSlow();
                        if(strImageName != null){
                            String orig = "\\";
                    String replace = "/";
            strImageName = strImageName.replace(orig.charAt(0), replace.charAt(0));
                    }
                }else{
                    try{
                    Manager.playTone(80, 50, 100);
                 }catch (MediaException e){}
                }

                int iType = 0;
                if(iReadedComm0 != 0){
                    iType = MSG_OUT;
                }else{
                    iType = MSG_IN;
                }

                //if have valid card number,对于有效卡操作
                if(FindValidCardNumber(strCardNumber,iType)){
                //open the door---开门处理
                    OpenDoor();
                    //write record
                    try{
                        if(iReadedComm1 != 0){
        WriteRecord(iTypeCard,CRecord.TYPE_CARD_IN,strCardNumber,strImageName);
                        }else{
        WriteRecord(iTypeCard,CRecord.TYPE_CARD_OUT,strCardNumber,null);
                        }
                    }catch(HuayuException huayuE){
```

```
FileOperator.AppendLogFile(PlatformAttribute.getFilePrefix() + "ilog", ("\nWri-
teRecord Fail:" + huayuE.getMessage()).getBytes());
                    }
                    //show welcome info,有效卡显示欢迎信息,如图5-5所示
```

图5-5 有效门禁卡显示界面

```
                    if(iReadedComm1 != 0){
                        m_viewer.RenderWelcomeInfo();
                    }
                }else{
                    //manager card  巡更卡的操作
                    try{
                        if(iReadedComm1 != 0){
WriteRecord(iTypeCard,CRecord.TYPE_MANAGER,strCardNumber,strImageName);
                //show manager info—显示巡更成功,如图5-6所示
```

图5-6 管理卡操作界面

```
                            m_viewer.RenderManagerSucc();
                        }
                    }catch(HuayuException huayuE){
```

```
FileOperator.AppendLogFile(PlatformAttribute.getFilePrefix() + "ilog", ("\nWri-
teRecord Fail:" + huayuE.getMessage()).getBytes());
                    }
                }
            //end manager or door card detect 结束 RFID 卡检测处理
                        if(iReadedComm1 != 0){
                    try{
                        sleep(5000);
                    }catch(java.lang.InterruptedException ie){}
                }else{
                    try{
                        sleep(2000);
                    }catch(java.lang.InterruptedException ie){}
                }
                m_iIdleCount = 0;
                SetMode(MODE_IDLE);
                try{
                    m_comm0.reset();
                }catch(HuayuException huayuE){
FileOperator.AppendLogFile(PlatformAttribute.getFilePrefix() + "ilog", ("\ncomm0
reset:" + huayuE.getMessage()).getBytes());
                }
                try{
                    m_comm1.reset();
                }catch(HuayuException huayuE){
FileOperator.AppendLogFile(PlatformAttribute.getFilePrefix() + "ilog", ("\ncomm1
reset:" + huayuE.getMessage()).getBytes());
                }
            }//end have comm data
                if(m_iMode == MODE_IDLE){
                //show idle info
                if((m_iIdleCount == 0)&&(!IsCalling())){
                    m_viewer.RenderIdleInfo();
                }
                m_iIdleCount ++ ;
            if(m_iIdleCount == 100){
                    try{
                        if(!PlatformAttribute.isEmulator()){
FileOperator.AppendLogFile(PlatformAttribute.getFilePrefix() + "ilog", "\nIs-
DoorOpen".getBytes());
                            if(!m_rfidConn.IsDoorOpen())
WriteRecord(CRecord.TYPE_CARD_INIT,CRecord.TYPE_DOOR,null,null);
```

```
            }
        }catch(HuayuException huayuE){
    FileOperator.AppendLogFile(PlatformAttribute.getFilePrefix() + "ilog", ("\nIdle
WriteRecord Fail:" + huayuE.getMessage()).getBytes());
        }
        //when communicate, no network

        m_iIdleCount = 0;
    }
```

5.3.4 DTMF 手机远程开门设计

本系统采用了远程电话开门的设计思想，即一旦来访者身份被业主确认，则通过按＃号键开门，这采用了通信中的 DTMF 的概念。

双音多频信号(DTMF－Dual Tone Multi Frequency)，是电话系统中电话机与交换机之间的一种用户信令，通常用于发送被叫键盘信息。DTMF 由高频群和低频群组成，高低频群各包含 4 个频率。一个高频信号和一个低频信号叠加组成一个组合信号，代表一个数字。DTMF 信令有 16 个编码，可以用于 DTMF 拨号键盘的使用，一般拨号键盘是 4×4 的矩阵，每一行代表一个低频，每一列代表一个高频。每按一个键就发送一个高频和低频的正弦信号组合，比如'1'相当于 697 Hz 和 1 209 Hz。交换机可以解码这些频率组合并确定所对应的按键。

DTMF 的具体实现是编解码器在编码时将击键或数字信息转换成双音信号并发送，解码时在收到的 DTMF 信号中检测击键或数字信息的存在性。一个 DTMF 信号由两个频率的音频信号叠加构成。这两个音频信号的频率来自于两组预分配的频率组：行频组或列频组。每一对这样的音频信号唯一表示一个数字或符号。电话机中通常有 16 个按键，其中有 10 个数字键 0～9 和 6 个功能键 *、＃、A、B、C、D。按照组合原理，一般应有 8 种不同的单音频信号。因此，可采用的频率也有 8 种，故称为多频；又因它从 8 种频率中任意抽出 2 种来组合编码，所以又称之为"8 中取 2"的编码技术。根据 CCITT 的建议，国际上采用的多种频率为 697 Hz、770 Hz、852 Hz、941 Hz、1 209 Hz、1 336 Hz、1 477 Hz 和 1 633 Hz 这 8 种。用这 8 种频率可形成 16 种不同的组合，从而代表 16 种不同的数字或功能键。

发送 DTMF 不能与语音通话同时进行，用户可以在不发送 DTMF 的时候通话，在发送 DTMF 的时候使麦克风静音。

在本方案中，门禁通过 DTMF 信令接收手机发送的开门指令，系统中约定"＃"为开门指令，因此软件设计如下：

得到"＃"指令的处理：

```
    //get key
        try{    iKey = FalconmeNative.GetDetectKey();
```

```
                    if(iKey != 0x0){
                        FalconmeNative.clearDetectKey();     }
        if(iKey != 0x0){
    FileOperator.AppendLogFile(PlatformAttribute.getFilePrefix() + "clog", ("\nget
key:" + iKey).getBytes()); }
                    //#指令
                    if(iKey == 35){
                        //write record
                        if((!bOpen)&&(!m_bSharp)){
                            try{
    WriteRecord(CRecord.TYPE_CARD_INIT,CRecord.TYPE_PHONE_IN,phoneNumber,m_strIma-
geName);      }catch(HuayuException huayuE){
    FileOperator.AppendLogFile(PlatformAttribute.getFilePrefix() + "clog", ("\nWri-
teRecord Fail:" + huayuE.getMessage()).getBytes()); }
                            //开门操作
                            OpenDoor();
                            bOpen = true;
                        }
                    }
```

开门操作：

```
private void OpenDoor(){
    if(!PlatformAttribute.isEmulator()){
        byte gpioDoor = (byte)44;
        FalconmeNative.writeIO(gpioDoor, 0x1);
        try{
            Thread.sleep(100);
        }catch(java.lang.InterruptedException ie){
        }

        FalconmeNative.writeIO(gpioDoor, 0x0);
    }
}
```

5.4　无线后台门禁的后台管理系统的设计

后台管理系统的作用主要是几个目的：

① 可以实现信息上传的集中管理，内容包括门禁的ID号、拍照的图片、开门的电话号码、卡的类型等；

② 考虑到彩信发送的成功率，可以通过平台把上传后的图片再转发到指定的手

机上；

③ 开门状态管理；

④ 还可以实现数字化地图的标注显示；

⑤ 个性化设计。

后台管理的设计采用了基于JAVA平台的J2EE技术，J2EE是开放的、基于标准的平台，用以开发、部署和管理N层结构、面向Web的、以服务器为中心的企业级应用，以JAVA SE为基础；而JAVA SE主要面向个人PC、桌面应用、服务器应用程序。

传统的企业级应用中面临如下的问题：

➢ 分布式应用开发；

➢ 可移植性开发；

➢ 旧系统的集成支持；

➢ 面向Web应用；

➢ 满足企业的一般要求(一致性、事物性、安全性)；

➢ 良好特性(可伸缩性、可扩展性、易维护性)。

而J2EE提供一套完整的解决上述问题的方案，如：

➢ 分布式、可移植构件的框架；

➢ 为构件与应用服务器提供标准API；

➢ 简化了服务器端中间层构件的设计。

对于开发者来说，采用J2EE意味着更短的开发时间、更简化的连接(XML、JDBC、RMI－IIOP)J2EE的架构，如图5－7所示。

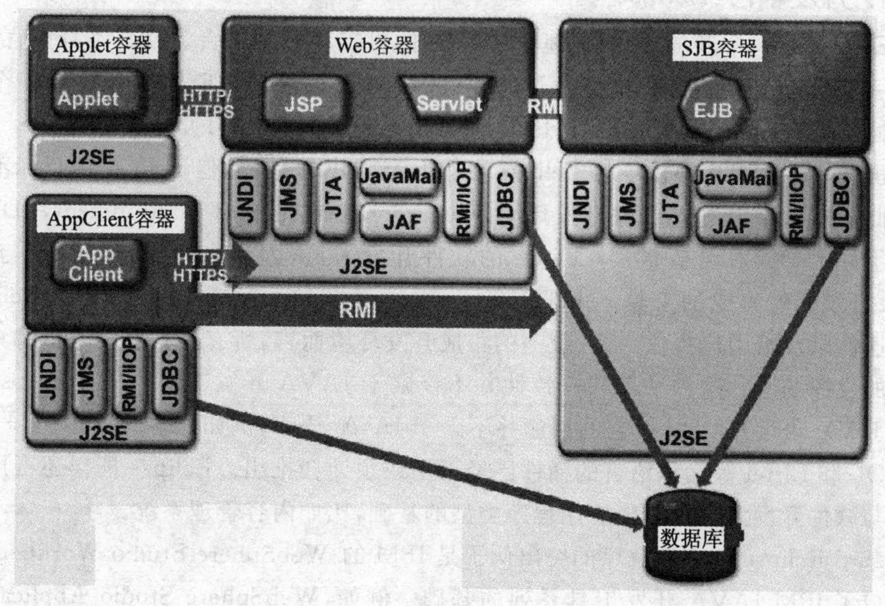

图5－7 J2EE架构说明

J2EE 的核心技术如下：

➢ JDBC：为访问不同的数据库提供了一种统一的路径。
➢ JNDI：用于执行名字和目录服务，提供了一致的模型来存取和操作企业级的资源。
➢ EJB：提供了一个框架来开发和实施分布式商业逻辑，显著地简化具有可伸缩性和高度复杂的企业级应用的开发。
➢ RMI：RMI 协议采用调用远程对象上的方法，使用序列化方式在客户端和服务器端传递数据。
➢ JSP：JSP 页面由 HTML 页面和嵌入其中的 JAVA 代码组成。
➢ XML：一种可以用来定义其他标记的语言，用来在不同的商务过程中共享数据。

J2EE 平台包含若干服务类型。J2EE 规范要求 J2EE 产品提供下列标准服务：

➢ JMS：用于与面向消息的中间件相互通信的应用程序接口。
➢ JTA：定义了一种标准的 API，应用程序由此可以访问各种事务监控。
➢ JTS：规定了事务管理器的实现方式。
➢ JavaMail：用于存取邮件服务器的 API。

5.4.1 J2EE 的开发环境安装

按照 JAVA 程序的开发流程，需要做如下的安装及配置：

1. 开发平台：Eclipse

Eclipse 是一个开放源代码、基于 JAVA 的可扩展开发平台。就其本身而言，它只是一个框架和一组服务，用于通过插件组件构建开发环境。Eclipse 附带了一个标准的插件集，包括 Java 开发工具(Java Development Tools，JDT)。

虽然大多数用户很乐于将 Eclipse 当作 Java IDE 来使用，但 Eclipse 的目标不仅限于此。Eclipse 还包括插件开发环境(Plug－in Development Environment，PDE)，这个组件主要针对希望扩展 Eclipse 的软件开发人员，因为它允许他们构建与 Eclipse 环境无缝集成的工具。由于 Eclipse 中的每样东西都是插件，对于给 Eclipse 提供插件以及给用户提供一致、统一的集成开发环境而言，所有工具开发人员都具有同等的发挥场所。这种平等和一致性并不仅限于 JAVA 开发工具。尽管 Eclipse 是使用 JAVA 语言开发的，但它的用途并不限于 JAVA 语言；例如，支持诸如 C/C＋＋、COBOL 和 Eiffel 等编程语言的插件已经可用或预计会推出。Eclipse 框架还可用来作为与软件开发无关的其他应用程序类型的基础，比如内容管理系统。

基于 Eclipse 的应用程序的突出例子是 IBM 的 WebSphere Studio Workbench，它构成了 IBM JAVA 开发工具系列的基础。例如，WebSphere Studio Application Developer 添加了对 JSP、servlet、EJB、XML、Web 服务和数据库访问的支持。

2. Web服务器:Tomcat 6.0

Tomcat服务器是一个免费的开放源代码的Web应用服务器,是Apache软件基金会(Apache Software Foundation)Jakarta项目中的一个核心项目,由Apache、Sun和其他公司及个人共同开发而成。由于有了Sun的参与和支持,最新的Servlet和JSP规范总是能在Tomcat中得到体现,Tomcat5支持最新的Servlet 2.4和JSP 2.0规范。因为Tomcat技术先进、性能稳定而且免费,因而深受Java爱好者的喜爱并得到了部分软件开发商的认可,成为目前比较流行的Web应用服务器。

安装Tomcat之前要先配置JDK,JDK的JAVA_HOME变量都必须设置好,以便Tomcat找到JDK、关闭防火墙等。接着下载TOMCAT FOR WINDOWS安装软件,按照它的步骤一步步安装,完成后在IE中输入“http://本机IP:8080”,则出现如图5-8所示界面,说明安装成功。

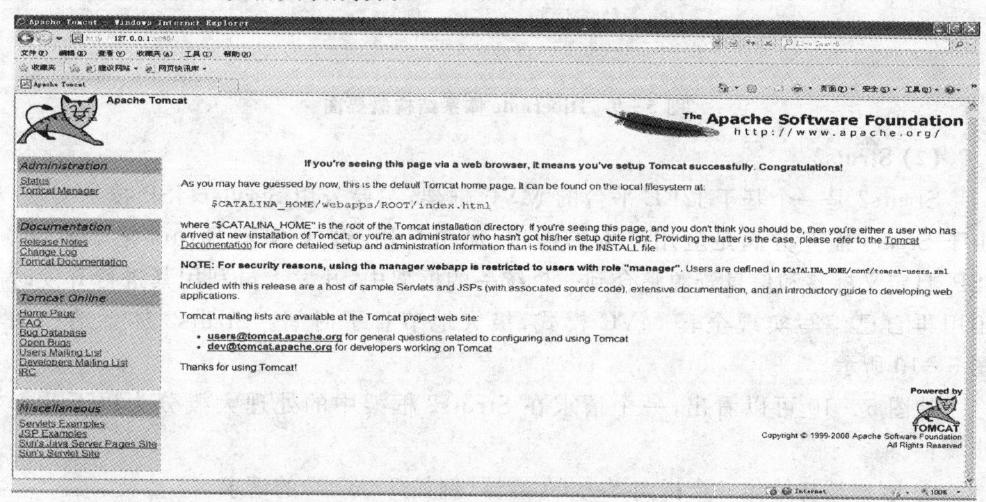

图5-8 成功安装TOMCAT显示界面

3. 开发技术:Struts2、Hibernate 3、Spring 2

(1) 关于Hibernate

Hibernate是一个开放源代码的对象关系映射框架,对JDBC进行了非常轻量级的对象封装,使得JAVA程序员可以任意使用对象编程思维来操纵数据库。Hibernate可以应用在任何使用JDBC的场合,既可以在JAVA的客户端程序使用,也可以在Servlet/JSP的Web应用中使用,最具革命意义的是,Hibernate可以在应用EJB的J2EE架构中取代CMP,完成数据持久化的重任。

Hibernate体系结构概要图如图5-9所示,其核心接口一共有6个,分别为:Session、SessionFactory、Transaction、Query、Criteria和Configuration。这6个核心接口在任何开发中都会用到。通过这些接口不仅可以对持久化对象进行存取,还能够进行事务控制,详细可参考Hibernate相关书籍。

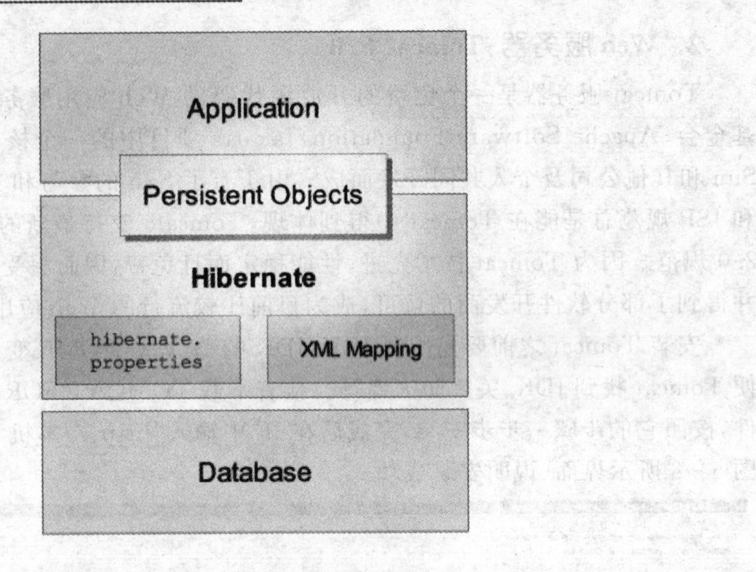

图 5-9 Hibernate 体系结构概要图

(2) Struts2

Struts2 是一个基于 J2EE 平台的 MVC 框架，主要采用 Servlet、JSP 技术实现。由于 Struts 能充分满足应用开发的需求、简单易用、敏捷迅速，Struts 把 Servlet、JSP、自定义标签和信息资源整合到一个统一的框架中，开发人员利用其进行开发时不用再自己编写实现全套 MVC 模式，极大地节省了时间。Struts2 体系结构如图 5-10 所示。

从图 5-10 可以看出，一个请求在 Struts2 框架中的处理大概分为以下几个步骤：

① 客户端初始化一个指向 Servlet 容器(例如 Tomcat)的请求。

② 这个请求经过一系列的过滤器(Filter)(这些过滤器中有一个叫 ActionContextCleanUp 的可选过滤器，这个过滤器对于 Struts2 和其他框架的集成很有帮助，例如 SiteMesh Plugin)。

③ 接着 FilterDispatcher 被调用，FilterDispatcher 询问 ActionMapper 来决定这个请求是否需要调用某个 Action。

④ 如果 ActionMapper 决定需要调用某个 Action，则 FilterDispatcher 把请求的处理交给 ActionProxy。

⑤ ActionProxy 通过 Configuration Manager 询问框架的配置文件，找到需要调用的 Action 类。

⑥ ActionProxy 创建一个 ActionInvocation 的实例。

⑦ ActionInvocation 实例使用命名模式来调用，在调用 Action 的过程前后涉及相关拦截器(Intercepter)的调用。

⑧ 一旦 Action 执行完毕，ActionInvocation 负责根据 struts. xml 中的配置找到

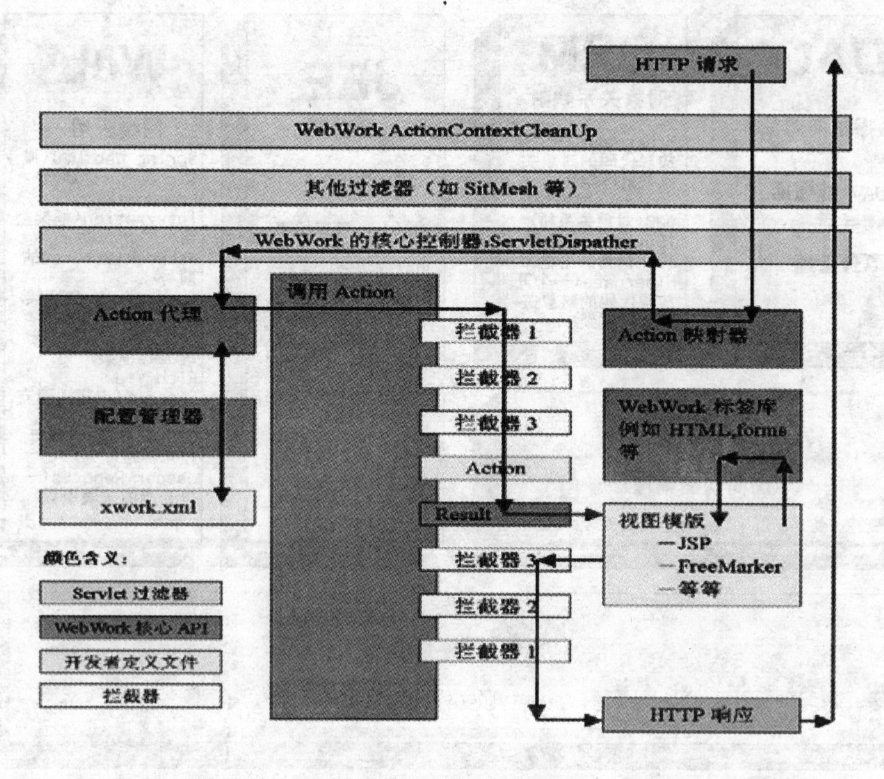

图 5-10 Struts2 体系结构

对应的返回结果。返回结果通常是(但不总是,也可能是另外的一个 Action 链)一个需要被表示的 JSP 或者 FreeMarker 的模板。在表示的过程中可以使用 Struts2 框架中继承的标签,这个过程中需要涉及 ActionMapper。

(3) Spring 2

Spring 是一个解决了许多在 J2EE 开发中常见问题的强大框架,提供了管理业务对象的一致方法并鼓励对接口编程序而不是对类编程的良好习惯。Spring 的核心是个轻量级(Lightweight)的容器(Container),是实现 IoC(Inversion of Control)容器、非侵入性(No intrusive)的框架,并提供 AOP(Aspect-oriented programming)概念的实现方式,提供对持久层(Persistence)、事务(Transaction)的支持,提供 MVC Web 框架的实现,并对一些常用的企业服务 API(Application Interface)提供一致的模型封装,是一个全方位的应用程序框架(Application framework)。除此之外,对于现存的各种框架(Struts、JSF、Hibernate 等),Spring 也提供了与它们相整合的方案。

Spring 框架如下所示:

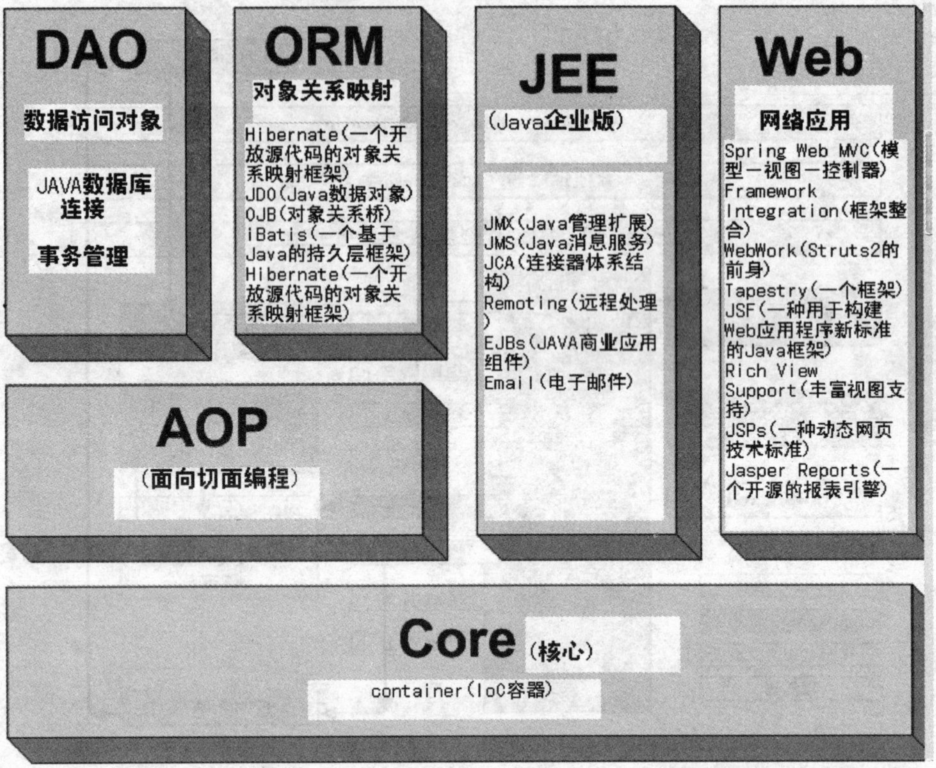

➢ Core 封装包是框架的最基础部分，提供 IoC 和依赖注入特性。这里的基础概念是 BeanFactory，它提供对 Factory 模式的经典实现来消除对程序性单例模式的需要，并真正地允许用户从程序逻辑中分离出依赖关系和配置。

➢ DAO 提供了 JDBC 的抽象层，可消除冗长的 JDBC 编码和解析数据库厂商特有的错误代码。并且，JDBC 封装包还提供了一种比编程性更好的声明性事务管理方法，不仅仅实现了特定接口，而且对所有的 POJOs(Plain Old Java Objects)都适用。

➢ ORM 封装包提供了常用的“对象/关系”映射 APIs 的集成层，其中包括 JPA、JDO、Hibernate 和 iBatis。利用 ORM 封装包可以混合使用所有 Spring 提供的特性进行“对象/关系”映射，如前边提到的简单声明性事务管理。

➢ AOP 封装包提供了符合 AOP Alliance 规范的面向方面的编程(aspect - oriented programming)实现，让用户可以定义，例如方法拦截器(method - interceptors)和切点(pointcuts)，从逻辑上讲，可以减弱代码的功能耦合。而且，利用 source - level 的元数据功能还可以将各种行为信息合并到代码中，这有点像.Net 的 attribute 的概念。

➢ Web 包提供了基础的针对 Web 开发的集成特性，例如多方文件上传，利用 Servlet listeners 进行 IoC 容器初始化和针对 Web 的 application context。当与 WebWork 或 Struts 一起使用 Spring 时，这个包使 Spring 可与其他框架结合。

4. 数据库管理系统：MySQL5.0

请参考相关 SQL 数据库的安装及配置书籍。

5. JDK 1.4 的安装

JDK 是 JAVA Development Kit（JAVA 开发工具包）的缩写，由 SUN 公司提供，为 JAVA 提供了基本的开发运行环境，主要包括 JAVA 虚拟机程序、JAVA 编译器程序、JDK 类库等。

6. 下载安装 Java EE SDK

作为一个规范，可参考 SUN 给出的一个 J2EE 的完整实现，即安装 J2EE SDK。可选择 J2EE SDK 版本是 1.3.1，安装过程可以参考第 3 章的相关内容。

5.4.2 后台管理程序设计

本方案采用的 SQL2005 或者 MYSQL 数据库作为数据存储管理，但在程序设计之前，必须安装和配置 Struts2.0.11＋ Hibernate3.6.0＋Spring2.5.6，其他的如 MyEclipse6.5、JDK 1.6.10、Tomcat6.0 也需要安装。后台管理演示样例如图 5－11 所示。

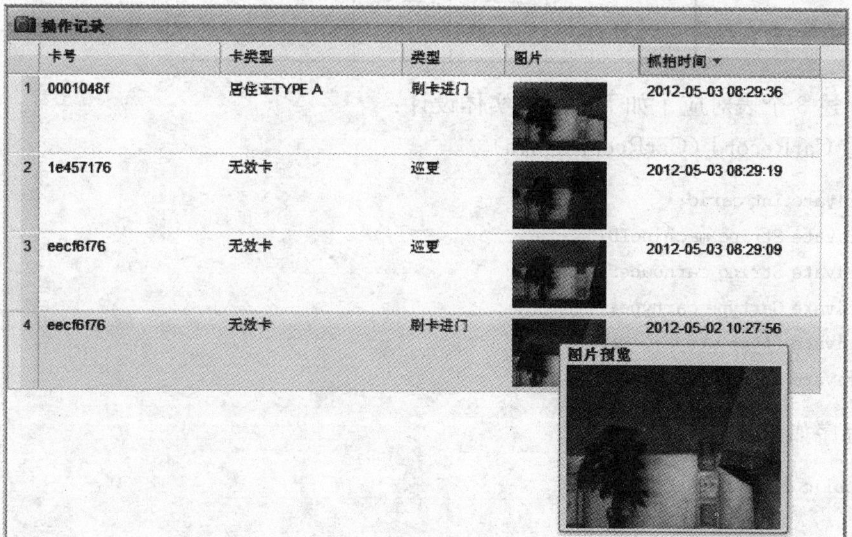

操作记录

	卡号	卡类型	类型	图片	抓拍时间
1	0001048f	居住证TYPE A	刷卡进门		2012-05-03 08:29:36
2	1e457176	无效卡	巡更		2012-05-03 08:29:19
3	eecf6f76	无效卡	巡更		2012-05-03 08:29:09
4	eecf6f76	无效卡	刷卡进门		2012-05-02 10:27:56

图片预览

图 5－11 后台管理系统样例

后台设计时，数据库需要定义 3 张表作为数据存储操作。3 张表的定义如表 5－1～表 5－3 所列。

表 5-1 Carrecord(记录表)

属　性	类　型	键　值	描　述
carid	整型	主键	自动增长
machineID	字符		机器 ID
carnumber	字符		卡号
cid	整型	外键	关联卡类型
sid	整型	外键	关联操作类型
pic	字符		图片

表 5-2　Stype(操作类型)

属　性	类　型	键　值	描　述
sid	整型	主键	自动增长
sname	字符		操作类型名称

表 5-3　cartype (卡类型)

属　性	类　型	键　值	描　述
cid	整型	主键	自动增长
cartype	字符		卡类型名称

上述 3 个表对应了如下的 3 个实体设计：

① CarRecord (CarRecord.java)

```
private int carid;
private String machineID;
private String carnumber;
private Cartype cartype;
private Stype stype;
private String pic;
```

程序如下：

```
public class CarRecord {

    private int carid;
    private String machineID;
    private String carnumber;
    private Cartype cartype;
    private Stype stype;
    private String pic;
```

```
    public int getCarid() {
        return carid;
    }
    public void setCarid(int carid) {
        this.carid = carid;
    }
    public String getMachineID() {
        return machineID;
    }
    public void setMachineID(String machineID) {
        this.machineID = machineID;
    }
    public String getCarnumber() {
        return carnumber;
    }
    public void setCarnumber(String carnumber) {
        this.carnumber = carnumber;
    }
    public Cartype getCartype() {
        return cartype;
    }
    public void setCartype(Cartype cartype) {
        this.cartype = cartype;
    }
    public Stype getStype() {
        return stype;
    }
    public void setStype(Stype stype) {
        this.stype = stype;
    }
    public String getPic() {
        return pic;
    }
    public void setPic(String pic) {
        this.pic = pic;
    }
}
```

② Stype (Stype.java)

```
private int sid;
private String sname;
```

程序如下：

```
public class Stype {
    private int sid;
    private String sname;
    public int getSid() {
        return sid;
    }
    public void setSid(int sid) {
        this.sid = sid;
    }
    public String getSname() {
        return sname;
    }
    public void setSname(String sname) {
        this.sname = sname;
    }
}
```


③ Cartype (Cartype.java)

```
private int cid;
private String cartype;
```

程序如下：

```
public class Cartype {

    private int cid;
    private String cartype;
    public int getCid() {
        return cid;
    }
    public void setCid(int cid) {
        this.cid = cid;
    }
    public String getCartype() {
        return cartype;
    }
    public void setCartype(String cartype) {
        this.cartype = cartype;
    }
}
```

为了数据库的访问，需要建立一个 SSH 工程，SSH 是 J2EE 典型的 3 层架构，分为表现层、中间层、数据服务层。3层体系将业务规则、数据访问及合法性校验等工作放在中间层处理,客户端不需要与数据库交互,而是通过组件与中间层建立连接,再由中间层与数据库交互,中间层采用的是Spring+Hibernate技术。

SSH工程的建设步骤如下:

① 工程导入,具体如图5-12所示。

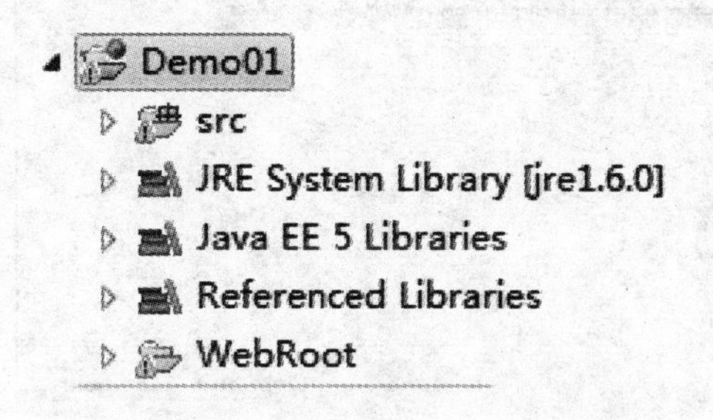

图5-12 SSH工程导入界面

② 工程建立并发布。在开发环境下,如MyEclipse下单击发布。

③ 选择要填加的Project到TOMCAT服务器,如图5-13~图5-15所示。

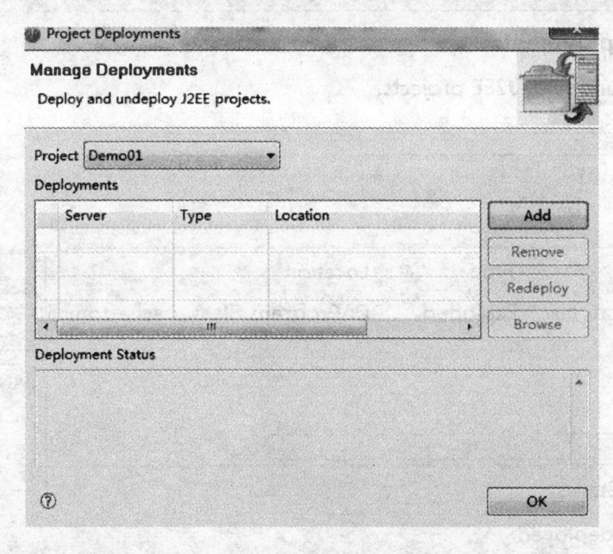

图5-13 加入工程到TOMCAT服务器操作

④ 登录并连接数据库。本操作是针对数据库访问和管理所必需做的事情,具体操作如图5-16所示。

注:如果帐号密码需要修改,则需要在工程文件的Hibernate.cfg.xml中进行修改,如图5-17所示。

⑤ 建立DEMO01数据库。连接SQL数据库后建立一个DEMO01数据库,如图5-18所示。

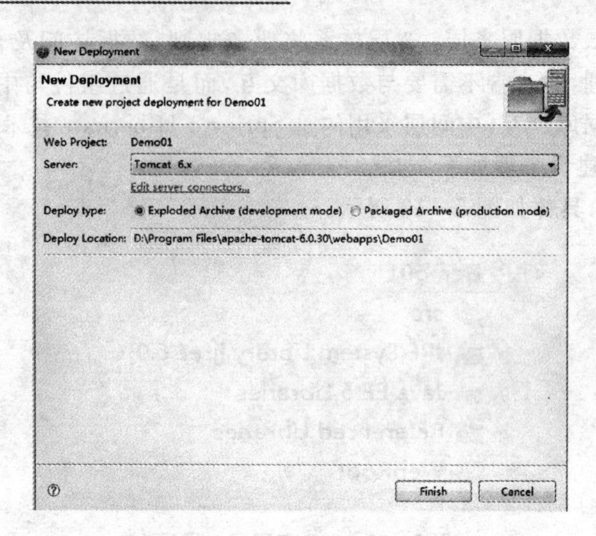

图 5－14　选择 TOMCAT 服务器

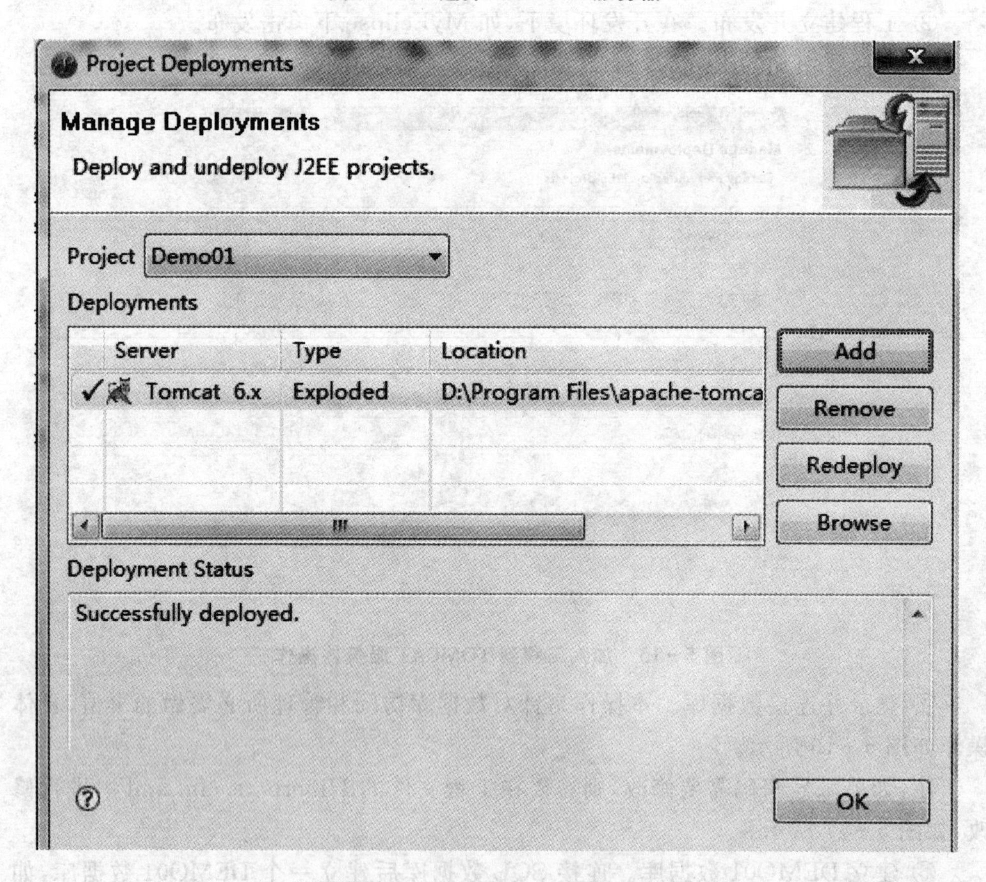

图 5－15　在 TOMCAT 发布成功

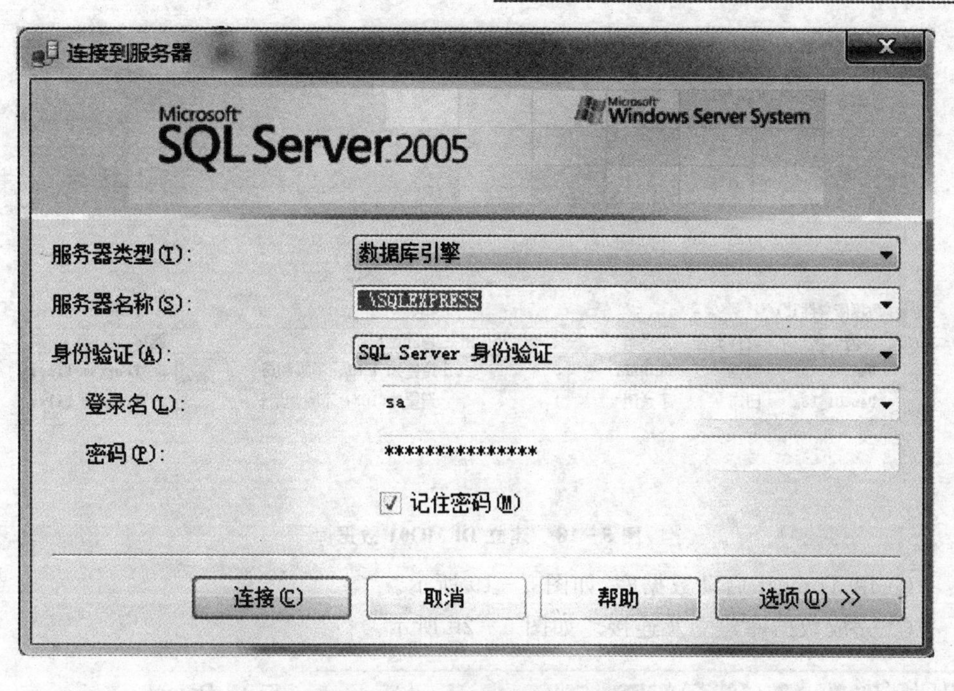

图 5-16　SQL 数据库的连接操作

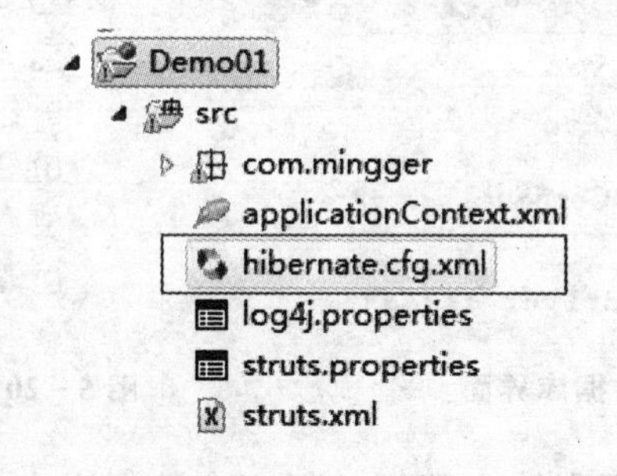

hibernate.cfg.xml中的值

```
<!-- 这个是你myeclipse的数据库连接视图里建立的连接名，可有可无 -->
<property name="myeclipse.connection.profile">sqlDriver01</property>
<!-- 定义用户名 -->
<property name="connection.username">sa</property>
<!-- 定义密码 -->
<property name="connection.password">12345678</property>
<!-- 定义方言 -->
<property name="dialect">
    org.hibernate.dialect.SQLServerDialect
</property>
<!-- 定义是否显示SQL -->
```

图 5-17　Hibernate. cfg. xml 内容

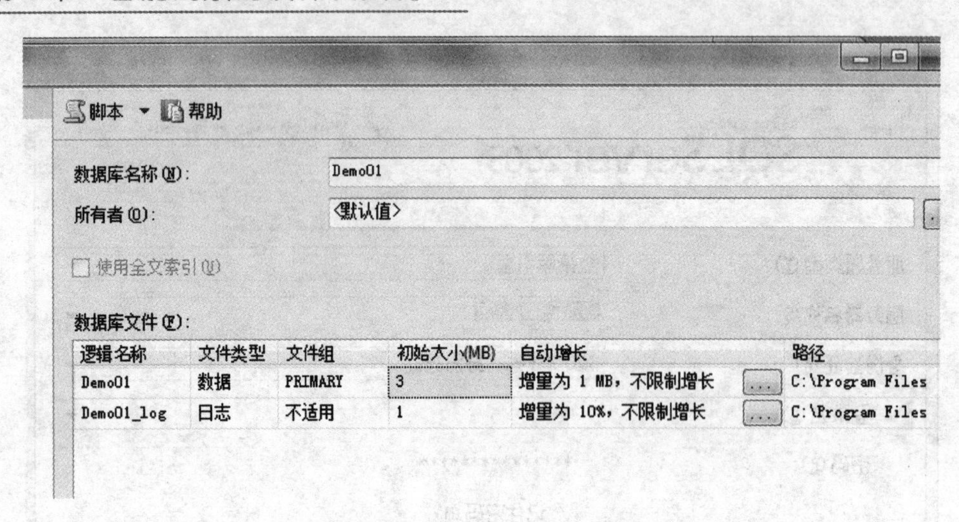

图 5-18　建立 DEMO01 数据库

⑥ 用 Tomcat 启动数据库，如图 5-19 所示。

⑦ 完成数据库建立及连接。如图 5-20 所示。

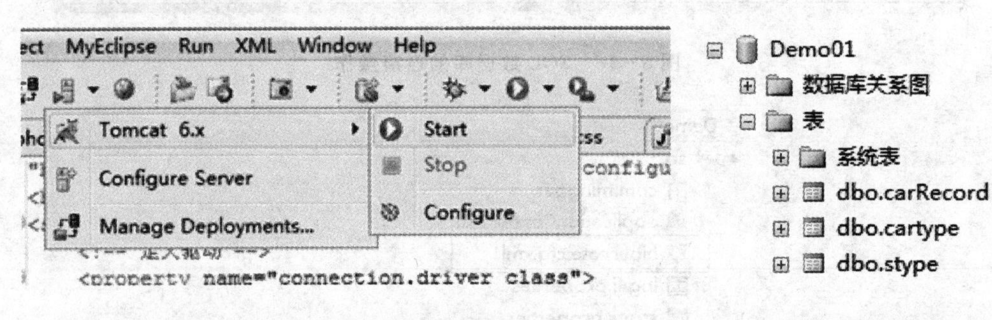

图 5-19　Tomcat 启动数据库界面　　　　图 5-20　数据库连接图

接着可以运行所编 JAVA 程序来输入数据并保存在数据库中。数据库在添加记录后，可以运行 http://localhost:8080/Demo01/findCarRecords.do，则可以看到图 5-11 所示的显示效果。如果想得到更多的后台个性化设计，可以参考其他成熟的 J2EE 管理后台的方案，这方面的案例比较多，这里不再介绍。

结束语

随着无线通信技术的成熟和进一步普及，无线门禁的应用进入了一个新的发展时代，特别是结合 GSM、GPRS 技术，使得门禁的安装使用更加方便。不需要布线是它最大的特点，同时通过彩信或者后台图片监控使得安全性也随之大大提高，这是目前传统门禁的理想升级换代产品，具有广阔的发展空间。

第6章

VOIP CALLBACK 的设计与实现

CALLBACK 中文的意思是回拨，在传统的通信业务中主要利用被叫接听电话免费的特点而提供的一种服务。近年来随着互联网业务的发展，很多企业的经营也逐步搬到了互联网上，为了增加与使用网上业务的用户沟通，也需要类似传统的800、400 电话服务，为此就出现了 WEB800、WEB CALLBACK 等业务。这些业务都利用了网络电话便宜的特点，有完整的网络电话解决方案，比如客户端的软电话、网页软电话、软交换平台、与 PSTN 相联的数字中继网关等，实现了宽带网络语音传输＋落地的网络电话服务。

6.1 实现原理

随着移动互联网的普及，特别是 3G 网络的使用，用手机拨打高质量的网络电话已经不再是梦想，如 SKYPE、UUCALL 都推出了基于手机的网络电话服务，但由于网络电话技术的要求比较高，实现网络电话需要几个方面的要求：

- 系统硬件处理速度要高：目前只有智能手机可以达到上述要求，而普遍使用的功能手机从速度上没有办法满足处理网络电话语音包的要求。
- 开放 DSP 接口应用：由于手机技术的封闭性，手机底层的开发平台门槛很高，一般不对普通用户开放底层接口，想利用 DSP 强大的浮点运算来处理语音编解码不太现实。

为了在普通功能手机上实现网络电话业务可以采用 CALLBACK 来实现，具体的方案就是在软交换服务器上实现语音的编解码。同时软交换服务器、PSTN 网络及移动网络通过数字中继相连接，利用接电话免费的特点来实现 CALLBACK 网络通话的实现。具体实现方式如图 6－1 所示。

图 6－1 中的 VOIP CALLBACK 拨打流程如下：

① 主叫用户通过 GPRS 网络向软交换服务器发出被叫用户号码信息，号码书写格式为：国家代码＋地区代码＋电话号码，比如要拨打的国家为中国，地区为桂林，号码为 1234567，可以这样写 008677312345678＃，这里 0086 是中国代码，773 是区号，1234567 是电话号码。

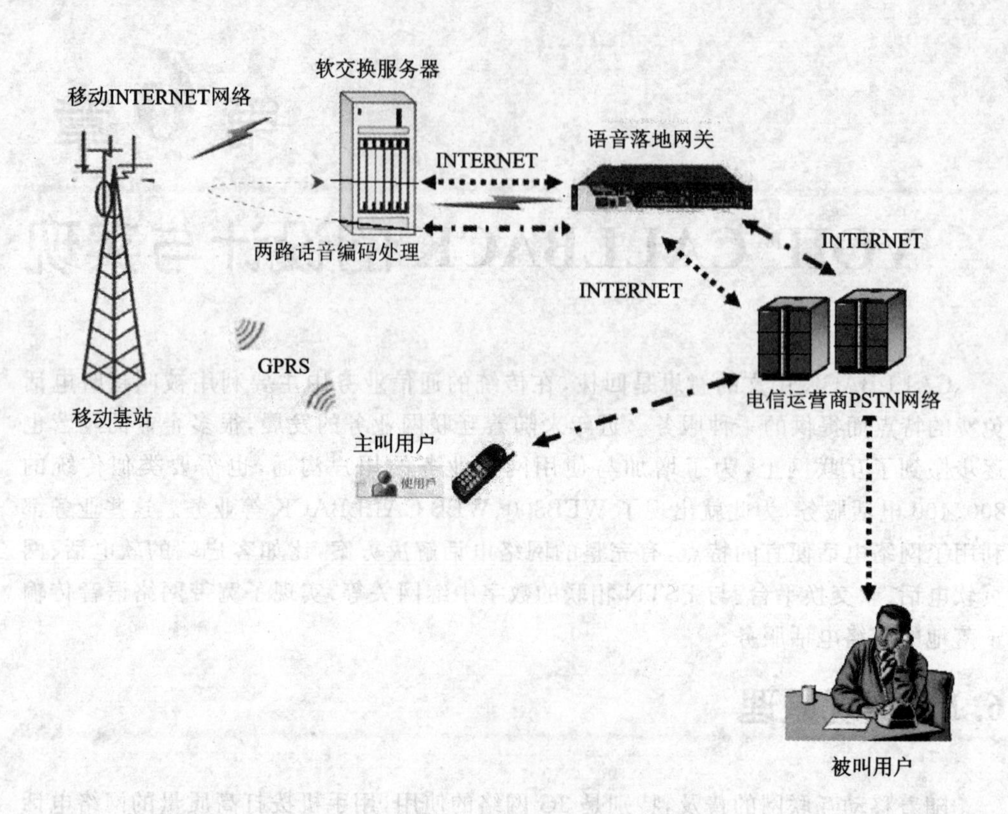

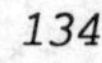

图 6-1　CALLBACK 业务实现原理

② 软交换在收到主叫用户发出的信息后，先确认主叫号码的合法性，既是否是合法注册用户，然后通过落地网关，自动连接一条电信运营商的线路来拨打主叫用户，此时主叫用户会接听到一个有语音提示的电话服务。

③ 当软交换确认主叫用户已经处于接听状态后，根据主叫发出的 GPRS 信息，也通过落地网关自动连接一条运营商的线路来拨打被叫用户。当被叫用户接听电话后，软交换服务器就接通了主叫和被叫之间的通话联系，此时软交换的主要工作就是语音编码的转换、计费的处理以及与 PSTN 网络的连接等工作。

6.2　具体实现过程

本方案中主叫呼叫是采用基于 MTK 手机 GPRS 传送呼叫信息的形式，也就是通过打开一个 HTTP 连接，将要拨打的被叫号码传送给软交换服务器。当然，传送到软交换服务器的数据需要遵守一定的格式。本章介绍的 CALLBACK 服务中，软交换采用的是 VOS2009 软交换系统，它提供了第三方接入接口，用于支撑第三方软件开发商在 VOS2009 基础上实现二次开发。

VOOS2009 软交换的 Web 接口推荐使用 Post 方式：隐式提交，在浏览器地址栏不会出现参数，较为安全。

Web 接口回应信息采用如下格式：

返回值格式：返回值|文本（返回值为 0，表示成功，返回值为负数，表示失败，|后为失败原因）。

以下为针对 CALLBACK 业务的数据接口格式如下：

http://VOS2009IP/thirdparty/callback.jsp? caller=&callees=&number=&password=&callbackBillingNumber=&callbackBillingPassword=&calloutBillingNumber=&calloutBillingPassword

该 WEB 格式各字段表示的含义如表 6-1 所列。其中，后 4 个参数段在 VOIP CALLBACK 业务中为不必填充参数的设置。

表 6-1　各字段含义

参数字段	数据类型	说　明	必　填
caller	string	主叫（由用户在 Web 上输入）	是
callees	string	被叫（平台根据企业要求设置，可设置多个被叫号码分隔）	否
number	string	接入号码（VOS 上流程所在话机号码）	是
password	string	接入密码（VOS 上流程所在话机密码）	是
callbackBillingNumber	string	回拨计费号码	否
callbackBillingPassword	string	回拨计费密码	否
calloutBillingNumber	string	外呼计费号码	否
calloutBillingPassword	string	外呼计费密码	否

以下为在 PC 机上以 PHP 脚本语言编写的 CALLBACK 程序：

```
<?php
$sender = $callto = '';
if (isset ($_POST['subbut'])) {
    $account = "CN_Ashan_Test"; //用户名
    $password = "dawM8pyS";     //密码
    $pop = "867320.";           //ashan 卡标志
    $sender = $_POST['sender'];  //主叫
    $callto = $_POST['callto'];  //被叫
    $auth = strtoupper(md5($account . $password . $pop . $sender));
                                                        //生成动态加密字符串
 $retArr = file("http://64.214.144.140/PublicAPI/triggercallback.php?sende
r = {$sender}&callto = {$callto}&pop = {$pop}&auth = {$auth}");   //启动回拨
        if(isset($retArr[0]) && trim(substr($retArr[0],11)) == '1'){
```

```
        echo "成功(success)";      //根据返回结果判断回拨成功,失败
    }else{
        echo "失败(fail)";
    }
}
?>
<!DOCTYPE html PUBLIC "-//W3C//DTD XHTML 1.0 Transitional//EN"
"http://www.w3.org/TR/xhtml1/DTD/xhtml1-transitional.dtd">
<html>
<head>
<meta http-equiv="Content-Type" content="text/html; charset=UTF-8" />
<title>Customer Relationship Management</title>
</head>
<body>
<form action="#" method="post">
<table border='1' style="border-collapse:collapse;" width='40%' cellpadding="3">
<tr>
    <td align='right'>主叫(sender)  </td>
    <td>  <input type="text" name="sender" value='<?php echo
$sender;?>' size="30" maxlength="20" onkeyup="value=value.replace(/[^0-9]/ig,'')"
/></td>
</tr>
<tr>
    <td align='right'>被叫(callto)  </td>
    <td>  <input type="text" name="callto" value='<?php echo
$callto;?>' size="30" maxlength="20" onkeyup="value=value.replace(/[^0-9]/ig,'')"
/></td>
</tr>
<tr>
    <td align='center' colspan='2'><input type="submit" name="subbut" value="
发起回拨"/></td>
</tr>
</table>
</form>
</body>
</html>
```

图 6-2 为 PHP 脚本程序运行时的界面。

以上 CALLBACK 脚本程序只能运行在 PC 为终端平台的设备中,不具备便携特性;如果希望能在手机上正常使用,则需要重新设计,本书就是研究以 JAVA 语言来设计实现 CALLBACK 功能的。

图 6-2　PHP 脚本程序实现的 CALLBACK 功能界面

6.3　程序设计及仿真实现

为了能在手机上实现 CALLBACK 功能，这里使用 JAVA 语言完成手机端应用程序的设计，主要是考虑到该程序的良好移植性，所设计的 CALLBACK 也可以用于其他型号的支持 JAVA 语言的手机。

CALLBACK 程序设计主要完成以下两个方面的工作：

6.3.1　人机交互界面的设计

人机交互界面(MMI)设置主要完成主叫号码的输入、被叫号码的输入以及按键功能侦听，具体界面如图 6-3 所示。

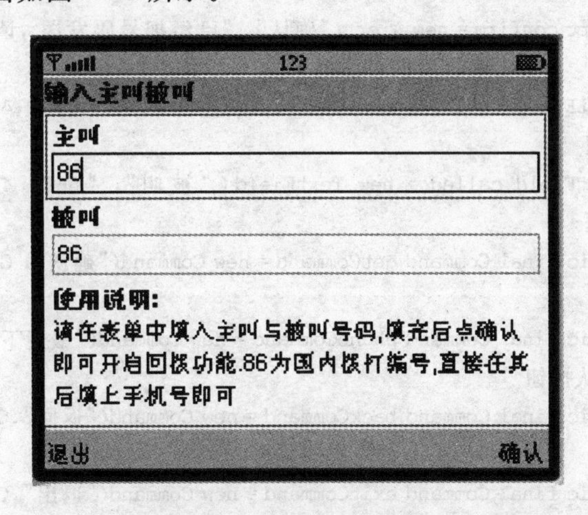

图 6-3　人机交互界面

MMI 界面设计中主要用到如下几类 API 函数：

- Command 类：创建按键的显示；
- CommandListener 接口：用来响应按下按键的事件；
- Alert 类：用于提醒发送成功、正在发送以及其他类似于对话框的功能；
- Form 类：容纳 Item 组合的屏幕显示，包括只读和可编辑的文本、图像、日期指示器等；
- StringItem 类：用于只读文本的显示，本设计中用作功能说明文字；
- TextField 类：是一种可以编辑文本显示框，用于主叫、被叫号码的输入及显示。

具体 JAVA 实现人机交互部分程序如下：

```
public class CallBack extends MIDlet implements CommandListener{
    private Display display = null; //显示对象
    private Form form = null;
    HttpHandler handler = null;
    String encodedData = null;
    String currentPhoneNumber = null;
    RecordStore rs = null;
    private int count = 1;
    private String tempPhoneNumber;
    String str_username;
    String str_password;
    md5 md51 = new md5();
  private StringItem state = new StringItem("使用说明:","请在表单中填入主叫与被叫号
码,填完后点确认即可开启回拨功能.86 为国内拨打编号,直接在其后填上手机号即可",String-
Item.PLAIN);
    private Alert confirm = new Alert("确认","已经把号码发送 ,请等待", null, Alert-
Type.CONFIRMATION);  //单击确认后的对话框
    private TextField caller = new TextField("主叫", "86", 40, TextField.NUMER-
IC);  //主叫编辑框
    private TextField called = new TextField("被叫", "86", 40, TextField.NUMER-
IC);  //被叫编辑框
    public static final Command getCommand = new Command("确认", Command.OK,1);
//确认按钮
    public static final Command phoneCommand = new Command("最近下一个已拨号码", Com-
mand.OK,1);   //确认按钮
    public static final Command backCommand = new Command("返回",Command.BACK,2);
//返回按钮
    public static final Command exitCommand = new Command("退出",Command.EXIT, 2);
//退出按钮

    public void startApp() {
```

```
    if(display == null){
        //初始化MIDlet,显示Form为当前屏幕,用户可以输入URL
        display = Display.getDisplay(this);
        form = new Form("输入主叫被叫");
        form.append(caller);//向当前屏幕添加主叫编辑框
        form.append(called);//向当前屏幕添加被叫编辑框
        form.append(state);//向当前屏幕添加使用说明文字
        form.addCommand(getCommand);//向当前屏幕添加确认按钮
        form.addCommand(exitCommand);//向当前屏幕添加退出按钮
        form.addCommand(phoneCommand);//向当前屏幕添加退出按钮
        form.setCommandListener(this);//设置监听机制
        SplashCanvas splash = new SplashCanvas(this,form);
        handler = new HttpHandler(this);
        handler.start();
        display.setCurrent(splash);
    }else{
        display.setCurrent(form);
    }
}

public void displayError(String message){
    //提示出错信息
    Alert alert = new Alert("错误信息");
    alert.setType(AlertType.ERROR);
    alert.setString(message);
    alert.setTimeout(2000);
    display.setCurrent(alert, form);
}
```

6.3.2 GPRS发送拨号信息程序设计

由于移动信息设备的资源受限特性,J2SE使用java.net、java.io来访问网络服务的方法在这里不适用。Generic Connection Framework(以下简称GCF)是在CLDC中定义的,其引入成功解决了联网的复杂类型,同时它基于接口设计,便于扩展、提供创建连接的工作方法、使用标准URL简化了程序员的工作。

在J2ME联网设计中常采用3种联网技术:

(1) HTTP连接

该协议是基于TCP方式的协议,GCF在MIDP2.0中进行了扩展,提供了HttpConnection、HttpsConnection接口,这样使得MIDlet具备了通过Http或者Https协议与server通信的能力。

(2) Socket 连接

Socket 也采用可靠传输协议，即 TCP 协议，是连接两台计算机最简单的方法但并不是所有的 MIDP 设备都能支持 Socket 网络。该连接涉及的两个接口是 SocketConnection、ServerSocketConnection。

(3) UDP 连接

UDP 协议也称用户报协议，是无连接的、不可靠的、没有流量控制的传输层协议，在语音包传输过程中应用广泛，在网络连接中采用 UDPDatagramConnection()方式。

本章介绍的手机 CALLBACK 功能是通过一个 HTTP 连接将在 MMI 界面中输入的被叫号码、主叫号码经 MD5 加密后传送到服务器，以便服务器确定是否发起 CALLBACK 呼叫。

GCF 的使用非常简单，主要集中在 Connector 的 open()方法上。要做的就是提供一个标准的 URL 参数传递给 open 方法。例如为了得到一个 HttpConnection 相关代码应该这样写：

```
String url = "http://myip:myport/myservlet";
HttpConnection httpConn = (HttpConnection)Connector.open(url);
```

CALLBACK 语音实现流程如图 6-4 所示。

在本阶段主要解决两个问题，一个是数据加密，另一个是连接服务器设置，具体程序实现如下：

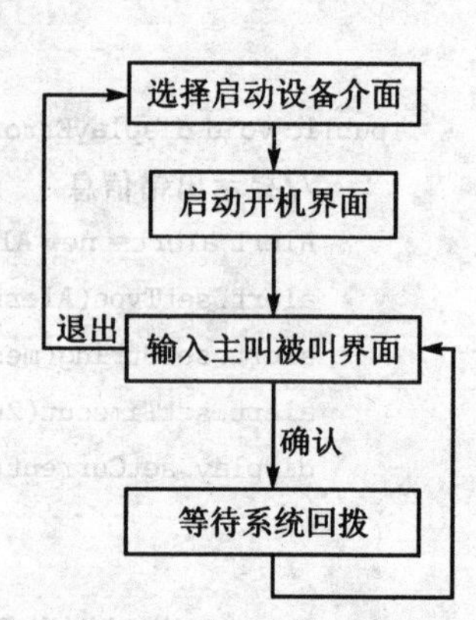

图 6-4 CALLBACK 流程图

(1) 建立 HTTP 连接程序部分

```
import java.io.ByteArrayOutputStream;
import java.io.IOException;
import java.io.OutputStream;
import javax.microedition.io.Connector;
import javax.microedition.io.HttpConnection;
import javax.microedition.lcdui.Image;
public void setURL(String url){
        this.URL = url;
    }
    public void stop(){
        done = true;
    }
    public void run(){
        while(!done){
            //线程启动进入等待状态
            synchronized (midlet) {
                try {  midlet.wait();
                } catch (InterruptedException e) {
```

```
            e.printStackTrace();
        }
    }

    if(!done){
        try{

            //建立 HttpConnection 连接
            conn = (HttpConnection)Connector.open(URL);
            conn.setRequestMethod(HttpConnection.POST);
            conn.setRequestProperty("User - Agent","Profile/MIDP - 2.0 Con-
            figuration/CLDC - 1.0");
            conn.setRequestProperty("Content - Type",type);
            conn.setRequestProperty("Content_Length",
            new Integer(encodeData_send.length()).toString());
            OutputStream os = conn.openOutputStream();
            os.write(encodeData_send.getBytes());
            int rc = conn.getResponseCode();
            System.out.println(encodeData_send);
        }catch(IOException ex){
            midlet.displayError(ex.getMessage());
        }
    }
}
```

(2) 数据 MD5 加密程序部分

```
public class md5
{
    static final int S11 = 7;
    static final int S12 = 12;
    static final int S13 = 17;
    static final int S14 = 22;
    static final int S21 = 5;
    static final int S22 = 9;
    static final int S23 = 14;
    static final int S24 = 20;
    static final int S31 = 4;
    static final int S32 = 11;
    static final int S33 = 16;
    static final int S34 = 23;
    static final int S41 = 6;
    static final int S42 = 10;
```

```
    static final int S43 = 15;
    static final int S44 = 21;
    static final char Hex[] =
{'0','1','2','3','4','5','6','7','8','9','A','B','C','D','E','F'};
    static final byte PADDING[] = {
        -128, 0, 0, 0, 0, 0, 0, 0, 0, 0,
        0, 0, 0, 0, 0, 0, 0, 0, 0, 0,
        0, 0, 0, 0, 0, 0, 0, 0, 0, 0,
        0, 0, 0, 0, 0, 0, 0, 0, 0, 0,
        0, 0, 0, 0, 0, 0, 0, 0, 0, 0,
        0, 0, 0, 0, 0, 0, 0, 0, 0, 0,
        0, 0, 0, 0
    };
    private long state[];
    private long count[];
    private byte buffer[];
    public String digestHexStr;
    private byte digest[];
    private byte test;
    public String getMD5ofStr(String s)
    {//返回 MD5 串;
        int i;
        md5Init();
        md5Update(s.getBytes(), s.length());
        md5Final();
        digestHexStr = "";
        for(i = 0;i<16;i ++ )
          digestHexStr = digestHexStr + byteHEX(digest[i]);
        return digestHexStr;
    }
    public md5()
    {
        state = new long[4];
        count = new long[2];
        buffer = new byte[64];
        digest = new byte[16];
        md5Init();
    }
    private void md5Init()
    {//初始化部分变量;
        count[0] = 0L;
        count[1] = 0L;
```

```
    state[0] = 0x67452301L;
    state[1] = 0xefcdab89L;
    state[2] = 0x98badcfeL;
    state[3] = 0x10325476L;
}
private long F(long l, long l1, long l2)
{       return l & l1 | ~l & l2;    }
private long G(long l, long l1, long l2)
{       return l & l2 | l1 & ~l2;   }
private long H(long l, long l1, long l2)
{       return l ^ l1 ^ l2;   }
private long I(long l, long l1, long l2)
{       return l1 ^ (l | ~l2);    }
private long FF(long l, long l1, long l2, long l3, long l4, long l5, long l6)
{       l += F(l1, l2, l3) + l4 + l6;
    l = (int)l << (int)l5 | (int)l >>> (int)(32L - l5);
    l += l1;
    return l;
}
private long GG(long l, long l1, long l2, long l3, long l4, long l5, long l6)
{       l += G(l1, l2, l3) + l4 + l6;
    l = (int)l << (int)l5 | (int)l >>> (int)(32L - l5);
    l += l1;
    return l;
}
private long HH(long l, long l1, long l2, long l3, long l4, long l5, long l6)
{       l += H(l1, l2, l3) + l4 + l6;
    l = (int)l << (int)l5 | (int)l >>> (int)(32L - l5);
    l += l1;
    return l;
}
private long II(long l, long l1, long l2, long l3, long l4, long l5, long l6)
{       l += I(l1, l2, l3) + l4 + l6;
    l = (int)l << (int)l5 | (int)l >>> (int)(32L - l5);
    l += l1;
    return l;
}
private void md5Update(byte abyte0[], int i)
{//补位操作,abyte0 为需要进行 MD5 加密的字符串,i 为字符串长度
    byte abyte1[] = new byte[64];
    int k = (int)(count[0] >>> 3) & 0x3f;
    if((count[0] += i << 3) < (long)(i << 3))
```

```
        count[1]++;
    count[1] += i >>> 29;
    int l = 64 - k;
    int j;
    if(i >= 1)
    {           md5Memcpy(buffer, abyte0, k, 0, l);
        md5Transform(buffer);
        for(j = l; j + 63 < i; j += 64)
        {   md5Memcpy(abyte1, abyte0, 0, j, 64);
            md5Transform(abyte1);
        }
        k = 0;
    } else
    {   j = 0; }
    md5Memcpy(buffer, abyte0, k, j, i - j);
}
private void md5Final()
{//最终处理,将得到的 128 位(16 字节)MD5 码存放在 digest 数组中
    byte abyte0[] = new byte[8];
    Encode(abyte0, count, 8);
    int i = (int)(count[0] >>> 3) & 0x3f;
    int j = i >= 56 ? 120 - i : 56 - i;
    md5Update(PADDING, j);
    md5Update(abyte0, 8);
    Encode(digest, state, 16);
}
private void md5Memcpy(byte abyte0[], byte abyte1[], int i, int j, int k)
{
    for(int l = 0; l < k; l++)
        abyte0[i + l] = abyte1[j + l];
}
private void md5Transform(byte abyte0[])
{
    long l = state[0];
    long l1 = state[1];
    long l2 = state[2];
    long l3 = state[3];
    long al[] = new long[16];
    Decode(al, abyte0, 64);
    l = FF(l, l1, l2, l3, al[0], 7L, 0xd76aa478L);
    l3 = FF(l3, l, l1, l2, al[1], 12L, 0xe8c7b756L);
    l2 = FF(l2, l3, l, l1, al[2], 17L, 0x242070dbL);
```

```
l1 = FF(l1, l2, l3, l, al[3], 22L, 0xc1bdceeeL);
l = FF(l, l1, l2, l3, al[4], 7L, 0xf57c0fafL);
l3 = FF(l3, l, l1, l2, al[5], 12L, 0x4787c62aL);
l2 = FF(l2, l3, l, l1, al[6], 17L, 0xa8304613L);
l1 = FF(l1, l2, l3, l, al[7], 22L, 0xfd469501L);
l = FF(l, l1, l2, l3, al[8], 7L, 0x698098d8L);
l3 = FF(l3, l, l1, l2, al[9], 12L, 0x8b44f7afL);
l2 = FF(l2, l3, l, l1, al[10], 17L, 0xffff5bb1L);
l1 = FF(l1, l2, l3, l, al[11], 22L, 0x895cd7beL);
l = FF(l, l1, l2, l3, al[12], 7L, 0x6b901122L);
l3 = FF(l3, l, l1, l2, al[13], 12L, 0xfd987193L);
l2 = FF(l2, l3, l, l1, al[14], 17L, 0xa679438eL);
l1 = FF(l1, l2, l3, l, al[15], 22L, 0x49b40821L);
l = GG(l, l1, l2, l3, al[1], 5L, 0xf61e2562L);
l3 = GG(l3, l, l1, l2, al[6], 9L, 0xc040b340L);
l2 = GG(l2, l3, l, l1, al[11], 14L, 0x265e5a51L);
l1 = GG(l1, l2, l3, l, al[0], 20L, 0xe9b6c7aaL);
l = GG(l, l1, l2, l3, al[5], 5L, 0xd62f105dL);
l3 = GG(l3, l, l1, l2, al[10], 9L, 0x2441453L);
l2 = GG(l2, l3, l, l1, al[15], 14L, 0xd8a1e681L);
l1 = GG(l1, l2, l3, l, al[4], 20L, 0xe7d3fbc8L);
l = GG(l, l1, l2, l3, al[9], 5L, 0x21e1cde6L);
l3 = GG(l3, l, l1, l2, al[14], 9L, 0xc33707d6L);
l2 = GG(l2, l3, l, l1, al[3], 14L, 0xf4d50d87L);
l1 = GG(l1, l2, l3, l, al[8], 20L, 0x455a14edL);
l = GG(l, l1, l2, l3, al[13], 5L, 0xa9e3e905L);
l3 = GG(l3, l, l1, l2, al[2], 9L, 0xfcefa3f8L);
l2 = GG(l2, l3, l, l1, al[7], 14L, 0x676f02d9L);
l1 = GG(l1, l2, l3, l, al[12], 20L, 0x8d2a4c8aL);
l = HH(l, l1, l2, l3, al[5], 4L, 0xfffa3942L);
l3 = HH(l3, l, l1, l2, al[8], 11L, 0x8771f681L);
l2 = HH(l2, l3, l, l1, al[11], 16L, 0x6d9d6122L);
l1 = HH(l1, l2, l3, l, al[14], 23L, 0xfde5380cL);
l = HH(l, l1, l2, l3, al[1], 4L, 0xa4beea44L);
l3 = HH(l3, l, l1, l2, al[4], 11L, 0x4bdecfa9L);
l2 = HH(l2, l3, l, l1, al[7], 16L, 0xf6bb4b60L);
l1 = HH(l1, l2, l3, l, al[10], 23L, 0xbebfbc70L);
l = HH(l, l1, l2, l3, al[13], 4L, 0x289b7ec6L);
l3 = HH(l3, l, l1, l2, al[0], 11L, 0xeaa127faL);
l2 = HH(l2, l3, l, l1, al[3], 16L, 0xd4ef3085L);
l1 = HH(l1, l2, l3, l, al[6], 23L, 0x4881d05L);
l = HH(l, l1, l2, l3, al[9], 4L, 0xd9d4d039L);
```

```
        l3 = HH(l3, l, l1, l2, al[12], 11L, 0xe6db99e5L);
        l2 = HH(l2, l3, l, l1, al[15], 16L, 0x1fa27cf8L);
        l1 = HH(l1, l2, l3, l, al[2], 23L, 0xc4ac5665L);
        l = II(l, l1, l2, l3, al[0], 6L, 0xf4292244L);
        l3 = II(l3, l, l1, l2, al[7], 10L, 0x432aff97L);
        l2 = II(l2, l3, l, l1, al[14], 15L, 0xab9423a7L);
        l1 = II(l1, l2, l3, l, al[5], 21L, 0xfc93a039L);
        l = II(l, l1, l2, l3, al[12], 6L, 0x655b59c3L);
        l3 = II(l3, l, l1, l2, al[3], 10L, 0x8f0ccc92L);
        l2 = II(l2, l3, l, l1, al[10], 15L, 0xffeff47dL);
        l1 = II(l1, l2, l3, l, al[1], 21L, 0x85845dd1L);
        l = II(l, l1, l2, l3, al[8], 6L, 0x6fa87e4fL);
        l3 = II(l3, l, l1, l2, al[15], 10L, 0xfe2ce6e0L);
        l2 = II(l2, l3, l, l1, al[6], 15L, 0xa3014314L);
        l1 = II(l1, l2, l3, l, al[13], 21L, 0x4e0811a1L);
        l = II(l, l1, l2, l3, al[4], 6L, 0xf7537e82L);
        l3 = II(l3, l, l1, l2, al[11], 10L, 0xbd3af235L);
        l2 = II(l2, l3, l, l1, al[2], 15L, 0x2ad7d2bbL);
        l1 = II(l1, l2, l3, l, al[9], 21L, 0xeb86d391L);
        state[0] + = l;
        state[1] + = l1;
        state[2] + = l2;
        state[3] + = l3;
    }
    private void Encode(byte abyte0[], long al[], int i)
    {//转换函数,将 al 中 long 型的变量输出到 byte 型的数组 abyte0 中
     //低位字节在前,高位字节在后
        int j = 0;
        for(int k = 0; k < i; k + = 4)
        {   abyte0[k] = (byte)(int)(al[j] & 255L);
            abyte0[k + 1] = (byte)(int)(al[j] >>> 8 & 255L);
            abyte0[k + 2] = (byte)(int)(al[j] >>> 16 & 255L);
            abyte0[k + 3] = (byte)(int)(al[j] >>> 24 & 255L);
            j++;
        }
    }
    private void Decode(long al[], byte abyte0[], int i)
    {   int j = 0;
        for(int k = 0; k < i; k + = 4)
        {
            al[j] = b2iu(abyte0[k]) | b2iu(abyte0[k + 1]) << 8 | b2iu(abyte0[k +
2]) <<
```

```
16 | b2iu(abyte0[k + 3]) << 24;
            j++;
        }
    }
    public static long b2iu(byte byte0)
    {        return byte0 >= 0 ? byte0 : byte0 & 0xff;    }
    public static String byteHEX(byte byte0)
    {//字节到十六进制的ASCII码转换
        char ac[] = {
            '0', '1', '2', '3', '4', '5', '6', '7', '8', '9',
            'A', 'B', 'C', 'D', 'E', 'F'
        };
        char ac1[] = new char[2];
        ac1[0] = ac[byte0 >>> 4 & 0xf];
        ac1[1] = ac[byte0 & 0xf];
        String s = new String(ac1);
        return s;
    }
    public static String toMD5(String s)
    {   md5 md51 = new md5();
        return md51.getMD5ofStr(s);
    }
}
```

结束语

采用CALLBACK是VOIP服务的一种特殊方式，它使得不具备使用VOIP服务的设备(如可以运行JAVA程序的普通功能手机等设备)能够通过这样的方式使用到VOIP便利、廉价的服务，目前这样的方式已经广泛应用在一些VOIP服务中。同时，MMI界面可以做得更加美观，可以通过与软交换服务器的WEB接口定制更多的服务。当然本程序在MTK6225平台上成功实现，这是一款深圳华禹出品具有触摸屏的手机模块，它带有少量按键功能，其他的采用软键盘的方式；如果采用完全软键盘方式实现交互处理，需要在按键设计上做更多的程序设计。

第7章 手持式计量器具检定数据溯源系统的设计

7.1 概　述

随着生活水平的提高，人们对衣食住行的质量也越来越关注，比如对于日常消费的肉食产品是否符合国家标准，能否知道其养殖及屠宰过程中的一些情况，这就催生了畜牧业自动识别追溯系统的发展，用于动物饲养、运输、屠宰的跟踪监控。而且近年来，疯牛病、结核病等恶性食源性公共卫生危机在全球范围内频繁发生，高致病性禽流感、尼帕病等烈性人畜共患病在一些国家和地区反复发生和流行，对人类健康和经济社会协调发展造成严重威胁，这时自动识别追溯系统的作用就发挥了出来。当爆发疫情时，卫生部门能够通过该系统对可能感染疾病的动物进行追溯，以决定其归属关系以及历史踪迹。同时，系统能对动物从出生到屠宰提供即时、详细、可靠的数据。

同理，对于电子类产品（如电表、水表、出租车计价器）的使用情况也是人们经常关注的重点，这些计量器具的准确与否直接影响到日常生活和开支情况，因此质量监督管理部门有必要监督和管理这些计量器具的使用状态，定期抽检，并建立相关数据库。这也促使了计量器具检定数据溯源管理的发展，也就是通过 RFID、一维码、二维码等信息管理手段，来跟踪和监控所检定计量器具的使用状态，使之达到国家相关计量器具的使用标准。

可追溯系统就是在产品检定的整个过程中对产品的各种相关信息进行记录存储的质量保障系统，目的是定时抽检产品的检定信息，能够快速有效地查询到所授权企业在产品检定过程中或生产过程中是否按照国家相关法律法规完成产品出厂前的检定以及出现问题产品的检定信息，从而促使企业提高产品质量和服务管理水平。

本章介绍的一种手持式溯源检定系统就是方便计量监督部门对授权企业计量器具的快速抽验检定而设计的。

7.2 溯源系统方案功能设计标准

计量器具广泛应用于生产、科研领域和人民生活等各方面，在整个计量立法中处于相当重要的地位，而计量检定工作是一项技术性很强的工作，良好的技术装备是保证量值准确可靠的前提。通过检定数据溯源系统的建设，可以将在计量检定过程中由于措施不到位造成的部分强检计量器具漏检、未申请首次检定、超周期检定、依法管理的计量器具未按规定检定、定量包装商品短斤少两等问题得到有效查处。

溯源系统功能实现如图 7-1 所示。

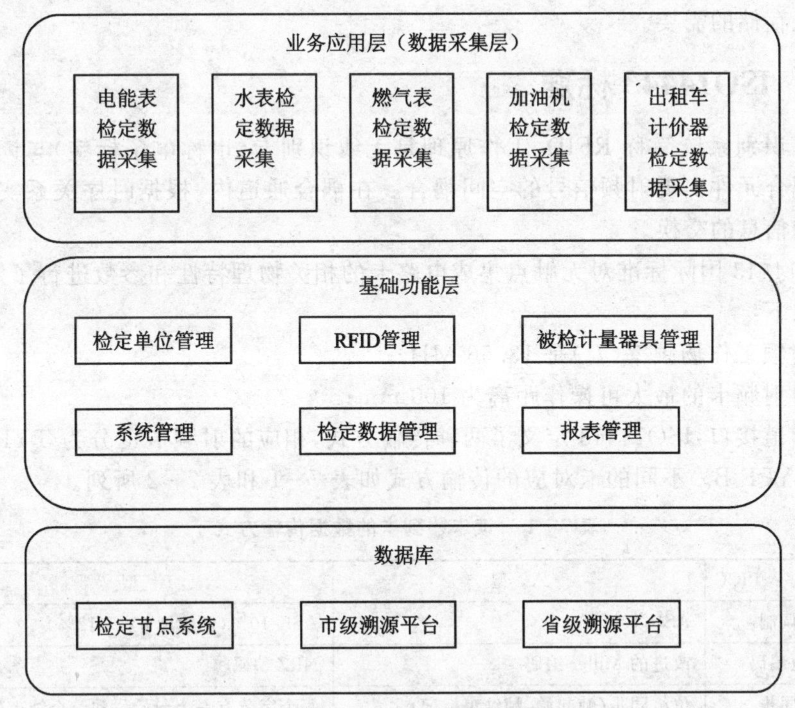

图 7-1 溯源系统功能组成

图 7-1 介绍的溯源平台在业务应用层可以完成电能表检定数据采集、水表检定数据采集、燃气表检定数据采集、加油机检定数据采集、出租车计价器检定数据采集等服务。在功能上实现了检定单位管理、被检计量器具管理、检定数据管理、RFID管理、订阅管理和系统管理。在技术上实现了从各检定节点追溯子系统到市级追溯管理平台，再到省级追溯管理平台数据的层层上传功能。

本章只介绍在基础功能层中的 RFID 管理。利用射频识别(RFID)技术是实现数据检定追溯实时数据记录比较好的方法。数据检定系统由电子标签、手持式标签读写器、溯源服务器组成。其中，RFID 的电子标签封装在检定产品上，由手持式标签读写器读取的数据包通过网络传送到溯源服务器检定数据库上，通过相关数据的对比和分析来提供相应服务。

目前针对 RFID 的标准有：

- 非接触智能卡 ISO14443,ISO15693；
- RFID 电子封条(ISO18185)；
- 供应链标签(ISO17363)；
- 集装箱标签(ISO10374)；
- 有源无源 RFID 技术标准(ISO18000)；
- 动物代码与标签(ISO11784/5)。

在数据检定解决方案中可采用非接触智能卡 ISO14443、ISO15693 方案，以满足相关信息存储的需要。

7.2.1 ISO14443 标准

射频识别系统简称 RFID，工作原理是无线识别卡(也称电子标签)与读写器之间通过耦合元件实现射频信号的空间耦合。在耦合通道内，根据时序关系实现能量的传递和信息的交换。

ISO14443 国际标准对无触点集成电路卡的相关物理特性和参数进行了定义，主要内容如下：

- 射频工作场频率(f_c)是 13.56 MHz；
- 对射频卡的最大可操作距离为 100 mm；
- 信道接口：ISO14443 定义了两种传输方式，相应的射频卡也分为 TYPE A 和 TYPE B。不同的卡对应的传输方式如表 7－1 和表 7－2 所列。

表 7－1　读卡器到卡的数据传输方式

PCD-->PICC	A 型	B 型
调制	ASK 100%	ASK 10%(健控度 8%～12%)
位编码	改进的 Miller 编码	NRZ 编码
同步	位级同步(帧起始，帧结束标记)	每个字节有一个起始位和一个结束位
波特率	106 kbps	106 kbps

表 7－2　卡到读卡器的数据传输方式

PICC-->PCD	A 型	B 型
调制	用振幅键控调制 847 kHz 的负载调制的负载波	用相位键控调制 847 kHz 的负载调制的负载波
位编码	Manchester 编码	NRZ 编码
同步	1 位“帧同步”(帧起始，帧结束标记)	每个字节有 1 个起始位和 1 个结束位
波特率	106 kbps	106 kbps

可看出，Type A 型卡在读卡器上向卡传送信号时，是通过 13.65 MHz 的射频载波传送信号，且采用同步、改进的 Miller 编码方式，通过 100% ASK 传送。当卡向读卡器传送信号时，通过调制载波传送信号，并使用 847 kHz 的副载波传送 Manchester 编码。简单说，当表示信息“1”时，信号会有 0.3 μs 的间隙；当表示信息“0”时，信号可能有间隙也可能没有，与前后的信息有关。这种方式的优点是信息区别明显，受干扰的机会少，反应速度快，不容易误操作；缺点是在需要持续不断地提高能量到非接触卡时，能量有可能出现波动。

Type B 型卡在读卡器向卡传送信号时，也是通过 13.65 MHz 的射频载波信号，但采用的是异步、NRZ 编码方式，通过用 10% ASK 传送的方案；在卡向读卡器传送信号时，则采用 BPSK 编码进行调制。即信息“1”和信息“0”的区别在于：信息“1”的信号幅度大，即信号强；信息“0”的信号幅度小，即信号弱。这种方式的优点是持续不断地信号传递，不会出现能量波动的情况。

而从读卡器到邻近卡的通信信号接口主要区别在信号调制方面：

① TYPE A 调制使用 RF 工作场的 ASK 100%调制原理来产生一个“暂停(pause)”状态，从而进行读卡器和邻近卡间的通信。

② TYPE B 调制使用 RF 工作场的 ASK 10%调幅来进行 PCD 和 PICC 间的通信，调制指数最小应为 8%，最大应为 14%。

下面介绍 ISO/IEC14443 标准的防冲突机制。

RFID 的核心是防冲突技术，这也是和接触式 IC 卡的主要区别。在防冲突序列期间，可能发生两个或两个以上的射频卡同时响应：这就是冲突。命令集和允许读卡器处理冲突序列，以便及时分离射频卡的传输。完成防冲突序列后，射频卡通信完全处于读卡器的控制之下，每次只允许一个射频卡通信。

防冲突方案以时间槽的定义为基础，要求射频卡在时间槽内用最小标识数据进行应答。时间槽数被参数化，范围从 1 到某一整数。在每一个时间槽内，射频卡响应的概率也是可控制的。在防冲突序列中，射频卡仅允许应答一次。因此，即便在读卡器场中有多个卡，在一个时间槽内也仅有一个卡应答，并且读卡器在这个时间槽内能捕获标识数据。根据标识数据，读卡器能够与被标识的卡建立一个通信信道。

防冲突序列允许选择一个或多个射频卡，以便在任何时候进行进一步的通信。

ISO/IEC14443－3 规定了 TYPE A、TYPE B 卡的防冲突机制，二者完全不同。前者是基于 BIT 冲突检测协议，后者则是通过字节、帧及命令完成防冲突。

① TYPE A 射频卡防冲突和通信使用标准帧用于数据交换，其帧格式如图 7－2 所示。

其中，TYPE A 卡由以下顺序组成：

➢ 通信开始。

➢ n×(8 个数据位＋奇数奇偶校验位)，n≥1。每个字节的 LSB 首先被发送。每个字节后面跟随一个奇数奇偶校验位。奇偶校验位 P 被设置，使在(b1～

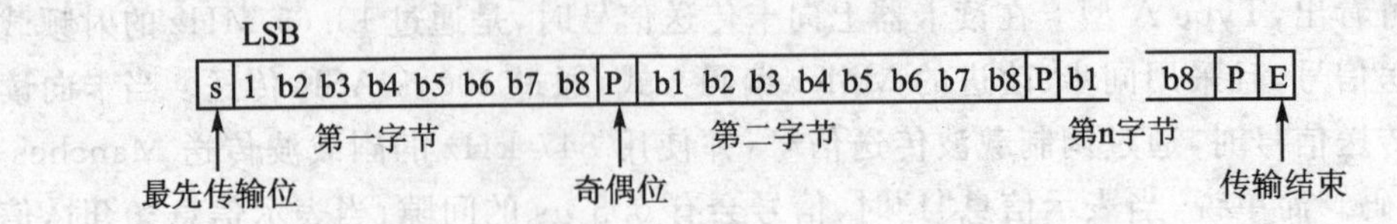

图 7-2 TYPE A 卡帧格式

b8,P)中 1 s 的数目为奇数。

➢ 通信结束。

TYPE A 射频卡比特冲突检测协议原理是当至少两个射频卡同时传输带有一个或多个比特位置(该位置内至少有两个 PICC 在传输补充值)的比特模式时,PCD 会检测到冲突。在这种情况下,比特模式合并,并且在整个(100%)位持续时间内载波以副载波进行调制。

TYPEA 类型卡片需要的基本命令有:

➢ REQA 对 A 型卡的请求或(WAKE-UP 唤醒);

➢ ANTICOLLISION 防冲突;

➢ SELECT 选择命令;

➢ RATS 应答响应。

② TYPE B 射频卡防冲突是通过字符收发方式实现的,字符格式如图 7-3 所示。

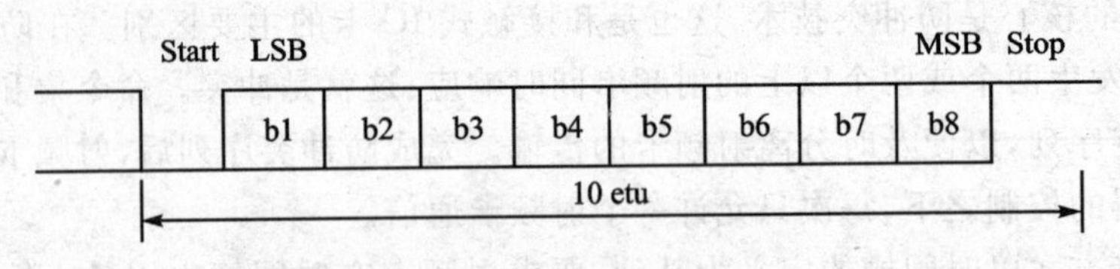

图 7-3 TYPE B 射频卡字符格式

可见,TYPE B 卡的字符顺序如下:

➢ 1 个逻辑"0"起始位;

➢ 8 个数据位发送,首先发送 LSB;

➢ 1 个逻辑"1"停止位。

用一个字符执行一个字节的发送需要 10 etu。

TYPE B 类型卡片需要的基本命令有:

➢ REQB 对 B 型卡的请求;

➢ ATTRIBPICC 选择命。

总之,TYPE B 类型卡片具有使用更少的命令、更快的响应速度来实现防冲突和选择卡片的能力。TYPE A 的防冲突需要卡片上较高和较精确的时序,因此需要在卡和读写器中分别加更多硬件,而 TYPE B 的防冲突更容易实现。

目前,TYPE A 的产品(Mifare 卡)具有更高的市场普及率;但是 TYPE B 应该在安全性、高速率和适应性方面有更好的前景，代表产品如二代身份证。

7.2.2 ISO15693标准

以该标准制造的射频卡也叫疏耦合卡(Vicinity cards)，该类卡可工作距离达到了30 cm以上。根据ISO15693国际标准的内容，其对无触点集成电路卡的相关物理特性和参数进行了定义，主要内容如下：

➢ 射频工作场频率(f_c)是13.56 MHz；

➢ 对射频卡的最大可操作距离为1 m；

➢ 信道接口：ISO15693针对从读卡器到耦合卡及耦合卡到读卡器的传输方式与ISO14443标准有很大的不同，体现在：

(1) 读卡器到耦合卡的数据传输

该传输方式采用了10% ASK调制和100% ASK调制方式，此外，针对使用距离的不同，有两种不同的编码可供组合选择，如在长距离模式中，与13.56 MHz载波信号的场强相比，调制波边带的较低场强允许充分利用许可的磁场强度给耦合卡供给能量，此时可以采用“256取1”编码与10% ASK调制方式组合使用。

而在短距离使用模式中，因不需要调制波边带较低的场强部分，所以需要将此场强屏蔽，为此可以采用“4中取1”编码与100% ASK调制方式组合使用。

(2) 耦合卡到读卡器的数据传输

为了从耦合卡向读卡器传输数据，用负载调制副载波，电阻或电容调制阻抗在副载波频率的时钟中接通和断开，而副载波本身在Manchester编码数据流的时钟中采用ASK或FSK调制。副载波的频率是根据工作场频率(13.56 MHz)的分频比来计算的，如以ASK调制的副载波频率则是(13.56 MHz/32)＝423.75 kHz，则FSK调制的副载波频率为(13.56 MHz/32、13.56 MHz/28)＝ 423.75 kHz和484.28 kHz两种。

在以上两种传输方法中的数据传输速率如表7-3所列。

表7-3 ISO15693标准中的数据传输速率对比

数据传输速率	ASK/(kbps)	FSK/(kbps)
长距离模式	6.62	6.62及6.68
快速模式	26.48	26.48及26.72

本书介绍的终端解决方案采用了可读写ISO14443、ISO15693标准的电子标签，最大的特点在于它可以存储检定器具的各种信息，如历次检定信息、具体检定报告等内容。通过专用的RFID手持终端能够很详细地看到这些信息；与溯源检定系统数据库的联网追踪，还可以看到更多的相关信息，甚至还可以对检定器具拍照存档，与检定数据相互配合，从而对检定溯源管理有更好的支持。

7.3 手持式终端方案设计

手持式计量器具检定数据溯源前端系统的工作原理如图7-4所示。

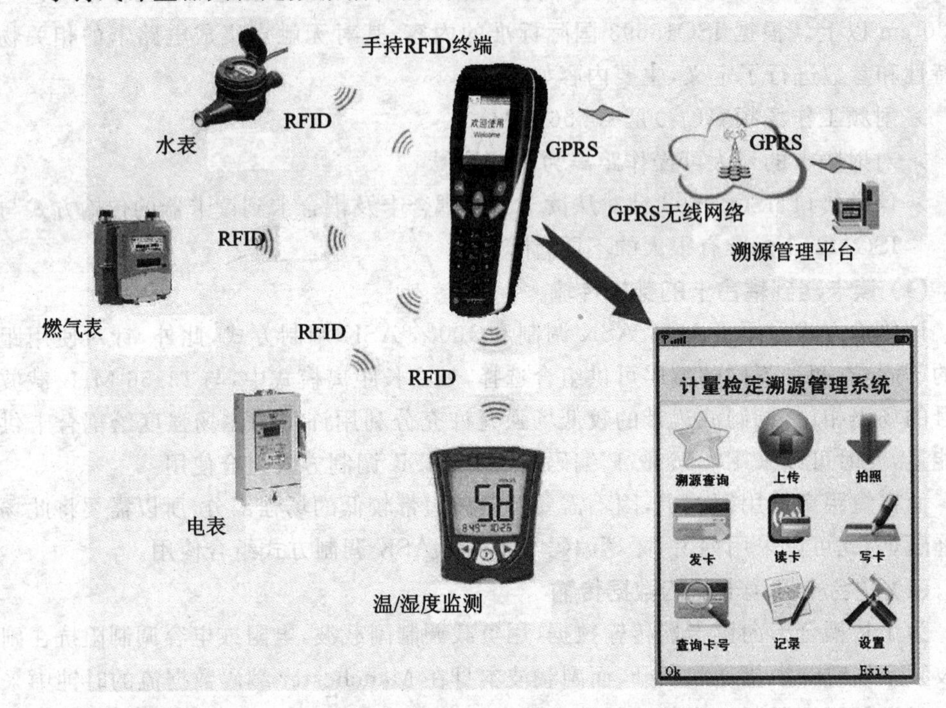

图7-4 手持式计量器具检定数据溯源系统的工作原理图

可见,RFID手持终端主要实现几个方面的功能:

- 电子标签信息读取:可读取水、电、气表及其他表上电子标签储存的信息;
- 溯源查询功能:可将该表电子标签中所读取的信息与远程服务器中的信息做对比,从而了解更为详细的鉴定数据;
- 拍照功能:实现在抽检时,对被鉴定的计量器具拍照并随相关数据上传到相关溯源服务器存档备案;
- 器具检定发卡功能:对所检定的计量器具贴予电子标签,并对电子标签做信息处理,保存该器具的相关信息,同时上传存档。

本手持终端的硬件由MTK6225平台以及支持多非接触通信协议的CLRC632芯片组成,具体如图7-5所示。

在图7-5介绍的手持式系统中采用了前后台的处理模式,即后台采用MTK6225平台,主要负责数据处理和数据库的联网数据传输,前台采用了单片机和CLRC632的组合,以实现对检定器具的RFID信息处理,而前后台采用的是串口通信模式,下面就所前后台采用的器件特点做简单介绍。

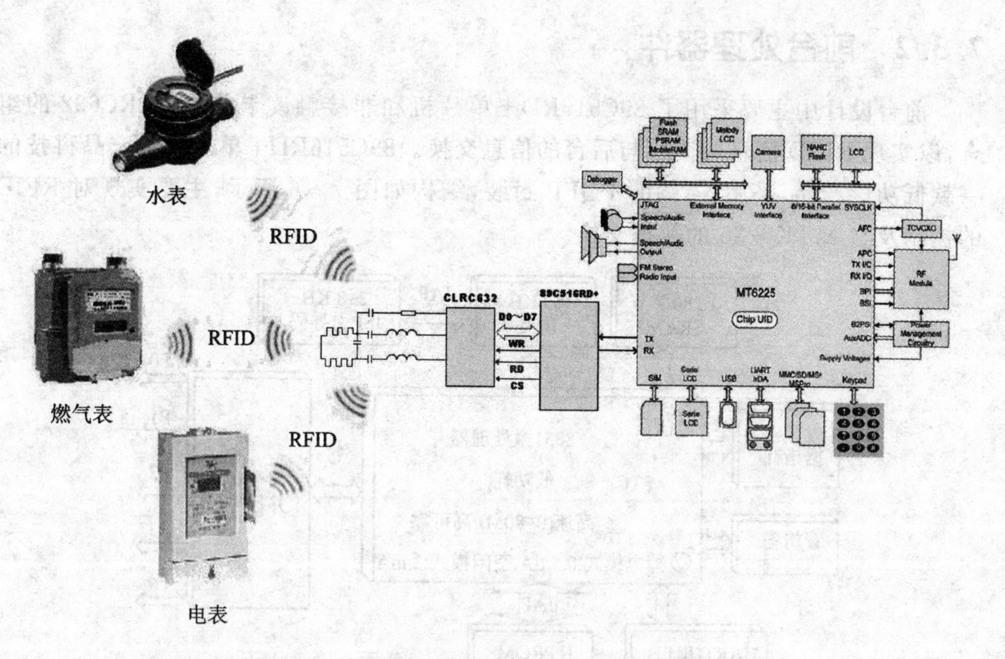

图7-5 手持式溯源查询系统方案原理图

7.3.1 MTK6225平台

MTK6225平台集成度高，功能齐全，打破了以往欧美高价手机的技术和价格垄断，同时采用了Turn-Key理念来设计手机，使得以它为基础的手机生产制造的门槛大幅度降低，曾经一段时间大大小小的企业都在生产手机，也称为山寨机。

华禹工控通过二次开发和设计，使得MTK6225不再以手机应用的名义出现，而是将它的应用范围一举扩大到了工业控制、数据采集及物联网方面。应该说，MTK6225方案有极高的性价比，基本特点如下：

- 采用104 MHz ARM7 CPU。
- 支持1.8～3.2英寸彩色LCD屏，分辨率最高支持400×240。
- 支持手写触摸和汉字识别。
- 支持MP3、MP4、摄像头、和弦铃音等多媒体功能。
- 支持串口、USB接口、U盘功能，支持TF卡。
- 支持GPRS、GSM、SMS、彩信。
- 支持JAVA。

经过二次开发，MTK6225平台核心模块的108个I/O引脚全部扩展引出，并可以嵌入到用户的应用系统中，具体请参阅第2章相关内容。

7.3.2 前台处理器件

前台设计中主要采用了89C516RD+单片机和非接触读卡芯片CLRC632的组合,以实现RFID信息的读写与后台的信息交换。89C516RD+单片机为宏晶科技的一款低功耗产品,采用44脚的PQFP封装,结构如图7-6所示,主要实现对RFID的控制及与MTK6235的数据交换。

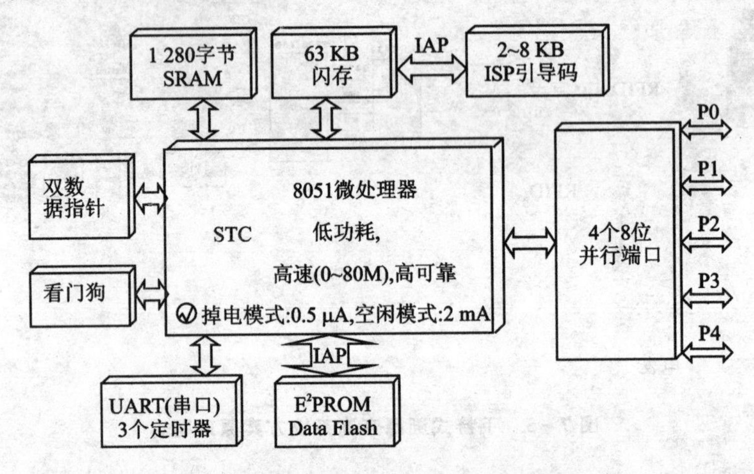

图7-6 89C516RD+单片机结构图

RFID信息读取方案中采用的是NXP的CLRC632非接触读卡芯片,工作场频率为13.56 MHz,除此之外,该芯片还有如下特点:

- 高集成度的调制解调电路;
- 采用少量外部器件,即可输出驱动级接至天线;
- 支持工作距离100 mm以上;
- 支持多种协议,如I-CODE1、ISO15693、ISO14443A/B;
- 支持非接触式高速通信模式,波特率可达424 kbps;
- 采用Cryptol加密算法并含有安全的非易失性内部密钥存储器;
- 引脚兼容MF RC500、MF RC530、MF RC531和SL RC400;
- 与主机通信的2种接口:并行接口和SPI,可满足不同用户的需求;
- 自动检测微处理器并行接口类型;
- 灵活的中断处理;
- 64字节发送和接收FIFO缓冲区;
- 带低功耗的硬件复位;
- 可编程定时器;
- 唯一的序列号;
- 用户可编程初始化配置;

➢ 面向位和字节的帧结构；

➢ 数字、模拟和发送器部分经独立的引脚分别供电；

➢ 内部振荡器缓存器连接 13.56 MHz 石英晶体；

➢ 数字部分的电源(DVDD)可选择 3.3 V 或 5 V；

➢ 在短距离应用中，发送器(天线驱动)可以用 3.3 V 供电。

CL RC632 芯片如图 7-7 所示。

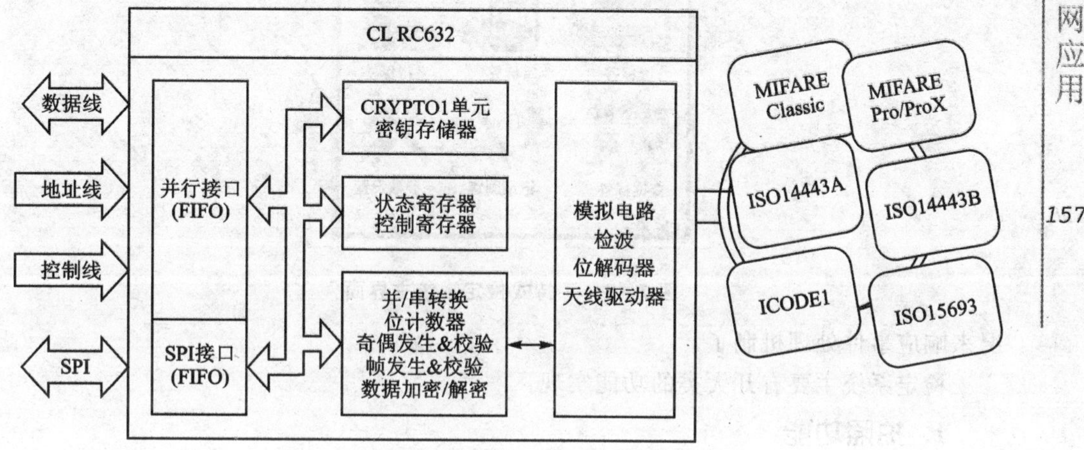

图 7-7 SLRC632 非接触读卡芯片原理图

7.4 手持式检定系统软件设计

作为终端最重要的人机交互功能之一就是用户界面的设计，好的界面能使人爽心悦目，增加互动的乐趣。本方案实际就是采用了手机界面的设计思路，将传统手机的界面融入了更多的检定操作的元素和功能，比如溯源查询、拍照、标签查询、标签管理等。手机的菜单应用设计实际采用的是高亮图标覆盖背景图案的方式来选择需要操作的对象，也就是两部分图像，一张是完整功能的图像，即在背景上有完整的图标显示，这组成了检定系统的主界面，如图 7-8 所示。界面上的每个图标都代表不同功能的事件响应，另外一部分图是由各个图标组成的图标图像集，所有图像以 Png 格式保存。

实际应用中主界面加载显示采用了 drawImage(Image img，int x，int y，ImageObserver observer)命令，其中，(x，y)表示背景图像(文件名为 img)显示的左上角的位置，之后执行 drawBackGround()、drawCanvas()就完成了主界面的显示。

如何选择界面上的功能呢？主界面的组成有一个由各图标组成的图标图像集，这些图标的图像背景颜色和主界面是有区别的，这样在选择功能时，两个不同颜色背景图标重合是高亮状态，区别于其他图标状态，这样就可以通过计数判断按键匹配情

图7-8 手持式检定系统主界面

况来响应事件处理机制了。

检定系统主要有几大类的功能实现：

1. 拍照功能

该功能充分利用了MTK6225平台自带的30万像素的摄像头功能，当然还可以另外配更高像素的摄像头。这部分的软件设计华禹工控也给出了详细的设计方案，它采用了一种MMAPI的概念(Mobile Media API)，这是JSR135可选包，提供了对多媒体方面的支持。JSR135对应的3个包是：javax. microedition. media、javax. microedition. media. control及javax. microedition. media. protocol。

多媒体处理可以分为从数据源读取数据和处理数据两部分。MMAPI提供了DataSource和Player两个接口：DataSource从数据源读取数据，数据源包括本地文件、网络上的数据流等，DataSource还提供了一组方法允许Player读取数据；Player从DataSource获取数据，处理并显示，同时，提供了一组方法来控制媒体的播放。本书用VideoControl接口控制视频的播放、暂停、抓取快照等操作，而对于摄像头的控制则采用了如下的控制流程：

① 用Manager创建一个Player对象，根据传入的参数创建了一个DataSource对象。

```
private Player player = null; //获取 Player,使用缺省图片大小来拍照
private VideoControl vidCtrl = null;
private Display disp = null;
private byte[ ] bImage = null;    //初始化一个字节数组
player = Manager.createPlayer("capture://video");//获取拍照所需资源
```

② Player对象进入realize状态。

```
player.realize();
```

③ 获取 VideoControl 并配置。

```
vidCtrl = (VideoControl)player.getControl("VideoControl");//设置 VideoControl 的
                                                          //显示模式及其取值
vidCtrl.initDisplayMode(VideoControl.USE_DIRECT_VIDEO, this);
try{
    vidCtrl.setDisplaySize(width, height);
}catch(MediaException me){}
vidCtrl.setDisplayLocation(0, 0);
vidCtrl.setVisible(true);
```

④ 抓取快照方法。

如果是拍照，则 VideoControl 接口提供了获取快照的方法：getSnapshot。


```
Alert errAlt = new Alert("Exception","",null,AlertType.ERROR);
        errAlt.setTimeout(5000);
        try{
            //设定获取图片类型大小
            bImage = VCtrl.getSnapshot("encoding = jpeg");
            player.stop();
        }catch(IllegalStateException ilse){
            errAlt.setString("illegalStateException" + ilse.getMessage());
            disp.setCurrent(errAlt, log);
            return;
        }catch(MediaException me){
            errAlt.setString("MediaException" + "source width: "
                + VCtrl.getSourceWidth() + "height:
" + VCtrl.getSourceHeight()
                    + me.getMessage() + "supported property"
                    + System.getProperty("video.snapshot.encodings"));
            disp.setCurrent(errAlt, log);
            return;
        }catch(SecurityException se){
            errAlt.setString("SecurityException" + se.getMessage());
            disp.setCurrent(errAlt, log);
            return;
        }
        Image img = Image.createImage(bImage, 0, bImage.length);
        CP.setImage(img);
        disp.setCurrent(CP);    //将图片显示在屏幕上
```

⑤ 图像的保存。

保存拍照图像方法如下：

```
public Alert(String title,String alertText,Image alertImage, AlertType alertType)
Alert altSuccess = new Alert("提示","图像保存成功!",null,AlertType.INFO);
```

这里用到的语法是：

Alert对象带有4个参数，第一个参数设置对话框的标题；第二个参数设置对话框的提示内容；第三个参数是对话框的图标，图标参数必须为一个不可变图像；第四个参数是设置对话框的类型，如果此参数为null，表示不需要为对话框指定类型，4个参数都可以为null。新创建对话框的时间间隔可以通过调用getDefaultTimeout()方法获取。在本系统中，当抓取快照并输入图像名后，对话框的标题就会显示“提示”这两个字，对话框的提示内容是“图像保存成功!”；对话框没有图标，则对话框的类型是INFO(信息提示)。

这是一个时控对话框，也就是将一个以ms为单位的整数2 000传递进去，意味着为这个对话框设置了新的时间间隔2000 ms，取代了默认的时间间隔。当这个对话框显示在设备的屏幕上超过2 s时，该对话框将自动关闭。程序中对应的语句为：

```
altSuccess.setTimeout(2000);
```

在保存图像的过程中，当输入的文件名与已保存的文件同名时，对话框将会显示名为“提示”的标题，所提示的内容是“文件已存在，请更改文件名!”。该对话框也是个时控对话框。程序中对应的语句如下：

```
Alert altNotify = new Alert("提示","文件已存在,请更改文件名!",null,AlertType.IN-
FO);
altNotify.setTimeout(2000);
```

图像经手动输入名称后，自动保存到默认的文件夹Received中：

```
String name = filename.getString();
String path = "file://localhost/PhoneDisk:/Received/" + name + ".png";    //路径设置
System.out.println(path);
```

2. GPRS上传功能

MTK6225作为一个完整的手机功能模块，功能非常强大，除了多媒体功能外，GPRS是它自带的功能，能够实现无线数据通信功能。这部分华禹也提供了参考案例，以HTTP或TCP传输数据为例说明如下：

```
import java.io.DataInputStream;
import java.io.DataOutputStream;
import javax.microedition.io.Connector;
import javax.microedition.io.HttpConnection;
public class UPDATA
```

```
{
    private HttpConnection httpcon = null;
    private DataOutputStream dos = null;
    //一指定的计算机 IP 为服务器
    private String URL = "http://www.meter - gl.com/RfidCard/BuSSer";
    public UPDATA()
    {

    }
    public void OpneHttp()
    {
        try
        {
            httpcon = (HttpConnection)Connector.open(URL);
            httpcon.setRequestMethod(HttpConnection.POST);
        }
        catch (Exception ex)
        {
            ex.printStackTrace();
            System.out.println("open the http error in the UPDATA OpenHttp is " + ex.
            getMessage());
        }
    }
    public void Senddata(String str)
    {
        this.OpneHttp();
        try
        {
            dos = httpcon.openDataOutputStream();
        }
        catch (Exception ex)
        {
            ex.printStackTrace();
            System.out.println("open the DataOutputStream error in the UPDATA Sendda-
            ta() is " + ex.getMessage());
        }
        try
        {
            dos.writeUTF(str);
            dos.flush();
        }
        catch (Exception ex)
```

```
        {
            ex.printStackTrace();
            System.out.println("Send the data error in the UPDATA Senddata() dos.wri-
            teUTF is " + ex.getMessage());
        }
        finally
        {
            try
            {
                dos.close();
                httpcon.close();
            }
            catch (Exception ex)
            {
                ex.printStackTrace();
                System.out.println("Close error in the UPDATA Senddata() close is "
                 + ex.getMessage());
            }
        }

    }

}
```

3. RFID 卡读写功能

在本方案中要充分考虑CL RC632的多协议功能，所设计的手持式检定系统要支持ISO14443和ISO15693两种协议的RFID卡。飞利浦公司的Mifare 1卡及其兼容卡S50都采用了ISO14443协议，该类型卡具有如下特性：

- 容量为8 kbit EEProm；
- 分为16个扇区，每个扇区为4块，每块16字节，以块为存取单位；
- 每个扇区有独立的一组密码及访问控制；
- 每张卡有唯一序列号，为32位；
- 具有防冲突机制，支持多卡操作；
- 无电源，自带天线，内含加密控制逻辑和通信逻辑电路；
- 工作温度：－20～50℃；
- 工作频率：13.56 MHz；
- 通信速率：106 kbps；
- 读写距离：可达10 mm(与读写器以及卡天线尺寸有关)；
- 数据保存期为10年，可改写10万次，读不限次。

M1卡分为16个扇区，每区有4块(块0～块3)，共64块，按块号编址为0～63。第0扇区的块0(即绝对地址块0)用于存放芯片商、卡商相关代码，已经固化不可更改。其他各扇区的块0、块1、块2为数据块，用于存储用户数据；块3为各扇区控制块，用于存放密码A、存取控制条件设置、密码B。各区控制块结构相同，控制块3如表7-4所列。

表7-4　控制块结构图

字节号	0 1 2 3 4 5	6 7 8 9	10 11 12 13 14 15
控制值	FF FF FF FF FF FF	FF 07 80 69	FF FF FF FF FF FF
说明	密码A(0～5字节)	存取控制(6～9字节)	密码B(10～15字节)

(1) M1卡控制属性

M1卡每个扇区的用户密码和存取控制条件都是独立设置的，可以根据实际需要设定各自的密码及存取控制。

在存取控制中，每个块都有3个控制位相对应，用以决定某数据块或控制块的读/写条件，定义为："CXxy"，如表7-5所列。其中，CX代表每块控制位号(C1～C3)，x代表某块所属扇区号(0～15)，y代表该扇区内某块号。例如，C1x2即为x扇区内块2的第1控制位，以此类推。3个控制位存放的位置如表7-6所列。

表7-5　控制位定义"CXxy"说明

块	控制位			说　明
块0	C1x0	C2x0	C3x0	用户数据块，说明(0区0块除外)
块1	C1x1	C2x1	C3x1	用户数据块
块2	C1x2	C2x2	C3x2	用户数据块
块3	C1x3	C2x3	C3x3	密匙存取控制块

表7-6　说明控制位存放在存取控制字节中位置

	bit 7	6	5	4	3	2	1	0
字节6	C2x3_b	C2x2_b	C2x1_b	C2x0_b	C2x3_b	C2x2_b	C2x1_b	C2x0_b
字节7	C1x3	C1x2	C1x1	C1x0	C1x3	C1x2	C1x1	C1x0
字节8	C3x3	C3x2	C3x1	C3x0	C3x3	C3x2	C3x1	C3x0
字节9	BX7	BX6	BX5	BX4	BX3	BX2	BX1	BX0
所属块	块3控制位	块2控制位	块1控制位	块0控制位	块3控制位	块2控制位	块1控制位	块0控制位

各扇区数据块0～块2的3个控制位以正反两种形式存在于块3的存取控制字节中，决定了该块的访问权限(例如进行减值及初始化值操作必须验证KEY A，进行加值操作必须验证KEY B等)。

3个控制位在存取控制字节(6～9字节)中的权限如表7-7所列(阴影区的存取控制为厂商初始值;字节9为备用字节,默认值为69,x=0～15扇区;y=块0,块1,块2)。

表7-7 数据块的存取控制权限

C1xy	C2xy	C3xy	读	写	加值	减值,初始化
0	0	0	KeyA|B	KeyA|B	KeyA|B	KeyA|B
0	1	0	KeyA|B	Never	Never	Never
1	0	0	KeyA|B	KeyB	Never	Never
1	0	0	KeyA|B	KeyB	KeyB	KeyA|B
0	0	1	KeyA|B	Never	Never	KeyA|B
0	1	1	KeyB	KeyB	Never	Never
1	0	1	KeyB	Never	Never	Never
1	1	1	Never	Never	Never	Never

注:表KeyA|B表示密码A或密码B,Never表示没有条件实现。

实际使用中如当对某区块的3个存取控制位C1xy、C2xy、C3xy为000时(厂商预设的初始值,见阴影区),验证密码A或密码B正确后可读出/可写入/可加值/减值及初始化操作。该初始值主要供制卡和发卡商检测芯片功能使用,确认所有读写/加密功能均正常后,再依据使用需要并参照表7-8和表7-9设置新的存取控制权限值,进行用户数据操作和修改新的用户密码。

再如当某区块0的存取控制位C10、C20、C30的设置均为100时,验证密码A或密码B正确后可读出其数据;只有验证密码B正确后才可允许改写数据;不能进行加值、减值等操作。以厂商初始值"FF 07 80 69"为例 说明存取控制条件对数据块的影响。初始存取控制默认值(C1x0,C2x0,C3x0=000;C1x1,C2x1,C3x1=000;C1x2,C2x2,C3x2=000;C1x3,C2x3,C3x3=001)和KeyA、KeyB默认值(由厂商提供,通常为:ffffffffffff)时,块3中厂商初始的存取控制值如表7-8所列。

表7-8 块3中厂商初始存取控制值(一号表示需要取反)

Bit#	7	6	5	4	3	2	1	0
字节6	1—	1—	1—	1—	1—	1—	1—	1—
字节7	0	0	0	0	0—	1—	1—	1—
字节8	1	0	0	0	0	0	0	0
	CXx3	CXx2	CXx1	CXx0	CXx3	CXx2	CXx1	CXx0

如果用户要读到块1的内容,则对照表7-8和表7-7可知;当存取控制C1x1,C2x1,C3x1=000时,则必需正确校验KEY A或KEY B后才可允许读取块1的内

容，否则，M1 卡读写器会因校验某区密码出错而无法读取和传送数据！以此类推，用户要进行其他操作时，可根据存取条件，对照表 7－9 来决定其操作权限。

表 7－9 列出了飞利浦公司对 M1 卡的 8 种控制位设置值所对应的存取控制权限表，供发卡商及用户设置 M1 卡使用权限时参考。

表 7－9 M1 卡 8 种控制位设置值所对应的存取控制权限表

控制位设置值			密码 A 权限		存取控制权限		密码 B 权限	
C1x3	C2x3	C3x3	读	写	读	写	读	写
0	0	0	Never	KeyA	KeyA	Never	KeyA	KeyA
0	1	0	Never	Never	KeyA	Never	KeyA	Never
1	0	0	Never	KeyB	KeyA|B	Never	Never	KeyB
1	1	0	Never	Never	KeyA|B	Never	Never	Never
0	0	1	Never	KeyA	KeyA	KeyA	KeyA	KeyA
0	1	1	Never	KeyB	KeyA|B	KeyB	Never	KeyB
1	0	1	Never	Never	KeyA|B	KeyB	Never	Never
1	1	1	Never	Never	KeyA|B	Never	Never	Never

(2) M1 卡编程实现

如图 7－7 所示，RFID 检定数据溯源前端系统采用的前后台的设计方式，即前台采用单片机 89C516RD 实现对 M1 卡的读写控制，按照华禹工控 RFID 命令集成用户手册的内容，将 RFID 检定数据溯源前端系统分成两部分设计，两部分的命令内容如下：

1) 单片机对卡的控制实现

ⓐ 单片机串口配置

➢ 波特率：115 200；

➢ 数据位：8；

➢ 奇偶校验：无；

➢ 停止位：1；

➢ 数据流控制：无。

ⓑ 命令行操作

命令行的基本格式为：

START(1) | LEN(2) | CMD(2) | SECTORNUM(1) | BLOCKNUM(1) | DATA(LEN－4) | CRC(4) | END(1)

➢ START：ASCII 码 0x02。

➢ LEN：等于命令行中 DATA 的长度加上 CRC 的长度，由命令类型决定。

➢ CMD：命令。

- SECTORNUM：扇区号，范围为：'0'～'F'。
- BLOCKNUM：块号，范围为：'0'～'3'；由命令类型决定。
- DATA：数据。每个字节对应两个字符。
- CRC：校验码，预留，为全 0。
- END：ASCII 码 0x03。

ⓒ 通用控制命令

- CQ 命令

作用：查询卡的某扇区某块是否可访问

命令行示例：

start＋04CQ10＋CRC(4 个字符，预留为 0)＋end 实际数据：

例：0230344351313130303003003

解释：查询卡的扇区 1 块 1 是否可访问。

02：前缀；

30 34：表示长度为 4；

43 51：表示命令为 CQ；(ASCII)

31 31：表示扇区和块号都是 1；

30 30 30 30：校验和为 0x0000；(预留)

03：后缀；

返回：

单片机收到命令后返回 ACK；

ACK 的值为{0x02,0x41,0x43,0x4B,0xFF,0x03}；

查询卡成功后返回：

02 30 36：表示长度为 6；

43 51：表示命令为 CQ

31 31：表示扇区和块号都是 1；

30 30：错误码为 0；表示寻卡成功；

30 30 30 30：校验码；

03

查询卡会一直查询直到成功。

- CR 命令

作用：读取卡的某扇区某块的内容。

命令行示例：

start＋04CR11＋CRC(4 个字符，预留为 0)＋end

实际数据：0230344352313130303003003

解释：读取卡的扇区 1 的块 1 的内容。

前缀：02

长度:30 34:表示长度为 0x04;

命令:43 52;表示命令为 CR

扇区号:31;表示扇区号为 1;

块号:31;表示块号为 1;

校验:30 30 30 30;表示校验值为 0x0000;校验未用;

后缀:03

返回:

单片机收到命令后返回 ACK;

ACK 的值为{0x02,0x41,0x43,0x4B,0xFF,0x03};

当读卡正确后返回:

02 32 34:表示长度为 0x24;

43 52 31 31:表示命令为 CR;扇区号和块号都是 1

30 30 30 30 30 30 30 30: 0x00 0x00 0x00 0x00 表示卡号为 0

30 30 30 30 30 30 30 30: 0x00 0x00 0x00 0x00 用户定义数据为 0

30 30 30 30 30 30 30 30: 0x00 0x00 0x00 0x00 未用

30 30 30 30 30 30 30 30: 0x00 0x00 0x00 0x00 未用 30 30 30 30 03

当读卡出现错误时返回:

02 30 36:表示长度为 6;(含错误码和校验和的长度)

43 52:表示命令为 CR

31 31:表示扇区和块号都是 1;

30 35:错误码为 5;表示读错误;

30 30 30 30:校验码;

03

➢ CW 写卡命令

作用:将 16 个字节的数据写入卡的扇区 1 块 1。

命令行示例:start＋24CW11＋数据(32 个字符对应 16 个字节)＋CRC(4 个字符,预留为 0)＋end

实际数据:

0232344357313130303030303030303030303030303030303030303030303130
303030303030303030303003

02 32 34:长度为 0x24(含数据区和校验码)

43 57:命令为 CW

31 31:扇区和块号都为 1

30 30 30 30 30 30 30 30: 0x00 0x00 0x00 0x00

30 30 30 30 30 30 30 30: 0x00 0x00 0x00 0x00

30 30 30 30 30 30 30 31: 0x00 0x00 0x00 0x01

30 30 30 30 30 30 30 30：0x00 0x00 0x00 0x00

以上为写入的 16 个字节的数据

30 30 30 30 03

解释:向卡的扇区 1 块 1 写入 16 字节的数据

返回:单片机收到命令后返回 ACK;

ACK 的值为{0x02,0x41,0x43,0x4B,0xFF,0x03};

当写卡成功后返回;

02 30 36:表示长度为 6;(含错误码和校验码)

43 57:表示命令为 CW

31 31:表示扇区和块号都是 1;

30 30:错误码为 0;表示写成功;

30 30 30 30:校验码;

03

当写卡失败后返回;

02 30 36:表示长度为 6;(含错误码和校验码)

43 57:表示命令为 CW

31 31:表示扇区和块号都是 1;

30 36:错误码为 6;表示写错误;

30 30 30 30:校验码;

03:后缀;

- CK ID 号查询命令

作用:查询卡的唯一 ID 号。

命令行示例:

start＋04CK10＋CRC(4 个字符,预留为 0)＋end 实际数据:

例:023034434B31313030303003

解释:查询卡的 32 位的唯一 ID 号;

02:前缀;

30 34:表示长度为 4;

43 4B:表示命令为 CK;(ASCII)

31 31:表示扇区和块号都是 1(预留);

30 30 30 30:校验和为 0x0000;(预留)

03:后缀;

返回:

单片机收到命令后返回 ACK;

ACK 的值为{0x02,0x41,0x43,0x4B,0xFF,0x03};

当查询到卡后,返回卡的唯一 ID 号。

02：前缀

30 43:0x43为ASCII码C,表示长度为12;

43 4B:表示命令为CK

31 31:表示扇区和块号都是1;(预留)

31 32 33 34 35 36 37 38:表示卡的唯一ID号为0x12345678

30 30 30 30:校验码;

03

➢ CL密匙导入命令

作用:导入密钥。

命令行示例:

start+12CL10+密码类型(2个字节)+密码(12个字节)+CRC(4个字符,预留为0)+end实际数据:

例:023132434C31313041313233343536373839414243303030303003

解释:查询卡的32位的唯一ID号;

02:前缀;

31 32:表示长度为0x12;

43 4C:表示命令为CL;(ASCII)

31 31:表示扇区和块号都是1(块号预留);

30 41:表示载入KeyA(如果载入KeyB,则为30 42)

31 32 33 34 35 36 37 38 39 41 42 43:表示keyA的密码为0x123456789ABC(0x41为ASCII码A)

30 30 30 30:校验和为0x0000;(预留)

03:后缀;

返回:

单片机收到命令后返回ACK表示导入密钥成功;

ACK的值为{0x02,0x41,0x43,0x4B,0xFF,0x03};

2) MTK6225后台对射频卡的控制实现

ⓐ RFID初始化

获取连接,设置端口号和其他串口通信的一些初始化工作。

```
ublic static ICommConnection m_conn = CommConnector.GetInstance();
static {
        m_conn.setPortNum(PlatformAttribute.COMM_PORT_1);
    }
m_conn.setBaudRate(CommConnector.BAUDRATE_115200);
m_conn.setBlocking(CommConnector.BLOCKING_OFF);
m_conn.setCts(CommConnector.CTS_OFF);          //Clear toSend
```

```
m_conn.setRts(CommConnector.RTS_OFF);          //Request to Send
```

打开连接，设置 RFID 输入流和输出流，打开电源，读写操作主要使用 IRfidConnection 连接对象，如 m_rfidConn。

```
try{
    m_conn.open();
    }catch(FalconmeException huayuE){
    System.out.println("initT comm open Fail:" + huayuE.getMessage());
    return ;
}

IRfidConnection m_rfidConn = RfidConnector.GetInstance();
//设置 RFID 的输入流和输出流
    m_rfidConn.Register(m_conn.getInputStream(),
            m_conn.getOutputStream());
    m_rfidConn.OpenPower();
```

使用结束后通常需要关闭电源，关闭连接，释放可用资源。

```
public static void close() {
        m_rfidConn.ClosePower();
    if (m_conn != null ) {
        try{
            m_conn.close();
            } catch (FalconmeException huayuE) {
      System.out.println("End comm Fail:" + huayuE.getMessage());
            return;
                }
                m_rfidConn = null;
            }
```

ⓑ 对射频卡的读写操作

对 ISO14443 卡的读写操作：

写操作使用连接类 void ISO14443A_ALL_Write(byte bMode, byte bModeAuthen, byte bBlock, byte[] bKey, byte[] bDataIn) throws HuayuException 方法，bDataIn 必需写入 16 字节数据，不能多也不能少，否则会抛出异常。

描述：

向卡中某一块的写入数据。

参数：

byte bMode:CARD_ALL 或 CARD_NOSLEEP

byte bModeAuthen：AUTH_KEY_A 或 AUTH_KEY_B

byte bBlock ：块号

byte[] bKey：密钥

byte[] bDataIn：写入卡中的数据；

返回值：

无

注意：

写卡失败将抛出异常。

```
byte[] bKey = {(byte)0xFF,(byte)0xFF,(byte)0xFF,(byte)0xFF,(byte)0xFF,(byte)0xFF};
byte[] datas = {1,2,3,4,5,6,7,8,9,0,1,2,3,4,5,6};
m_rfidConn.ISO14443A_ALL_Write(IRfidConnection.CARD_ALL,
                    IRfidConnection.AUTH_KEY_A,(byte)0x1, bKey, datas);
```


读操作使用连接类方法，byte[] ISO14443A_ALL_Read(byte bMode,byte bModeAuthen,byte bBlock,byte[] bKey) throws HuayuException，返回16字节数据。

描述：

读取卡中某一块的数据。

参数：

byte bMode：CARD_ALL 或 CARD_NOSLEEP

byte bModeAuthen：AUTH_KEY_A 或 AUTH_KEY_B

byte bBlock ：块号

byte[] bKey：密钥

返回值：

卡中指定块的16字节数据

注意：

读卡失败将抛出异常。

```
byte[] tmpBs = RFIDData.m_rfidConn.ISO14443A_ALL_Read(IRfidConnection.CARD_ALL,
                    IRfidConnection.AUTH_KEY_A, 0x1, bKey);
```

对ISO15693卡的读写操作：

与ISO14443类似，但要把连接配置成ISO15693模式才行，并且获取卡片ID号再进行读写操作，配置如下：

```
private byte [] getBUID() throws FalconmeException {
    m_rfidConn.ConfigISOType(IRfidConnection.ISOTYPE_ICODE); //配置 ISO15693 模式
        byte [] bUid = m_rfidConn.ISO15693_Inventorys();
        byte [] m_bUid = new byte [bUid.length - 1];
        for (int i = 0;i<m_bUid.length;i ++ ){
    m_bUid[i] = bUid[i + 1];
```

```
        }
        return m_bUid;
    }
```

写卡操作我们使用华禹 API 方法 void ISO15693_Write(byte bModel,byte[] bUid,byte bBlock,byte[] bDataIn) throws HuayuException,其实 bDataIn 必需是 4 个字节数据。

描述:

将数据写入 bUid 对应的卡中,从 bBlock 开始位置

返回值:

byte bModel:0x20;

byte[] bUid:UID 号;

byte bBlock:15693 卡绝对块号;

byte[] bDataIn:写入卡中的数据;

注意:

写卡失败则抛出异常。

代码如下:

```
byte[] m_bUid = getBUID();
byte[] dataIn = {1,2,3,4};
m_rfidConn.ISO15693_Write((byte)0x20, m_bUid, (byte)0x1, dataIn);
```

读卡操作使用方法如下,byte[] ISO15693_Read(byte bModel,byte[] bUid,byte bBlock,byte bNumber) throws HuayuException,返回读到的所有数据,此时可以对卡片多个块进行读取。

描述:

读取传入 UID 号对应的 15693 卡中从块号 bBlock 开始连续 bNnumber 块的数据参数:

byte bModel:0x20;

byte[] bUid:UID 号;

byte bBlock:15693 卡绝对块号;

byte bNumber:0 到 15;

返回值:

卡中的数据。

注意:

读卡成功返回卡中数据,失败则抛出异常。

代码如下:

```
byte[] m_bUid = getBUID();
```

```
byte[] bRead = RFIDData.m_rfidConn.ISO15693_Read((byte)0x20, m_bUid, (byte)0x1,
(byte)15);
```

结束语

采用 MTK6225 作为检定系统的手持终端应用,充分发挥了其无线应用的特点,前后台方案设计使得产品的使用性和可靠性大为增加,满足了行业需要。

第 8 章

车载电子的设计及实现

随着科技的进步,人们希望汽车不但是一种代步的交通工具,更希望其是生活及工作范围的一种延伸,在汽车上就像呆在自己的办公室和家里一样,可以收听广播、打电话、上互联网、处理工作。而数字技术的进步也使汽车已进入多媒体时代,如先进的通信、导航、防盗、语言识别、图像显示和娱乐等功能早已是汽车的可选配置了。所以在不久的将来,汽车就会配置自动导航和辅助驾驶系统。驾驶员可把行车的目的地输入到汽车电脑中,汽车就会沿着最佳行车路线行驶到达目的地,这也是人们对汽车智能化的期待。

本章在介绍一种车载电子设计的同时,也将简单介绍下汽车电子的发展。

8.1 汽车电子的发展及技术展望

汽车电子技术经过多年的发展已经成为汽车的必不可少的部件,目前主要分为下面两类:

1. 汽车电子控制装置

主要与车上机械系统配合来完成汽车的运行,主要有发动机、底盘、车身电子控制等,其中包括以下多个部件的控制:

- 电子燃油喷射系统;
- 制动防抱死控制;
- 防滑控制;
- 牵引力控制;
- 电子控制悬架;
- 电子控制自动变速器;
- 电子动力转向。

2. 车载汽车电子装置

这是在汽车环境下独立运行的电子设备,和汽车本身的性能并无直接关系。这类电子设备包括以下部件:

- 汽车信息系统(行车电脑);

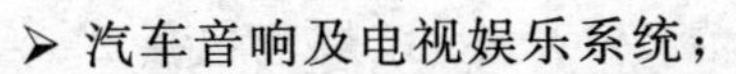

➢ 汽车音响及电视娱乐系统；

➢ 车载通信系统、上网设备等。

20世纪80年代以来，随着集成电路和单片机在汽车上的广泛应用，汽车上电子控制单元越来越多，例如电子燃油喷射装置、防抱死制动装置(ABS)、安全气囊装置、电控门窗装置和主动悬架等。在这种情况下如果仍采用常规的布线方式，即电线一端与开关相接，另一端与用电设备相通，将导致车上电线数目急剧增加，从而使电线的质量占整车质量的4%左右。另外，电控系统的增加虽然提高了轿车的动力性、经济性和舒适性，但随之增加的复杂电路也降低了车辆的可靠性，增加了维修的难度。由于汽车上的电子电器装置数量的急剧增多，为了减少连接导线的数量和重量，必须实现整车同一总线的内部互连，这刺激了网络、总线技术的大发展。这期间发展了众多的网络和总线技术如下：

➢ 控制区域网CAN-BUS、IDB-C和GMLAN SWC(用于动力总成控制)；

➢ 局部互联网络LIN(Local Interconnect Network)和J1850(用于车身控制)；

➢ 高速容错网络FlexRay和TTCAN(用于线控)；

➢ 媒体定向系统传输D2B或MOST(Media Oriented System Transport)；

➢ 与计算机网络兼容的蓝牙和无线局域网技术；

➢ Keyword2000和ISO 9141(用于诊断)。

上述的这些网络技术应用的侧重点不同，如汽车的应用是将车体和舒适性控制模块接到CAN总线上，再通过LIN总线进行外围设备控制，远程信息处理和多媒体连接采用的是D2B或MOST协议来实现，而FlexRay技术可使汽车成为百分之百的电控系统，不再需要后备机械系统的支持。

从以上的介绍也可以看出，没有一种网络技术能完全满足汽车未来的性能需求，因此汽车的网络应用还是采用多种协议并存，以实现汽车上的联网问题。

上述所介绍的车用网络技术中应用较多的是CAN总线。早在20世纪80年代，SAE车辆网络委员会就把汽车数据传输网分成了A、B、C这3类，其中面向高速、实时闭环控制的多路传输网，位速率在125 kbps～1 Mbps间，主要用于牵引控制、发动机控制、ABS；某些线控等系统的类别定义为C类，而CAN总线网络就属于该类。

1. 关于CAN总线

CAN(Controller Area Net也叫控制器局域网络)是德国Bosch公司和几个半导体公司在20世纪80年代初，为了解决现代汽车中众多的控制与测试仪器之间的数据交换而开发出的一种串行数据通信协议。它的短帧数据结构、非破坏性总线仲裁技术以及灵活的通信方式，同时具有很高的网络安全性、通信可靠性和实时性，简单实用，网络成本低，特别适用于汽车计算机控制系统和环境温度恶劣、电磁辐射强和振动大的工业环境。总体来说，汽车CAN总线的技术背景来源于工业现场总线和计算机局域网这类非常成熟的技术，具有很高的可靠性和抗干扰能力。

CAN经过多次修订，于1991年形成技术规范2.0版本，该规范包括2.0A和2.0B两部分，其中2.0A给出了报文标准格式，2.0B给出了报文标准和扩展两种格式，2.0B的推出是为满足美国汽车制造商对C类网络应用的需求。

1993年11月国际标准化组织(ISO)正式颁布了CAN国际标准ISO 11898，为CAN标准化、规范化推广铺平了道路。

2. CAN总线特点

CAN总线可有效支持分布式控制或实时控制，通信介质可以是双绞线、同轴电缆或光纤，主要特点是：

① CAN总线为多主方式工作，网络上各节点可在任意时刻主动向网络上的其他节点发送信息，不分主从，通信灵活，而且无需站址等节点信息。

② CAN总线采用独特的非破坏性总线仲裁技术。当多个节点同时向总线发送信息时，优先级较低的节点会主动退出发送，而优先级高的节点会不受影响地继续发送数据，从而大大节省了总线冲突仲裁时间，尤其是在网络负载很重的情况下也不会出现网络瘫痪的现象，满足了实时性要求。

③ CAN总线通过帧滤波即可实现点对点、一点对多点及全局广播等几种方式接收和发送传送数据，无需专门的调度。

④ CAN总线采用短帧结构，每帧有效字节数最多为8个，数据传输时间短，并有CRC及其他校验措施，数据出错率极低。

⑤ CAN总线上某一节点出现严重错误时，可自动脱离总线，而总线上的其他操作不受影响。

⑥ CAN总线系统扩充时，可直接将新节点挂在总线上，因而走线少，系统扩充容易，改型灵活。

⑦ CAN总线采用的是NRZ编码，最大传输速率可达1 Mbps(此时通信距离最长为40 m)，直接通信距离最远可达10 km(速率5 kbps以下)。

⑧ CAN总线上的节点数主要取决于总线驱动电路。在标准帧(11位报文标识符)可达110个，标识符可达2 032种(CAN2.0A)，而在扩展帧(29位报文标识符)其个数几乎不受限制(CAN2.0B)。

3. CAN总线应用现状

目前汽车上的网络连接方式采用了两条CAN的方式，具体如图8-1所示。

如图8-1所示，汽车上的CAN总线为驱动系统的高速CAN，传输速率为100 kbps，主要用来连接发动机控制器、ABS及AER控制器、安全气囊控制器、组合仪表等。而低速CAN主要用来连接中控门锁、防盗控制开关、电动车窗、后视经及车内照明等，高档车还会有第三条CAN，主要连接卫星导航及智能通信系统等。

低速和高速CAN总线通过一个网关连接，由于不同区域Canbus总线的速率和识别代号不同，因此一个信号要从一个总线进入到另一个总线区域，就必须改变它的

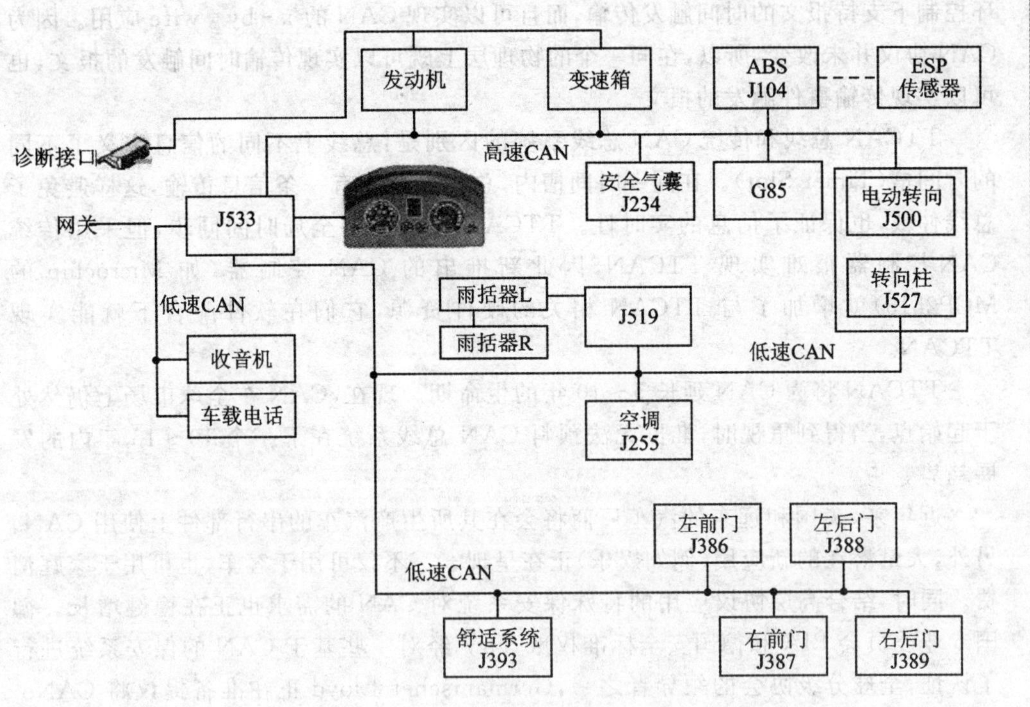

图8-1 汽车CAN网络连接原理图

识别信号和速率，从而能够让另一个系统接受，这个任务由网关(Gateway)来完成。另外，网关还具有改变信息优先级的功能。如车辆发生相撞事故，气囊控制单元会发出加速度传感器的信号，这个信号的优先级在驱动系统是非常高的，但转到舒适系统后，网关调低了它的优先级，因为它在舒适系统功能只是打开门和灯。

4. CAN总线发展趋势

CAN总线作为一种可靠的汽车计算机网络总线已开始在先进的汽车上得到应用，使得各汽车计算机控制单元能够通过CAN总线共享所有的信息和资源，达到简化布线、减少传感器数量、避免控制功能重复、提高系统可靠性和可维护性、降低成本、更好地匹配和协调各个控制系统的目的。这样使得汽车的动力性、操作稳定性、安全性都上升到新的高度，而新型的CAN总线——TTCAN则对CAN的特性有了更大的提升。

尽管CAN协议已经有15年的历史，但仍处在改进之中。从2000年开始，一个由数家公司组成的ISO任务组织定义了一种时间触发CAN报文传输的协议(TTCAN)，并计划在将来标准化为ISO11898—4。传统的CAN是基于事件触发的，信息传输时间的不确定性和优先级反转是它固有的缺点。为了满足汽车控制对实时性和传输消息密度不断增长的需要，改善CAN总线的实时性能非常必要，因此TTCAN的研发非常重要。目前这个CAN的扩展已在硅片上实现，不仅可实现闭环控制下支持报文的时间触发传输，而且可以实现 CAN 的 x-by-wire 应用。因为 CAN 协议并未改变，所以，在同一个的物理层上既可以实现传输时间触发的报文，也可以实现传输事件触发的报文。

TTCAN 总线和传统 CAN 总线系统的区别是：总线上不同的信息定义了不同的时间槽(Timer Slot)。在同一时间槽内，总线上只能有一条信息传输，这样避免了总线仲裁，也保证了信息的实时性。TTCAN 系统需要全局时间同步，但采用传统 CAN 控制器很难实现 TTCAN，因此新推出的 CAN 控制器(如 Microchip 的 MCP2515)就增加了与 TTCAN 相关的硬件资源，它们在软件配合下就能实现 TTCAN。

TTCAN 将为 CAN 延长 5～10 年的生命期。现在，CAN 在全球市场上仍然处于起始点，当得到重视时，谁也无法预料 CAN 总线系统在下一个 10～15 年内的发展趋势。

近年来，美国和远东的汽车厂商将会在其所生产汽车的串行部件上使用 CAN。另外，大量潜在的新应用(例如娱乐)正在呈现——不仅可用于客车，也可用于家庭消费。同时，结合高层协议应用的特殊保安系统对 CAN 的需求也正在稳健增长。德国专业委员会 BIA 和德国安全标准权威 TüV 经对一些基于 CAN 的保安系统进行了认证，全球分级协会的领导者之一，Germanischer Lloyd 正在准备提议将 CANopen 固件应用于海事运输。在其他事务中，规范定义可以通过自动切换将 CANopen 网络转换为冗余总线系统。

随着汽车电子技术的发展，具有高度灵活性、简单的扩展性、优良的抗干扰性和处理错误能力的 CAN 总线通信协议必将在汽车电控系统中得到更广泛的应用。

本章在介绍一种汽车电子设计及应用的同时也会探讨采用 CAN 总线联网的可能性。

8.2 车载电子设计

这里介绍的是采用 MTK6225 平台设计的一种带有 GPS 和 GSM 双重定位的针对卡车运行的多功能车载电子设备，该设备成功应用于东风柳州汽车有限公司的柳气重卡的销售情况、行车情况和司机信息，也是车载记录仪的部分功能实现。

以往手机上多为在语音通信领域的应用，当然现在的手机多媒体功能也十分强大，但是这种设备的应用也仅局限于个人的应用，能否扩展 MTK 手机的应用范围使它可以应用于汽车电子方面服务，华禹工控的 P1300 模块就适合汽车电子的应用，主要特点如下：

1) 强大的多媒体功能

- 2.8 英寸的触摸彩色 TFT LCM，320×240；
- MP3、MP4；

➤ 立体声喇叭；
➤ 支持蓝牙，支持 TF 卡(最大 4 GB)，U 盘；
➤ 128 Mb NorFlash，64 Mb SRAM；
➤ 128 MB Nand Flash；

2) 通信功能

支持 GPRS、通话、彩信、短消息。

3) 拍照功能

P1300 模块已经自带 30 万像素摄像头，根据业务的需求还可以选配 130 万像素摄像头。

4) 外部接口功能

支持串口，USB 接口，3.5 mm 标准耳机。

5) 扩展口功能

P1300 手机模块提供了 128 个外接的引脚(2.0 mm 插针)，音频接口、SD 卡、SIM 卡、接口电压、USB、串口、按键、Camera、ADC、GPIO、并口等全部引出。

用户的二次开发主要集中在设计一块可插入 128 脚的扩展槽中的电路板，该电路板的主要任务是集成用户的创意(如扩展 GPS、数据采集等)，以便实现 P1300 的主控管理。P1300 模块的具体介绍可以参看本书中的第 2 章。

在车载电子的设计中也考虑了汽车本身电子环境的特点，除了设备配备 2 500 mA 聚合物的大容量电池，可工作超过 30 天外，还配备 6～48 V 宽电压输入 5 V 输出车载充电，可直接连接车载电平进行充电。

华禹工控设计的车载电子应用主要是针对交通运输企业的汽车行车管理和司机信息管理，目前主要集中实现几个部分的功能：

1. 汽车行进途中的位置定位

一般的车载电子设备中都有 GPS 导航设备，但这种设备只是对开车司机的路线引导，对于需要跟踪司机的行车路线进行后台管理而言，这种设备不太适用，P1300 模块通过配合外接 GPS 模块可以实现行车路线定位信息的远传管理，具体原理如图 8-2 所示。

从图 8-2 可以了解到，P1300 组成的车载定位系统在一个外加的通信背板上集成了 GPS 模块；模块采用了 SKG16A1，这是一款有极高追踪灵敏度、超低功耗及轻巧体积的模块，大大扩大了其定位的覆盖面，非常适用于手持设备(如 PDA、手机、摄像机及其他移动定位系统的应用)，是车载应用的的理想选择，性能指标如下：

➤ 灵敏度：－160 dBm；
➤ 信号微弱时也能实现定位；
➤ 内置高增益 LNA；
➤ 低功耗：最大工作电流 5 mA；

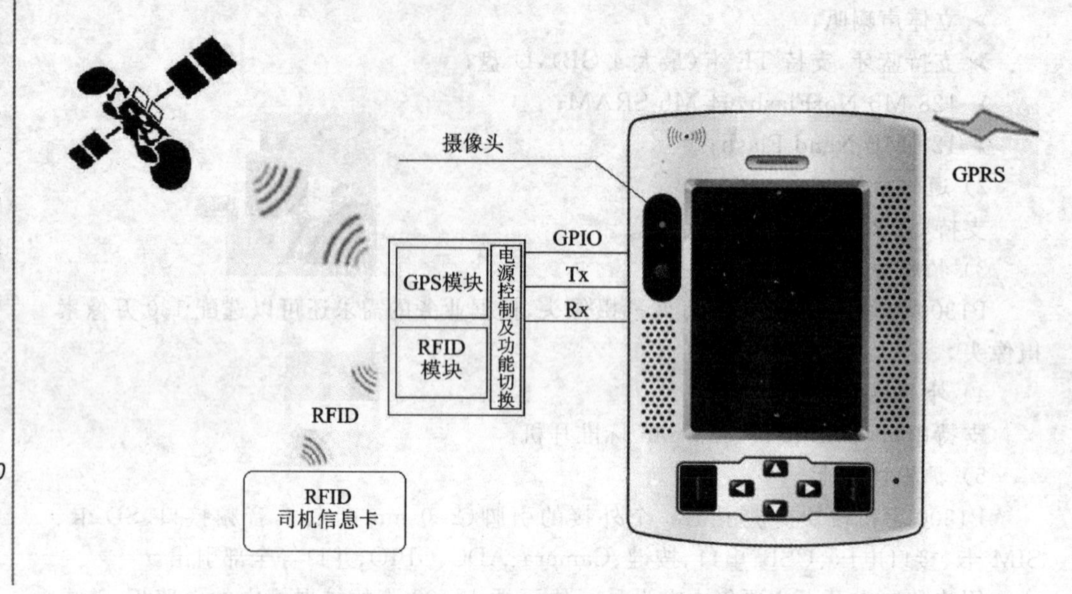

图 8－2　基于 P1300 模块的车载电子的原理图

➢ NMEA－0183 协议或客户定制协议(传输速度:4 800～115 200 bps);
➢ 35 个引脚的 SMD 封装;
➢ 串口工作,工作电压为 3.3 V。

SKG16A1 的应用设计也比较简单,图 8－3 为它的典型参考设计电路。

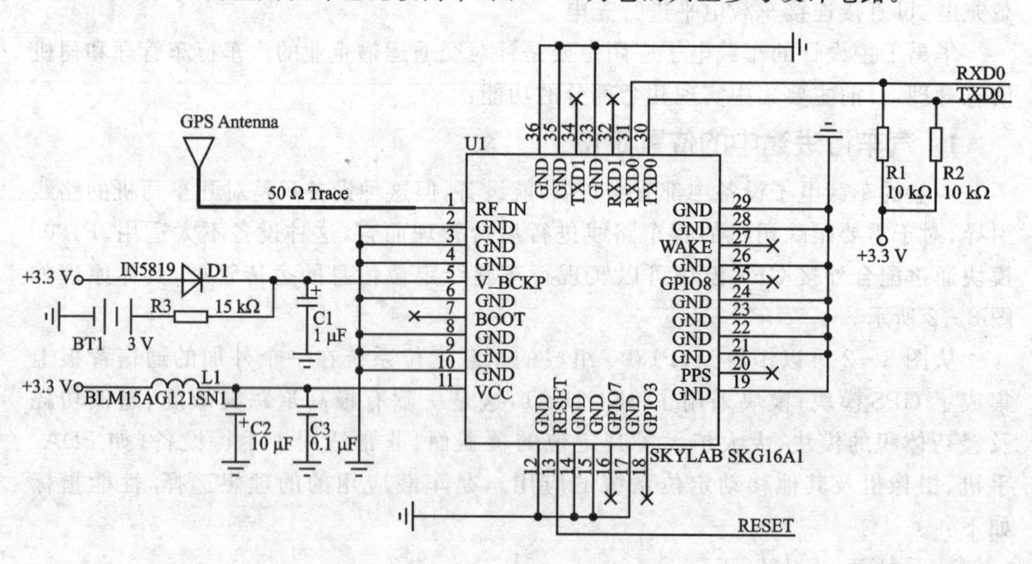

图 8－3　SKG16A1 参考设计电路

SKG16A1 采用基于 ASCII 码的 NMEA－0183 协议来显示定位信息(支持下列 NMEA－0183 信息:GGA、GLL、GSA、GSV、RMC、VTG、ZDA、DTM),该模块的默

认输出设置成支持 GGA、GSA、GSV、RMC 并且串口的默认波特率为 9 600 bps。

SKG16A1 的使用比较简单，主要是通过串口发送数据信息，而 P1300 通过串口接收到定位信息后将信息通过 GPRS 传送到后台，后台能在数字化地图上显示车辆的位置信息。

但 GPS 在使用过程也有缺陷，如在隧道等特殊场合会出现死角，无法定位。为避免这种情况出现，该系统在通过 GPS 定位的同时，也充分利用了手机的通信功能即通信基站定位方法，只要有手机信号就能定位。

2. 手机基站定位原理

手机基站定位服务又叫移动位置服务（LBS，Location Based Service），定位方法的基本原理是通过电信移动运营商的网络（如 GSM 网）获取移动终端用户的位置信息（经纬度坐标），在电子地图上标出被定位对象的位置技术或服务，这是利用了基站与手机的距离来确定手机位置的。与 GPS 定位不同的是它的精度很大程度依赖于基站的分布及覆盖范围的大小，有时误差会很高，所以通过 GPS 和基站定位的组合，以 GPS 为主，是能够减少定位盲区的一种较好的方法。

手机基站定位的过程是：移动电话测量不同基站的下行导频信号，得到不同基站下行导频的 TOA（Time of Arrival，到达时刻），根据该测量结果并结合基站的坐标，一般采用三角公式估计算法，从而计算出移动电话的位置。每个基站都有一个唯一的基站 id（cell id），手机启动入网后会有一块内存空间存储 cell id 的信息，同时还包括地区码、网络码等，通过程序可以读取这些信息，查找到数据库中映射的具体基站位置。

实际的位置估计算法需要考虑多基站（3 个或 3 个以上）定位的情况，因此算法要复杂很多。一般而言，移动台测量的基站数目越多，测量精度越高，定位性能改善越明显。

手机基站定位有如下特点：

① 要求覆盖率高：一方面要求覆盖的范围足够大，另一方面要求覆盖的范围包括室内。用户大部分时间是在室内使用该功能，于是高层建筑和地下设施必须保证覆盖到每个角落。手机定位根据覆盖率的范围，可以分为 3 种覆盖率的定位服务：在整个本地网、覆盖部分本地网和提供漫游网络服务类型。除了考虑覆盖率外，网络结构和动态变化的环境因素也可能使一个电信运营商无法保证在本地网络或漫游网络中的服务。

② 定位精度。手机定位应该根据用户服务需求的不同提供不同的精度服务，并可以提供给用户选择精度的权利。例如美国 FCC 推出的定位精度在 50 m 以内的概率为 67%，定位精度在 150 m 以内的概率为 95%。定位精度一方面与采用的定位技术有关，另外还要取决于提供业务的外部环境，包括无线电传播环境、基站的密度和地理位置以及定位所用设备等。

手机基站定位有以下一些常用方法：

1. 到达时间 TOA(Time of Arrival)定位

TOA 技术原理：先测量出从移动台发出的信号到达基站 i 的时间 t_i，那么就可以得到移动台与基站 i 之间的距离 $c_i = ct_i$（其中，c＝3×108 m/s，指电磁波在空气中的传播速度），于是，在利用到达时间进行定位的方法中，移动台位置坐标和定位基站位置坐标之间存在如下关系：

$$c_i = ct_i = \sqrt{(x-x_i)^2 + (y-y_i)^2}$$

可以看出，移动台的轨迹为一个以基站 i 为圆心，以它们之间的距离 c_i 为半径的圆，只要得到移动台发出的信号分别到达 3 个不同定位基站的时间，就能确定 3 个这样的圆，它们的交点就是移动台所在的位置，通过联立求解方程组就能得到移动台的位置坐标。TOA 技术要求定位基站在时间上精确同步，否则定位精度将大大降低。当基站间存在 1 μs 的误差时，距离上会产生 300 m 的误差。定位原理如图 8－4 所示。

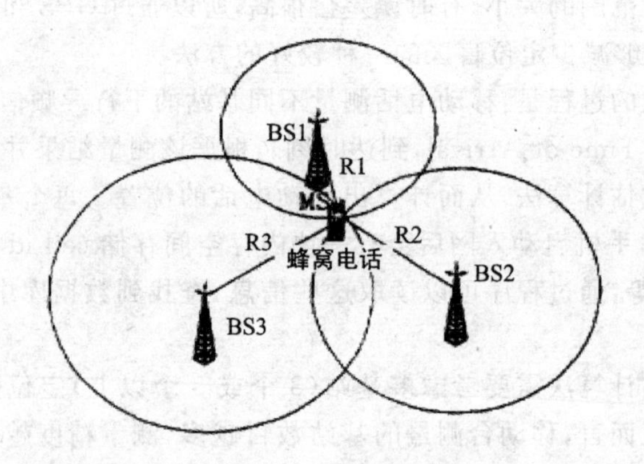

图 8－4　TOA 定位技术原理

2. 到达角 AOA(Angle of Arrival)定位

到达角方法也称为到达方向方法（DOA，Direction Of Arrival），简称 DOA/AOA 方法，是利用多天线阵元来测量移动台发出信号的到达角。一个 DOA 测量值使目标移动台的位置必然处于以该测得的 DOA 画出的一条直线上，如果从两处不同位置的天线上测得至少两个 DOA 值，那么目标移动台的位置就一定处于从这两个天线处发出的两条直线的交点上。通常情况下，利用多个测的 DOA 值来提供冗余信息可以达到提高定位精度的目的。图 8－5 显示了利用 3 个天线阵来对目标移动台进行定位的原理。

如图 8－5 所示，令移动台的位置为 (x, y)，第 i 个基站的位置为 (x_i, y_i)，基站通过阵列天线测出移动台来波信号的入射角 θ_i，则基站和移动台连线的直线方程可以写为：

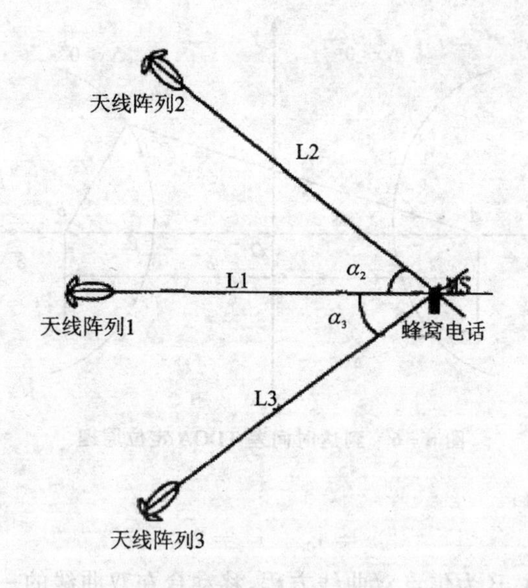

图 8－5　到达角 AOA(如 Angle of Arrival)定位原理

$$k_i = \tan \theta_i = \frac{y - y_i}{x - x_i}$$

通过两个或两个以上的基站就可得到一组方程组,交点即为待定移动台的位置。这种方法不会产生二义性,因为两条直线只能交于一点。

根据信号入射角度来定位(AOA)必须配备方向性强的天线阵列。接收端通过天线阵列测出基站电磁波的入射角度,就可以由两个位置已知的基站来精确定位。这种方法虽然定位精准,但由于需要硬件改动,从成本上考虑,用处不大。

3. 到达时间差 TDOA(Time Difference of Arrival)定位

到达时间差 TDOA 方法是通过测量目标移动台发出的信号到达多个接收基站的时间差来对目标移动台进行定位的方法,即各接收基站对来自同一移动台的信号测量到达时间 TOA,然后将各 TOA 值传送到定位处理中心,中心根据 TOA 求出各基站间的 TDOA 并计算出目标的位置坐标。到达时间差 TDOA 定位技术的基本原理是一组 TDOA 测量值确定一对双曲线,该双曲线以参与该 TDOA 测量的两个接收基站为焦点,需要定位的目标移动台就在这对双曲线的某一条分支上。因此,通过求由两组 TDAO 值确定的两对双曲线的交点就可以得到移动用户的精确位置,原理图如图 8－6 所示。

如图 8－6 所示,TDOA 的定位原理是:设基站 A、B 间距离为 b,$M(x,y)$为移动台的位置,移动台发射的信号到达 A、B 的时间分别为 t_a、t_b,由此得到同一信号到达两个基站的时间差为:

$$t^* = t_a - t_b$$

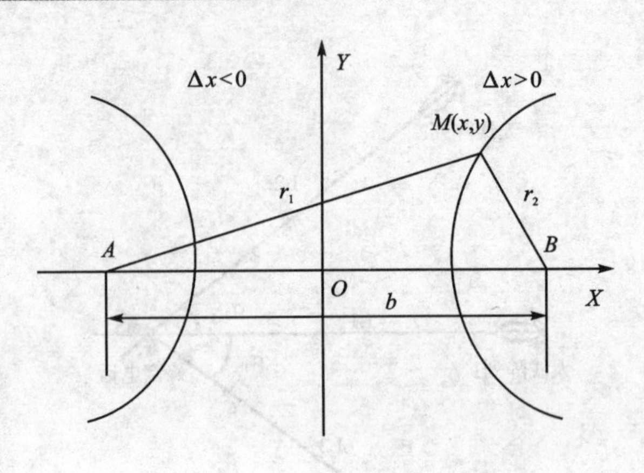

图 8-6 到达时间差 TDOA 定位原理

相应的距离差为：

$$r = r_1 - r_2 = ct^*$$

由此可列出以 A、B 为焦点双曲线方程，移动台在双曲线的一支上：

$$\frac{x^2}{r^2/4} - \frac{y^2}{(r^2 - b^2)/4} = 1$$

这是一个典型的双曲线方程，焦点为 A、B，并且确定了到达时间差为 Δt 的移动台位置 $M(x,y)$的轨迹。如果同时存在 3 个基站 A、B、C，目标移动台在同一时刻发出的信号到达这 3 个基站的时间分别为 t_a、t_b、t_c，这样就可以获得两个时间差：$t_1^* = t_a - t_b$，$t_2^* = t_a - t_c$。于是可以确定两组双曲线方程，联立求解两组双曲线的交点即为目标移动台所在位置 $M(x,y)$。

4. 增强观测时间差定位 E-OTD

E-OTD 定位方法也是利用对信号传播时间差的估计来计算移动台位置的方法，与 TDOA 方法不同的是，E-OTD 使用下行链路信号来估计两个或多个基站到达移动台的时间差，由移动台测量得到的基站间信号的到达时间差称为移动台观测时间差(OTD)。当基站完全同步时，假设信号都是沿着直射路径到达移动台，根据 OTD 就可以估计出两个基站与移动台距离的差值。完全由于两个基站与移动台距离的差值引起的时间差称为地理位置时间差(GTD)，此时 OTD＝GTD。当基站间无法实现精确同步时，两个基站间的时钟差(RTD)就会给 OTD 带来附加的时延差，此时 GTD＝OTD－RTD。当获得 3 个以上基站相互间的 RTD 和 OTD 后，就可以利用双曲线定位方法求出移动台的位置。这一点和到达时间差 TDOA 方法完全相同。

以上介绍的几种定位方法一般都需要运营商的配合，或者运营商提供收费服务的方式来实现定位服务，还有一种就是采用 Google Mobile Maps API 来获取定位信息的方法，这是采用的免费的定位服务。

5. Google 地图基站定位

装过 Google Mobile Maps 用户都知道，在装入该软件的手机上只要能用 GPRS 上网，无论是否有 GPS 定位功能，都可以实现定位，当然定位精度较 GPS 有一定差距。

Google 地图定位采用的是用手机读取基站编号，并将该编号通过 GPRS 用 API 传给 Google 地图，并在数据库中查找该基站对应的经纬度，最后再把经纬度数据传给管理后台，管理后台在数字化地图上即可显示该车辆的活动轨迹。

在上述 Google 地图定位中需要手机采集并上传这样的数据内容，比如：

MCC:460;MNC:01;LAC:7198:CELLID:24989，这里各简写字母所代表的含意如下：

- MCC(Mobile Country Code)：移动用户所属国家代号，国内是 460；
- MNC(Mobile Network Code)：移动网号码，移动是 01；
- LAC(Location Area Code)：地区区域码；
- CELLID(Cell Tower ID)：移动基站的编号。

这些信息的意义就在于可以知道手机用户是在哪个国家、哪个区域、哪个基站接入移动网络的，通过手机相关的 API 函数获取这些信息后，再把这些信息通过 Google 现成的 API(Secret API)"http://www.google.com/glm/mmap"调用，即可返回基站的经纬度(Latitude/Longitud)，这就完成了汽车行驶过程中的位置定位。

下面是一个获取基站相关信息和通过 Google 获取基站经纬度的参考例子：

```
import javax.microedition.lcdui.Command;
import javax.microedition.lcdui.CommandListener;
import javax.microedition.lcdui.Display;
import javax.microedition.lcdui.Displayable;
import javax.microedition.lcdui.Form;
import javax.microedition.midlet.MIDlet;
import javax.microedition.midlet.MIDletStateChangeException;

public class GetIMEIAndCellId extends MIDlet implements CommandListener {
    private Command exitCommand = new Command("exit", Command.EXIT, 1);
    Form form = new Form("imei and cellid");
    Display display = null;
    public GetIMEIAndCellId()
    {
        display = Display.getDisplay(this);
    }
    protected void destroyApp(boolean arg0)
    {
    }
```

```
protected void pauseApp()
{
}
protected void startApp()
throws MIDletStateChangeException
{
    //获取系统信息
    String info = ystem.getProperty("microedition.platform");
    //获取到 imei 号码
    String imei = "";
    //cellid
    String cellid = "";
    //lac
    String lac = "";
    //获取索爱机子的信息
    // #if polish.vendor == Sony - Ericsson
    imei = System.getProperty("com.sonyericsson.imei");
    cellid = System.getProperty("com.sonyericsson.net.cellid");
    lac = System.getProperty("com.sonyericsson.net.lac");
    //获取 NOKIA 机子的信息
    // #else if polish.vendor == Nokia
    imei = System.getProperty("phone.imei");
    if (imei == null || "".equals(imei)) {
        imei = System.getProperty("com.nokia.IMEI");
    }
    if (imei == null || "".equals(imei)) {
        imei = System.getProperty("com.nokia.mid.imei");
    }

    //获取 cellid
    // #if polish.group == Series60
    cellid = System.getProperty("com.nokia.mid.cellid");
    // #else if polish.group == Series40
    cellid = System.getProperty("Cell - ID");
    // #endif
    // #else if polish.vendor == Siemens
    imei = System.getProperty("com.siemens.imei");
    // #else if polish.vendor == Motorola
    imei = System.getProperty("com.motorola.IMEI");
        cellid = System.getProperty("CellID");
    // #else if polish.vendor == Samsung
    imei = System.getProperty("com.samsung.imei");
```

```
        // #endif
        if (imei == null || "".equals(imei)) {
            imei = System.getProperty("IMEI");
        }
        //显示基站信息
        form.append("platforminfo:" + info);
        form.append("imei:" + imei);
        form.append("cellid:" + cellid);
        form.setCommandListener(this);
        form.addCommand(exitCommand);
        display.setCurrent(form);
    }
    public void commandAction(Command cmd, Displayable item)
    {
        if (cmd == exitCommand) {
            destroyApp(false);
            notifyDestroyed();
        }
    }
}

mport java.io.BufferedReader;
import java.io.InputStreamReader;
import java.net.HttpURLConnection;
import java.net.URL;

/**
 * Java利用CellID LAC调用Google接口获取经纬度例子
 */
public class GoogleJson {
    /**
     * Google的官方例子
     */
private String getJson() {
    String json = "{ "
            + "\"version\": \"1.1.0\", "
            + "\"host\": \"maps.google.com\","
            + "\"home_mobile_country_code\": 460, "
            + "\"home_mobile_network_code\": 00, "
            + "\"radio_type\": \"gsm\", "
            + "\"carrier\": \"Vodafone\","
            + "\"request_address\": true, "
```

```
                + "\"address_language\": \"zh_CN\", "
                + "\"cell_towers\": [ "+ "{" + "\"cell_id\": 4912,"
                + "\"location_area_code\": 20516,"
                + "\"mobile_country_code\": 460, "
                + "\"mobile_network_code\": 00, " + "\"age\": 0, "
                + "\"signal_strength\": - 60, " + "\"timing_advance\": 5555 "
                + "}"
                // + ", " + "{ " + "\"cell_id\": 88, "
                // + "\"location_area_code\": 415, "
                // + "\"mobile_country_code\": 310, "
                // + "\"mobile_network_code\": 580, " + "\"age\": 0, "
            // + "\"signal_strength\": - 70, " + "\"timing_advance\": 7777 "
                // + "}"
                + "]"
                //            + ", " + "\"wifi_towers\": [ " + "{"
                //       + "\"mac_address\": \"00:18:39:f4:29:01\", "
                //    + "\"signal_strength\": 8, " + "\"age\": 0" + " }"
                //        //", " + "{ "
                //      // + " \"mac_address\": \"01 - 23 - 45 - 67 - 89 - ac\", "
                //      // + " \"signal_strength\": 4, " + " \"age\": 0 " + "}"
                //           + "] "
                + "}";
        return json;
    }

    public static void main(String args[]) {

        GoogleJson test = new GoogleJson();
        URL url = null;
        HttpURLConnection conn = null;
        try {
            url = new URL("http://www.google.com/loc/json");
            conn = (HttpURLConnection) url.openConnection();
            conn.setDoOutput(true);
            conn.setRequestMethod("POST");

            String json = test.getJson();
            System.out.println(json);

            conn.getOutputStream().write(json.getBytes());
            conn.getOutputStream().flush();
            conn.getOutputStream().close();
```

```
            int code = conn.getResponseCode();
            System.out.println("code " + code);
            BufferedReader in = new BufferedReader(new InputStreamReader(conn
                    .getInputStream()));
            String inputLine;
            inputLine = in.readLine();
            System.out.println(inputLine);
            in.close();
            // 解析结果
            // JSONObject result = new JSONObject(inputLine);
            // JSONObject location = result.getJSONObject("location");
            // JSONObject address = location.getJSONObject("address");

            // System.out.println("city = " + address.getString("city"));
            // System.out.println("region = " + address.getString("region"));

        } catch (Exception e) {
            e.printStackTrace();
        } finally {
            if (conn! = null)
                conn.disconnect();
        }
    }

}
```

3. 开车司机的身份确认

如何监控汽车在行车途中驾驶人员的身份，本车载电子采用了 RFID 识别方式。如图 8-2 所示，在汽车启动、行车途中、停止或司机交接时，要先刷卡(司机卡)进行身份验证，验证信息会通过 GPRS 上传服务器进行确认并保留，如司机将司机卡遗失要尽快通知公司进行注销，确保一卡一人制。

RFID 在 MTK 手机平台的应用已经非常成熟，在众多的产品方案中都有提供，如公交车刷卡系统、会议系统，在原理上都是采用 RFID 的读写卡芯片与 89C516RD+单片机组成的射频卡读写控制单元，单片机再与 P1300 后台管理系统通过 UART 连接，实现对 RFID 卡的信息读写管理，典型参考电路如图 8-7 所示。

图 8-7 所采用的 RFID 芯片是 MF RC500/MF RC531。MF RC500 是应用于 13.56 MHz 非接触式通信中高集成射频识别系统中的一员，该系统利用先进的调制和解调概念，完全集成了在 13.56 MHz 下所有类型的被动非接触式通信方式和协议。MF RC500 支持 ISO14443A 所有的层，内部发送器部分不需要增加有源电路就能够直接驱动近操作距离的天线(距离可达 100 mm)；接收器部分提供一个坚固有

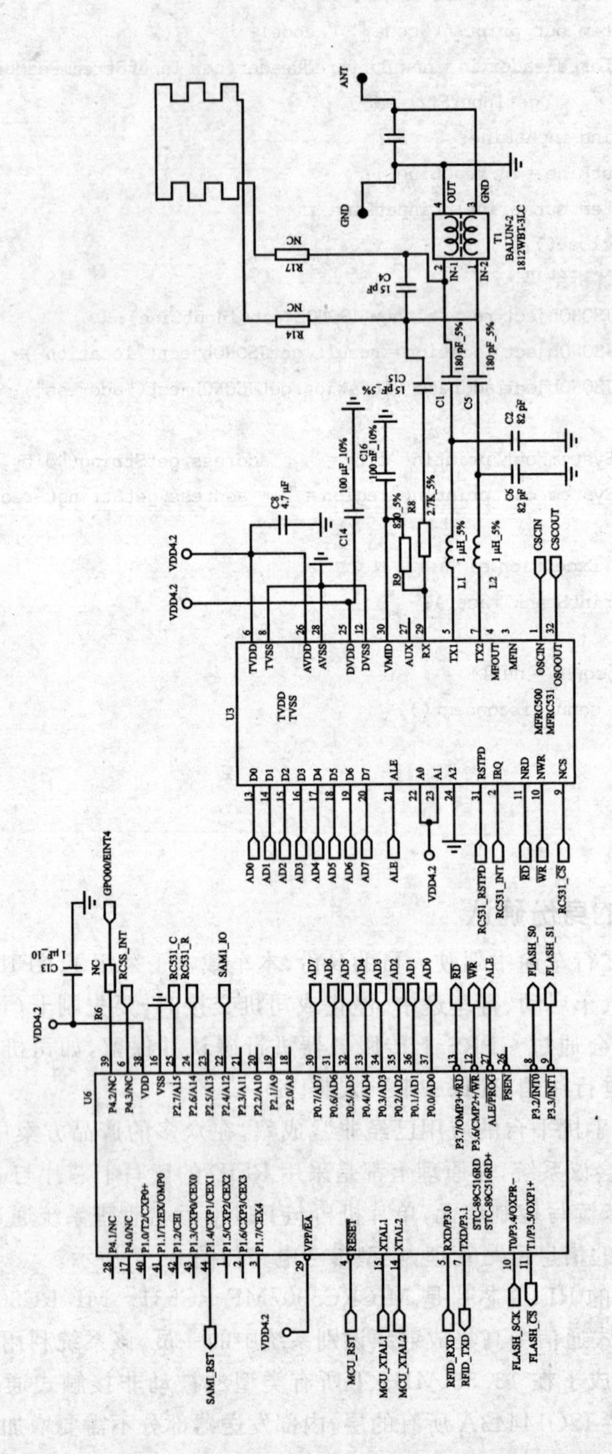

图 8-7　RFID读写及控制电路

效的解调和解码电路，用于ISO14443兼容的应答器信号；数字部分处理ISO14443A帧和错误检测(奇偶与CRC)。此外，它还支持快速CRYPTO1加密算法，用于验证Mifare卡系列产品；方便的并行接口可直接连接到任何8位微处理器，为读卡器或终端的设计提供了极大的灵活性。

MF RC531是MF RC500的升级方案，同时引脚与MF RC500兼容，支持ISO/IEC14443A/B的所有层、MIFARE经典协议以及与该标准兼容的标准，支持高速MIFARE非接触式通信波特率。

4. 司机开车途中的状态确认

如何监控司机在开车途中的精神状态，本系统采用了定时拍照的功能，并将拍照数据通过GPRS上传到后台服务器备份存档，保证司机在行车过程中没有出现瞌睡或醉酒驾车，降低交通事故的发生。

P1300模块本身自带一个30万像素摄像头，当然也可以根据需要选择130万像素的摄像头，模块本身也开放了摄像头接口电路。

状态确认功能主要是实现定时拍照和GPRS上传的软件设计。状态确认还可以将监测的范围扩充，比如是否醉架的酒精监测。由于P1300开放了所有的I/O接口，也可以通过UART方案连接相关传感器，当然监测的准确性还需要结合拍照等功能一起判别确认。

这里介绍的摄像头可以采用欧姆尼图像技术公司(OmniVision)所生产的OV7690彩色CMOS VGA(640×480)图像传感器，该传感器的器内部结构如图8-8所示。

OV7690是一款CMOS图像传感器，作为一种新型固体图像传感器，由于采用了CMOS工艺，因此可以将像素阵列与驱动电路、信号处理电路等集成在同一块芯片上。而且，现在越来越多的CMOS图像传感器芯片将A/D集成进去，因此除了模拟视频输出外，还可直接输出数字视频信号和同步信号。这样，利用CMOS图像传感器构成图像采集系统时，传统图像采集卡的A/D、同步分离等电路就没有必要了，而仅须设计适当的接口电路即可。为了很好地控制和使用该类传感器，欧姆尼图像技术公司定义和配置了一种串行成像控制总线SCCB(Serial Camera Control Bus)；它是一种3线串行总线，可以控制大多数OV公司的CMOS图像传感器，通过串行成像控制总线SCCB接口提供图像的全帧采样、窗口采样，并且可以完全由用户来控制图像质量、格式和输出数据流。所有的图像处理功能包括曝光控制、gamma、白平衡、色彩饱和度、色调控制等均可通过SCCB接口编程实现。

SCCB是和I^2C相同的协议，SIO_C和SIO_D分别为SCCB总线的时钟线和数据线，目前，SCCB总线通信协议只支持100 kbps或400 kbps的传输速度，并且支持两种地址形式：

① 从设备地址(ID Address，8 bit)分为读地址和写地址，高7位用于选中芯片，第0位是读/写控制位(R/W)，决定是对该芯片进行读或写操作。

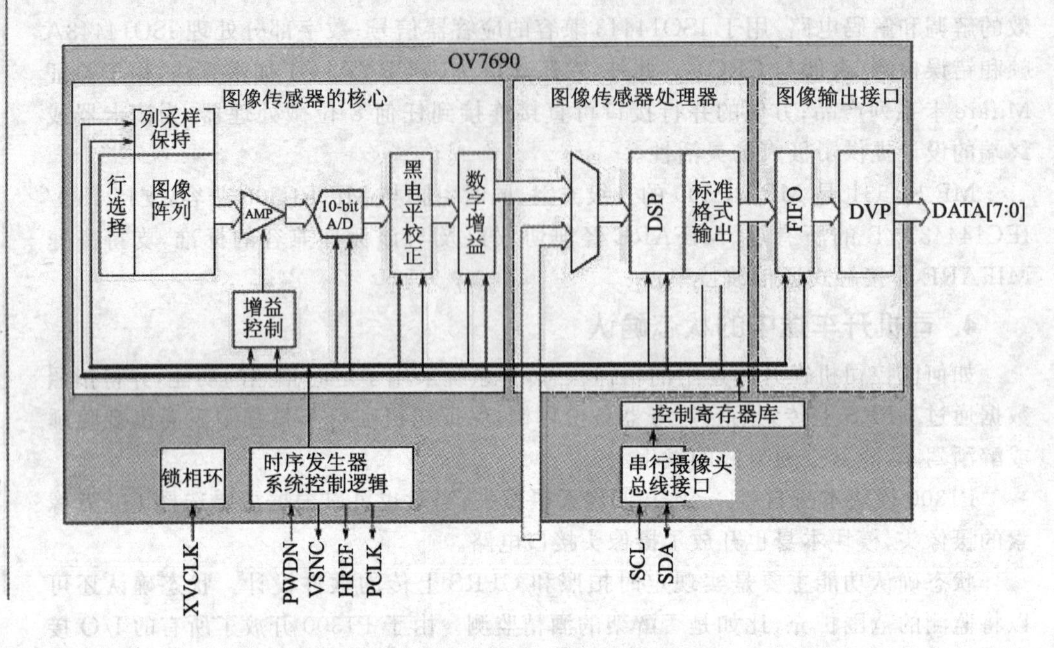

图 8-8 OV7690 内部功能结构图

② 内部寄存器单元地址(Sub_ Address,8bit)用于决定对内部的哪个寄存器单元进行操作,通常还支持地址单元连续的多字节顺序读写操作。

SCCB 控制总线功能的实现完全是依靠 SIO_C、SIO_D 两条总线上电平的状态以及两者之间的相互配合实现的。以 OV7690 为例说明 SCCB 总线传输的启动和停止条件过程:采用简单的三相(Phase)写数据的方式,即在写寄存器的过程中先发送 OV7690 的 ID 地址(ID Address),然后发送写数据的目地寄存器地址(Sub_ address),最后发送要写入的数据(Write Data);如果给连续的寄存器写数据,写完一个寄存器后,OV7690 会自动把寄存器地址加 1,程序可继续向下写,而不需要再次输入 ID 地址,从而三相写数据变为了两相写数据。由于本系统只需对有限个不连续寄存器进行配置,如果采用对全部寄存器都加以配置这一方法的话,则会浪费很多时间和资源,所以只对需要更改数据的寄存器进行写数据。对于每一个须更改的寄存器,都采用三相写数据的方法。

在本系统的方案设计中,华禹公司也提供了以 JAVA 程序完成的拍照例子,用户根据自己的情况适当增删部分即可,拍照及数据上传样例供参考:

(1) 网络连接 JAVA 程序

```
mport java.io.IOException;
import java.io.InputStream;
import javax.microedition.io.Connector;
import javax.microedition.io.HttpConnection;
import javax.microedition.lcdui.Command;
```

```
import javax.microedition.lcdui.CommandListener;
import javax.microedition.lcdui.Display;
import javax.microedition.lcdui.Displayable;
import javax.microedition.lcdui.Form;
import javax.microedition.lcdui.Image;
import javax.microedition.lcdui.StringItem;
import javax.microedition.midlet.MIDlet;

public class HttpDemoMid extends MIDlet implements CommandListener, Runnable {
    public static final byte WAIT = 0; //等待
    public static final byte CONNECT = 1; //连接中
    public static final byte SUCCESS = 2; //成功
    public static final byte FAIL = 3; //失败
    int state; //当前状态
    Display display = Display.getDisplay(this);
    Form form = new Form("HttpTest");
    boolean cmnet = true; //接入点为 cmnet 还是 cmwap
    StringBuffer sb = new StringBuffer("当前接入方式为:CMNET\n");
    StringItem si = new StringItem(null, sb.toString());
    Command connect = new Command("联网", Command.OK, 1);
    Command change = new Command("改变接入点方式", Command.OK, 2);
    Command exit = new Command("退出", Command.EXIT, 1);

    HttpConnection http;

    String host = "www.huayusoft.com";
    String path = "/images/logo.gif";
    Thread m_tConnect;
    public HttpDemoMid() {

        state = WAIT; //等待状态
        form.append(si);
        form.addCommand(connect);
        form.addCommand(change);
        form.addCommand(exit);
        form.setCommandListener(this);
    }
    protected void destroyApp(boolean b) {
    }
    protected void pauseApp() {
    }
```

```
protected void startApp() {
    display.setCurrent(form);
}

public void commandAction(Command c, Displayable d) {
    if (c == change) { //改变接入点
        if (isConnect())
            return;
        cmnet = !cmnet;
        form.deleteAll();
        sb.delete(0, sb.length());
        addStr("当前接入方式为:" + (cmnet ? "CMNET" : "CMWAP"));
        form.append(si);
    } else if (c == connect) {
      //联网
        if (isConnect())
            return;
        m_tConnect = new Thread(this);
        m_tConnect.start();
    } else if (c == exit) {
      //退出
        destroyApp(true);
        notifyDestroyed();
    } /*
      * else if (c == kill) { if (m_tConnect! = null) {
      * m_tConnect.interrupt(); } }
      */
}

public void run() {
    form.deleteAll();
    sb.delete(0, sb.length());
    addStr("当前接入方式为:" + (cmnet ? "CMNET" : "CMWAP"));
    form.append(si);
    state = CONNECT;
    addStr("网络连接中...");
    InputStream is = null;
    try {

        String url = null;
        url = cmnet ? ("http://" + host + path)
        : ("http://10.0.0.172:80" + path);
```

```
http = (HttpConnection) Connector.open(url, Connector.READ_WRITE,
true);
if (!cmnet)
    http.setRequestProperty("X - Online - Host", host);
http.setRequestMethod(HttpConnection.GET);
String contentType = http.getHeaderField("Content - Type");
System.out.println(contentType);
addStr(contentType);
if (contentType! = null
&& contentType.indexOf("text/vnd.wap.wml")! = - 1) {
    //过滤移动资费页面
    addStr("移动资费页面,过滤!");
    http.close();
    http = null;
    http = (HttpConnection) Connector.open(url,
    Connector.READ_WRITE, true);
    if (!cmnet)
        http.setRequestProperty("X - Online - Host", host);
    http.setRequestMethod(HttpConnection.GET);
    contentType = http.getHeaderField("Content - Type");
}
addStr("Content - Type = " + contentType);
int code = http.getResponseCode();
addStr("HTTP Code :" + code);
if (code == 200) {
    addStr("网络联网成功,接收数据...");
    is = http.openInputStream();
    Image image = Image.createImage(is);
    addStr("数据接收完毕,显示图片");
    form.append(image);
    state = SUCCESS;
    return;
} else {
    addStr("访问页面失败");
}
} catch (IOException e) {
    addStr("联网发生异常:" + e.toString());
    e.printStackTrace();
} catch (Exception e) {
    addStr("发生异常:" + e.toString());
    e.printStackTrace();
} finally {
```

```
        if (is! = null) {
            try {
                is.close();
            } catch (IOException e) {
                e.printStackTrace(); }
            is = null;
        }
        if (http! = null)
            try {
                http.close();
            } catch (IOException e) {
                e.printStackTrace();
            }
        http = null;
    }
    state = FAIL;
}
/**
 * 判断是否正在连接
 * @return
 */
private boolean isConnect() {
    if (state == CONNECT) {
        addStr("网络连接中,请稍候...");
        return true;
    }
    return false;
}

private void addStr(String str) {
    sb.append(str + "\n");
    si.setText(sb.toString());
}
}
```


(2) 拍照 JAVA 程序

```
package com.iwt57.camera;
import java.io.IOException;
import javax.microedition.lcdui.Canvas;
import javax.microedition.lcdui.Graphics;
import javax.microedition.media.Manager;
import javax.microedition.media.MediaException;
```

```
import javax.microedition.media.Player;
import javax.microedition.media.control.VideoControl;
import com.iwt57.util.UPDATA;

public class CameraScreen extends Canvas {
    private Player player = null;
    private VideoControl videoControl = null;
    private String url = "http://www.meter-gl.com/RfidCard/Upload";
        public CameraScreen() {

    }

    protected void paint(Graphics g) {
    }

    //开始拍照并上传数据
    public void capture() {
        try {
            byte[] snap = videoControl.getSnapshot("encoding=jpeg");

            if (snap!=null) {
                //构造上传工具类
                UPDATA upload = new UPDATA(url);
                upload.uploadFile(snap);

                //测试,保存到本地
                /*
                String root = "file:///root1/test.jpeg";
                FileConnection fc = null;
                try {
                    fc = (FileConnection) Connector.open(root);
                    System.out.println("fileisExist:" + fc.exists());
                    if (!fc.exists()){
                        //若文件不存在,创建文件
                        fc.create();
                    }
                    OutputStream os = fc.openOutputStream(); //打开输出流
                    os.write(snap); //将图片的二进制数组写入
                    os.close();
                } catch (IOException e1) {
                    e1.printStackTrace();
                }  */
```

```
        }
    } catch (Exception e) {
        e.printStackTrace();
    }
}

/ * *
 * 拍照并且上传数据
 * @param addMsg
 * @return
 * /
public String capture(String addMsg) {
    String returnMsg = "";
            try {
        byte[] snap = videoControl.getSnapshot("encoding = jpeg");

        if (snap! = null) {
            UPDATA upload = new UPDATA(url);
            upload.uploadFile(snap);
        }
    } catch (Exception e) {
        e.printStackTrace();
    }

    return returnMsg;
}

//打开摄像头
public synchronized void start() {
    try {
        player = Manager.createPlayer("capture://video");
        player.realize();
        videoControl = (VideoControl)player.getControl("VideoControl");
        if(videoControl == null) {
            discardPlayer();
            player = null;
        }
        else {
            videoControl.initDisplayMode(VideoControl.USE_DIRECT_VIDEO,
                    this);
            player.prefetch();
```

```
                player.start();
                videoControl.setVisible(false);
            }
        } catch (IOException ioe) {
            discardPlayer();
        } catch (MediaException me) {

        } catch (SecurityException se) {

        }

    }

    public synchronized void stop() {
        if(player! = null) {
            try {
                videoControl.setVisible(false);
                player.stop();
            } catch (MediaException me) {

            }
        }
    }

    public synchronized void discardPlayer() {
            if (player! = null) {
            player.deallocate();
            player.close();
            player = null;
        }
        videoControl = null;
    }
}
```

通过以上JAVA程序可以对拍照流程及上传设计有个大体了解。目前由CMOS图像传感器构成的“单芯片成像系统”(Camera on Chip)已在包括视频图像获取和数字化、视频会议、可视电话、视频电子邮件、多媒体应用、数字相机等诸多领域有了广泛的应用和发展潜力。

8.3 基于CAN总线的第二代车载电子的设计

目前第一代的车载系统还是作为一个单独的应用来实现相关功能，考虑到目前车辆电子化和自动化程度的提高，车辆上的ECU日益增多，使得大量的信息需要共享。以往很多ECU信息根据特定的显示和控制做了很多过滤，使得能够被显示的信息有限，而有些信息却要到了临界报警状态才会有提示；同时对于远程监控平台来说，对车辆ECU的信息也是了解较少。所以在第二代车载系统的相关设计应用中，除了在第一代车载电子实现的功能外，还考虑了采用CAN总线的连接方式，以实现车辆上各类ECU信息的采集和显示，满足远程对车辆状况的监控，以实现车辆的安全行驶。

在实现CAN总线连接方案的设计中，采用最多的就是J1939通信协议设计方案。

8.3.1　SAE J1939协议规范

SAE J1939协议是美国汽车工程师协会(SAE)在CAN2.0B协议基础上制定的重型货车和客车网络通信协议，是目前汽车电子网络中应用最广泛的应用层协议之一。该协议使用多路复用技术为车辆各传感器、执行器和控制器提供建立在CAN总线基础上的标准化高速网络连接，在不同的ECU间实现高速数据共享，以有效减少连线数量并提高车辆电子控制系统的灵活性、可靠性、可维修性。

J1939是允许任何ECU在总线空闲时在网络上发送报文的CAN协议，每个报文都包含定义报文优先级发送者、包含的数据内容的标识符。由于在发送标识符时执行了仲裁过程，使用非破坏性仲裁策略就避免了发生冲突，这就允许高优先级报文在较低的延迟时间内通过。因为尽管所有ECU的网络访问优先级是相等的，但当多个ECU同时尝试发送报文时，最高优先权的报文会取得总线访问权。

1. J1939报文的格式和用法

J1939在CAN协议中定义了29位标识符。CAN扩展帧的网络定义如图8-9所示。J1939/21也允许在相同的网络中使用有11位标识符，采用CAN标准帧的设备将这类设备的所有报文定义为私有格式，允许这两种设备在网络中无冲突地共存。

11位标识符的定义不是J1939的直接部分，但J1939也包含了它的定义，以确保可以与29位标识符无冲突地在相同的网络上共存。J1939不提供关于使用11位标识符的更多定义。如图8-9所示的29位标识符的头3个位用于确定仲裁过程中的报文优先级，值000表示最高优先级，高优先级的报文典型用于高速控制报文，例如从变速箱发送到引擎的扭矩控制报文可参考J1939/71；低优先级报文用于进行非实时的数据传输，例如引擎配置报文。因为优先级对于所有报文类型来说都是可编程的，因此OEM在必要时可以进行网络调整。

图8-9的标识符头3位接下来的一个位(R)是保留位，这个位在发送的报文中应设置为0，它默认允许SAE委员会以后将它定义为其他用途。(R)标识符接下来的是数据页面DP位和PDU格式(PF)场，PDU表示协议数据单元即报文格式，DP位用作页选择符，页0包含当前被定义的所有报文。页0被分配完后页1能提供额

CAN扩展帧格式	SOF	标识符(11位)											SRR	IDE	扩展标识符(18位)																		RTR	…
J1939帧格式	SOF	优先级			R	DP	PDU格式(PF) 6位(MSB)						SRR	IDE	PF (CONT)		专用PDU(PS) (目标地址,组扩展或私有)								源地址								RTR	…
		3	2	1			8	7	6	5	4	3			2	1	8	7	6	5	4	3	2	1	8	7	6	5	4	3	2	1		
J1939帧的位位置	1	2	3	4	5	6	7	8	9	10	11	12	13	14	15	16	17	18	19	20	21	22	23	24	25	26	27	28	29	30	31	32	33	
CAN29位ID的位置		28	27	26	25	24	23	22	21	20	19	18			17	16	15	14	13	12	11	10	9	8	7	6	5	4	3	2	1	0		

图 8－9　J1939 标识符定义

外的扩展能力，PF 场标识了能被发送两种 PDU 格式的其中一种，SSR 和 IDE 位完全由 CAN 定义和控制。

标识符接下来的 8 位是专用 PDU(PS)，表示它们由 PF 的值决定。如果 PF 的值在 0～239(PDU1)之间，PS 场包含的是目标地址。如果 PF 场在 240～255 之间(PDU2)，PS 场包含的是 PDU 格式的组扩展(GE)，组扩展包含了一个大型的值集，以识别被广播到网络上所有 ECU 的报文。

J1939 上大多数报文都使用 PDU2 格式广播，使用 PDU2 格式在网络上发送的数据不能被发送到特定的目标。当必须将报文发送到特定的 ECU 时，它必须在 PDU1 格式的数值范围内分配一个 PGN，这样特定的目标地址可以包含在报文的标识符内。例如变速箱请求引擎或减速器的一个特定扭距值，当首次定义参数组并由 SAE 委员会发表时，必须考虑是否要求目标地址(详见 J1939/21)。

总的来说，保留位、数据页面、PF 和 PS 值定义了被发送的 PG，这些 PG 的定义包含了在每个报文的 8 字节数据场内的参数分配以及传输重复速率、优先级，这里使用参数组这个术语是因为它们是成组的专用参数。参数组用唯一标识各个参数组的参数组号码(PGN)识别，PGN 结构允许在每页中定义最多 8 672 个不同的参数组，参数组和参数组号码都在 J1939/21 中介绍。

标识符的最后 8 位包含发送报文的 ECU 地址源地址，在给定的网络中每个地址必须是唯一的(可使用 254 个)，两个不同的 ECU 不能同时使用相同的地址，PGN 与源地址无关，因此所有 ECU 可以发送任何报文。

2. J1939 通信方式

J1939 有 3 种主要的通信方式，恰当地使用各种方式可以有效地使用提供的参数组号码。这 3 种通信方式是：

- 使用 PDU1 的指定目标地址通信 PF，值是 0～239，包括全局目标地址 255；
- 使用 PDU2 的广播通信 PF，值是 240～255；
- 使用 PDU1 和 PDU2 格式的私有通信。

各种通信方式都有各自的用途。在报文必须发送到一个或另一个指定的目标地址而不是这两个目标地址时，则需要指定目标地址的参数组号码 J1939。当前定义了一个发送到引擎或减速器的扭矩控制报文，在有超过一个引擎的情况下，报文必须只能发送到要求的引擎，因此它需要并已被分配了指定目标地址的参数组号码。

广播通信在以下几种情况下使用：

➢ 从一个或多个信源向一个目标发送报文；

➢ 从一个或多个信源向多个目标发送报文。

广播通信不能在报文只发送到一个或另一个目标地址而不是这两个目标地址的情况下使用J1939的第三种通信方式。私有通信由使用两种私有的参数组号码实现，它分配了一种参数组号码，用于广播私有通信；另一种用于指定目标地址的私有通信。这样它就具有了两种功能：一是某个信源可以用PDU2类型格式广播发送它的私有报文，二是它允许服务工具发送它的通信到不确定的ECU组中的某个目标。例如当引擎有一个以上控制器时就会发生这种情况，但服务工具必须在所有ECU连接到相同的网络时能执行校准重新编程功能，在这种情况下需要为私有协议指定目标。注意，所有目标ECU必须能正确解释私有数据。

私有通信在不需要有标准化的通信以及通信私有信息更重要的情况下非常有用。

3. J1939报文发送和接收

除了图8-9所示的29位标识符外，CAN数据帧还包含6位的控制场、典型为8字节的数据场（以CRC终止）、ACK和EOF场。要发送一个特定的数据项，报文必须由正确填充的这些场构成。这由首次引用可应用的J1939文档完成。这个过程将定义使用的参数组号码（PGN）、报文更新（传输率）和默认的优先级。由于多个数据项典型地被封装在一个报文中，因此它也定义了数据场格式。注意：当ECU没有为指定的参数提供数据时，它会将那些位设置为“不可用”，这样接收器就知道没有提供数据。有超过8字节数据的参数组必须使用在J1939/21的3.10节定义的传输协议功能，将参数组作为多包报文发送。

J1939在报文的接收上按照下列规定处理：

➢ 如果是一个指定目标的请求或命令，ECU必须确定它自己的地址与输入报文的目标地址之间是否存在地址匹配情况，如果地址匹配则必须处理报文并提供某种类型的应答。

➢ 如果报文是全局请求 那么所有ECU包括报文发送者都必须处理报文而且在数据可用时响应。

➢ 如果是广播报文，每个ECU必须确定报文是否与自己相关。

4. 车辆网络通信协议设计

按照SAE J1939协议，车辆网络通信设计包括以下几方面内容：

➢ 物理层与SAEJI939-11兼容；

➢ 数据链路层与SAE J1939-21兼容；

➢ 网络层与SAE J1939-31兼容；

➢ 应用层与SAE J1939-71兼容；

➢ 应用层诊断与 SAE J1939－73 兼容；

➢ 网络管理层与 SAE J1939－81 兼容。

(1) 物理层

物理层实现网络上所有 ECU 的电气连接。物理介质采用特征阻抗为 120 Ω 的屏蔽双绞线，CAN_H 为黄色，CAN_L 为绿色。网段尽可能使用线性拓扑结构，其波特率为 250 kbps。网段干线两端均以 120 Ω 电阻做终端匹配。ECU 使用短支线与网段干线连接，在网段中采用不相等布置以防止产生驻波。

位时间内实现同步、网络延时补偿及采样点位置确定等总线管理功能，其段组成如图 8－10 所示。同步是相位缓冲段 1 加长或相位缓冲段 2 缩短，其上限为同步跳转带宽（SJW）。采样点尽量位于（但不超过）位时间的 7/8，能实现传播延迟和时钟误差最佳折中。时钟频率为 16 MHz 时，推荐分频因子＝4、SJW＝ltq、TSEGl＝13tq、TSEG2＝2tq（tq 为时钟周期）。

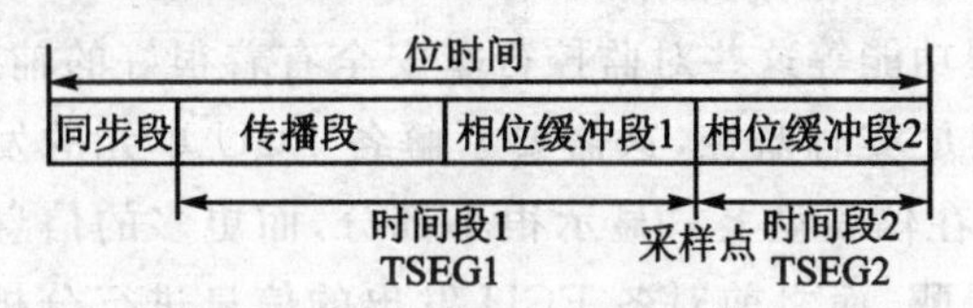

图 8－10 位时间段组成

(2) 数据链路层

数据链路层在物理层之上提供了可靠的数据传输功能，实现了应用层报文的数据交换。通过数据链路层的组织，实现了发送数据帧必须具有的同步、顺序控制、错误控制和流控制等功能。

数据链路层通过协议数据单元（PDU）组织数据帧中的协议相关信息。PDU 由数据帧中 29 位 ID 和 0～8 字节数据场组成，其数据结构如图 8－11 所示。P 场决定报文优先级；R 位保留；DP 位是数据页位；PF 场决定 PDU 格式（PDUl 或 PDU2）；PS 场为 PDU 细节，由 PF 场决定是目标地址 DA 还是对 PF 的组扩展 GE；SA 为源地址。

J1939 PDU						
P	R	DP	PF	PS	SA	… 数据场
3	1	1	8	8	8	0~64

图 8－11 PDU 数据结构

数据链路层提供的报文有命令报文、请求报文、广播/响应报文、应答报文及组功能报文。此外，数据链路层还实现了传输协议功能，用于将大于 8 字节报文进行打包重组、连接管理，分为广播公告的 BAM 协议和点对点会话的 RTS/CTS 协议。

(3) 网络层

网络层定义了为不同网段间提供互联功能的设备需求和服务。当多个网段存在时需要网络互联 ECU，其功能包括报文转发、报文过滤、报文地址转换、报文重组及数据库管理。网络层功能对于特定ECU来说是可选的，网络中仅信息交互ECU用到网络层功能。

(4) 应用层

应用层定义了针对车辆应用的信号(参数)和报文(参数组)。应用层通过参数描述信号，给每个参数分配了一个19位的可疑参数编号(SPN)；通过参数组描述报文，给每个参数组分配了一个24位的参数组编号(PGN)。SPN用来标识与ECU相关的故障诊断元素、部件或参数组中参数；PGN用来唯一标识一个特定参数组。除已分配的参数和参数组外，用户还可通过分配未使用的SPN给自定义参数和定义专有报文对应用层进行补充。

8.3.2 基于CAN总线车载电子设计实现

第一代车载电子功能还是非常丰富的，如多媒体功能、GPS/GPRS双定位功能、RFID功能、拍照提醒功能等这些对监控行车安全有着很好的辅助作用，但对于车量状况的监控还无法满足实时监控，这需要了解各ECU单元的发送信息。以往很多ECU信息经过过滤，在仪表盘上只显示很小部分，而更多的信息往往是达到了报警限值时通过报警来提醒，而之前对各ECU发出的信息进行分析和监控还是缺少手段。为此，在改进后的第二带车载电子设备增加了CAN总线接口来收集各种ECU信息并显示；同时，通过GPRS远程将收集各种ECU信息远传到后台服务器系统，以便后台及时了解和监控各车辆车况的信息，这是减少车辆故障、保证行使安全的一种新的技术手段和发展趋势。

基于CAN总线的第二代车载电子在第一代功能的基础上做了一些变化，具体如图8-12所示。

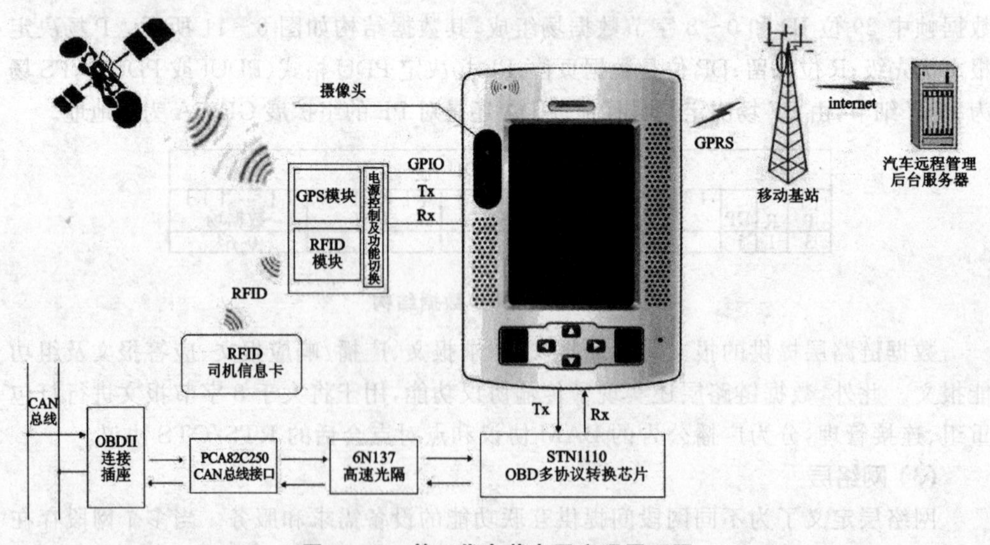

图8-12 第二代车载电子实现原理图

图 8-12 中系统 CAN 总线连接设计由以下几个部分组成：

(1) STN1110 多协议 OBD 串口转换器

STN1110 是一款支持多种汽车通信标准的 OBD 串口转换器，内置了一个 16 位处理速度为 40 MIPS 的 PIC24HJ128GP502 处理器，比目前市场上广泛应用的 ELM327 性能有更大的提高。表 8-1 为 STN1110 与 ELM327 性能对比。

表 8-1 STN1110 与 ELM327 性能比较

主要特点	ELM327 V1.4	STN1110
内置处理器	PIC18F2580	PIC24HJ128GP502
处理器总线架构	8位	16位
处理器速度	4 MIPS	40 MIPS
Flash (ROM)	32 KB	128 KB
RAM	1.5 KB	8 KB
引脚数量	28脚	28脚
封装方式	PDIP,SOIC	PDIP, SOIC, QFN
工作电压	4.5～5.5 V	3.0～3.6 V
支持 OBD-II 所有协议	是	是
支持 ELM327 "AT"命令	是	是
增强"ST"命令支持	否	是
固件可否升级	否	是
内置 OBD 大信息缓冲	否	是
睡眠模式	有	有
串口速率	9 600～500 kbps	38 bps～10 Mbps
OBD 信息过滤功能	基本	高级

从表 8-1 可看出 STN1110 同时还兼容 ELM327 相关特性，如 AT 命令、强大的功能保证了 OBD 多种协议的实时转换、支持 ECU 数据的采集、实现了通过 UART 方式向后台传送数据，具有如下特点：

➢ 全兼容 ELM327 的 AT 命令集；

➢ 扩展了 ST 命令集；

➢ 实现了 38 bps～10 Mbps 串口数据传输；

➢ 内置容易固件升级的启动引导系统(Bootloader)；

➢ 支持已正式执行的 OBD-II 协议，如：

- ISO15765—4(CAN)；
- ISO14230—4 (Keyword Protocol 2000)；

- ISO9141—2（亚洲，欧洲，克莱斯勒汽车常用）；
- SAEJ1850 VPW（通用汽车）；
- SAEJ1850 PWM（福特汽车）。

➢ 也支持的其他 OBD 协议，如：

- ISO 15765；
- ISO 11898（raw CAN）；
- SAE J1939 OBD protocol；
- 自带汽车协议检测算法。

➢ RoHS 标准认证。

它采用了 28 脚的 DIP 封装或 QFN 封装。QFN 封装的 STN1110 外型如图 8－13 所示。

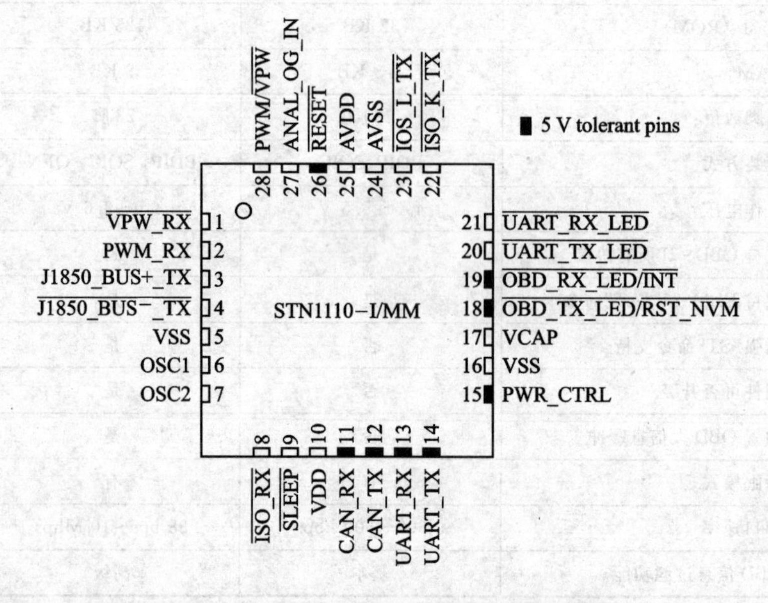

图 8－13　STN1110OBD 串口转换器的外型图

(2) 光电隔离电路

光电隔离元件实现了主机与 CAN 总线之间的物理隔离，对系统的安全性提供了保障，系统中采用了 6N137 高速光隔实现输入/输出。

(3) PCA82C250 接口

PCA82C250 是 CAN 协议控制器和物理总线的接口，主要是为汽车中高速通信（高达 1 Mbps）应用而设计。此器件对总线提供差动发送能力，对 CAN 控制器提供差动接收能力，完全符合 ISO11898 标准。

对 CAN 控制器提供差动接收能力，具有如下特点：

➢ 完全符合 ISO11898 标准；

- ➢ 高速率(最高达1 Mbps)；
- ➢ 具有抗汽车环境中的瞬间干扰，保护总线能力；
- ➢ 斜率控制，降低射频干扰(RFI)；
- ➢ 差分接收器，抗宽范围的共模干扰，抗电磁干扰(EMI)；
- ➢ 热保护；
- ➢ 防止电池和地之间的发生短路；
- ➢ 低电流待机模式；
- ➢ 未上电的节点对总线无影响；
- ➢ 可连接110个节点。

该CAN总线接口内部原理图如图8-14所示。

双列直插芯片PCA82C250的引脚定义如表8-2所列。

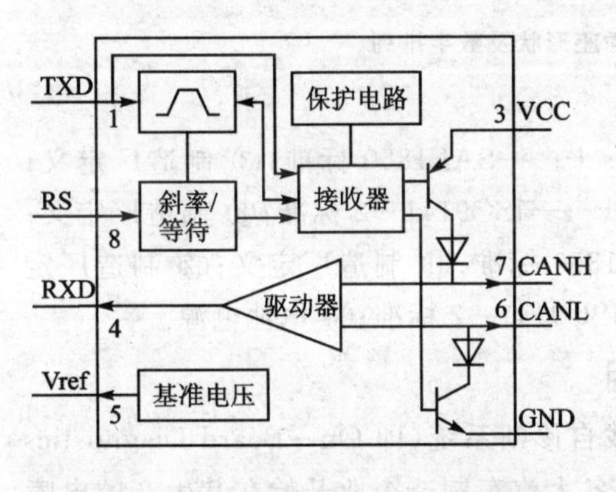

图8-14　PCA82C250 CAN总线接口

表8-2　双列直插芯片PCA82C250的引脚定义

符　号	引　脚	功能描述
TXD	1	发送数据输入
GND	2	地
VCC	3	电源电压
RXD	4	接收数据输出
Vref	5	参考电压输出
CANL	6	低电平CAN电压输入/输出
CANH	7	高电平CAN电压输入/输出
RS	8	斜率电阻输入

注：引脚RS允许选择3种不同的工作模式：高速、待机、斜率控制。

1) 高速模式

在高速工作模式下，发送器输出级晶体管将以尽可能快的速度打开、关闭。在这种模式下，不采取任何措施用于限制上升斜率和下降斜率。建议使用屏蔽电缆以避免射频干扰RFI问题。通过把引脚8接地可选择高速模式。

2) 斜率控制

对于较低速度或较短总线长度，可使用非屏蔽双绞线或平行线作为总线。为降低射频干扰RFI，应限制上升斜率和下降斜率。上升斜率和下降斜率可通过由引脚8接至地的连接电阻进行控制。斜率正比于引脚8的电流输出。

3) 待　机

如果高电平被接至引脚8，则电路进入低电流待机模式。在这种模式下，发送器关闭，而接收器转至低电流。若在总线上检测到显性位(差动总线电压＞0.9 V)，

RXD将变为低电平。微控制器应将收发器转回至正常工作状态(通过引脚8),以对此信号做出响应。由于处在待机方式下,接收器是慢速的,因此,第一个报文将被丢失。

(4) OBD连接插座

在与CAN总线的连接上,采用了OBD常用的16针的连接插座。该插座形状及数字排列如图8-15所示。

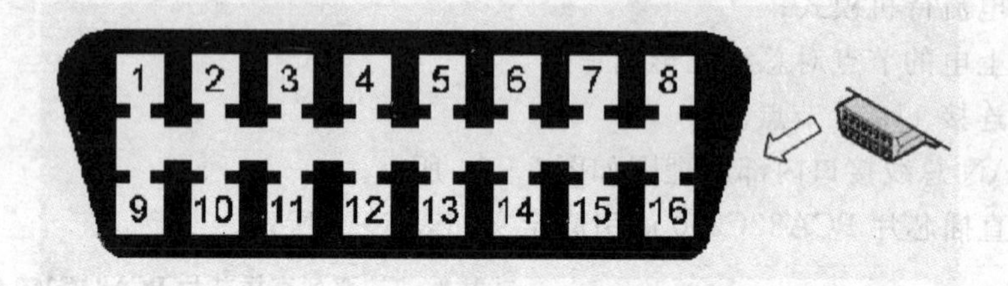

图8-15 OBD连接插座形状及数字排列

上述OBD连接插座引脚定义如下:

① 制造厂定义;② 数据传输 J1850Bus+——SAE1850标准;③ 制造厂定义;④ 接地线;⑤ 信号地线;⑥ CANH;⑦ K线——ISO9141—2标准;⑧ 制造厂定义;⑨ 制造厂定义;⑩ 数据传输 Bus——SAE1850标准;⑪ 制造厂定义;⑫ 制造厂定义;⑬ 制造厂定义;⑭ CANL;⑮ L线——ISO9141—2标准;⑯ 电池电源。

1. OBD II 诊断系统的特点及作用

目前生产的汽车基本都装有OBD车载自诊断系统(即On-Board Diagnostics的缩写),从20世纪80年代起,美、日、欧等各大汽车制造企业开始在其生产的电喷汽车上配备OBD,初期的OBD没有自检功能。比OBD更先进的OBD-II在20世纪90年代中期产生,美国汽车工程师协会(SAE)制定了一套标准规范,要求各汽车制造企业按照OBD-II的标准提供统一的诊断模式,20世纪90年末期进入北美市场的汽车都按照新标准设置OBD。

OBD-II与以前的所有车载自诊断系统不同之处在于有严格的排放针对性,其实质性能就是监测汽车排放。当汽车排放的一氧化碳(CO)、碳氢化合物(HC)、氮氧化合物(NOx)或燃油蒸发污染量超过设定的标准,故障灯就会点亮报警;当系统出现故障时,故障(MIL)灯或检查发动机(Check Engine)警告灯亮,同时动力总成控制模块(PCM)将故障信息存入存储器,通过一定的程序可以将故障码从PCM中读出。根据故障码的提示,维修人员能迅速准确地确定故障的性质和部位。

在OBD-II实施对汽车行业有以下几个方面的促进:

(1) 维修的便捷性

OBD II系统使得汽车故障诊断简单而统一,维修人员不需专门学习每一个厂家的新系统,可以说,OBD II给维修人员的诊断检修工作带来了空前的便利,任一技师可以使用同一个诊断仪器诊断任何根据标准生产的汽车。OBD II 成熟的功能之一是当系统点亮故障灯时，可以记录下全部传感器和驱动器的数据，最大程度地满足诊断维修的需要。面对各国日益严格的汽车排放法规，OBD II 监视排放控制系统效率的目标是：随着汽车运行中效率的降低，根据联邦测试步骤，当汽车排放水平已达到新车排放标准的 1.5 倍时，点亮故障灯并存储故障码。此外，OBD II 还要求配置某些附加的传感器硬件，例如附加的加热氧传感器装在催化转换器排气的下游。采用更精密曲轴或凸轮轴位置传感器，以便更精确地检测是否缺火，全部车型配置一个新的 16 针诊断接口。这样一来，计算机的能力大大提高，不仅能够跟踪部件的损坏，而且满足了汽车排放的严格限制。

(2) OBD－II 标准的统一规范化

OBD II 程序的设计要求避免系统之间的混淆，这不仅要求使用标准的 16 针诊断接口，还要使用特定的编码及在制造商的文件中对部件的说明，使得以下几方面的统一和标准化：

① 通用术语和缩写词。例如，为计算机提供曲轴位置和转速信息的装置称为曲轴位置传感器，缩写均为“CKP”，计算机统一都称为“PCM”。

② 通用数据诊断接口。每车都装有一个标准形状和尺寸的 16 针诊断接口，每针的信号分配相同，并位于相同的位置，装在仪表盘之下，在仪表盘的左边与汽车中心线右 300 mm 之间的某处。应当注意的是，诊断接口的某些端子，指定为特定的信号。而其他端子则可让制造商使用，或在当前型号的车上尚未使用。

③ 通用诊断测试模式。这些测试模式对全部 OBD II 汽车都是通用的，使用 OBD II 扫描工具就可测试。

④ 通用扫描工具。满足 OBD II 要求的扫描工具必经能访问和解释任何车型与排放相关的诊断故障码，扫描工具有线束，可与标准的16针连接器相接。

⑤ 通用诊断故障码。在对上海别克、广州雅阁等轿车进行故障诊断时，自诊断系统都可以显示标准 OBD II 故障代码，如“PO125”、“PO204”，分别代表有转速信号时发动机 5 min 内没达到 10℃和 4 号喷油嘴输出驱动器不正确地响应控制信号。

SAE J2010 规定了一个 5 位标准故障代码，第 1 位是字母，后面 4 位是数字。

首位字母表示设置故障码的系统。当前分配的字母有 4 个：“P”代表动力系统，“B”代表车身，“C”代表底盘，“u”代表未定义的系统。

第 2 位字符是 0、1、2 或 3，意义如下：0 表示 SAE(美国汽车工程师协会)定义的通用故障码；1 表示汽车厂家定义的扩展故障码；2 或 3 表示随系统字符(P、B、C 或 U)的不同而不同。动力系统故障码(P)的 2 或 3 由 SAE 留作将来使用；车身或底盘故障码的 2 为厂家保留，车身或底盘故障码的 3 由 SAE 保留。

第 3 位字符表示出故障的系统：1 表示燃油或空气计量故障；2 表示燃油或空气计量故障；3 表示点火故障或发动机缺火；4 表示辅助排放控制系统故障；5 表示汽车或怠速控制系统故障；6 表示电脑或输出电路故障；7 表示变速器控制系统；8 表示变

速器控制系统。

最后两位字符表示触发故障码的条件。不同的传感器、执行器和电路分配了不同区段的数字，区段中较小的数字表示通用故障，即通用故障码；较大的数字表示扩展码，提供了更具体的信息，如电压低或高、响应慢、或信号超出范围。

2. 基于 OBD－II CAN 总线车载 ECU 信息的采集设计

由于目前的汽车都已经安装了 OBD－II 系统，这里 ECU 数据采集就是从 OBD－II 系统中收集各种信息并及时显示、远传到后台服务器。OBD－II 作为车载诊断系统，汇集了大量的车载设备运行信息，如引擎每分钟转速（RPM）、计算后的负荷值、冷却液温度、燃料系统状态车速、短期燃料情况、长期燃料情况、进气管压力、喷油提前时间、进气温度、空气气流速度、节流阀绝对位置、与短期燃料状态关联的氧气探测电压、燃料系统状态、燃料压力、燃油消耗量监测以及很多其他数据（如连续和不连续氧气探测），而这些信息除了极少部分通过仪表显示出来，其他都被过滤掉了，如何充分利用这些信息了解汽车的运行状况是本系统的目的，本系统方案就是通过获取 OBD－II 中的信息包进行分析并实时显示和远传。

图 8－12 连接 CAN 总线并实时数据采集部分的详细设计如图 8－16 所示。

图 8－16 车载信息收集最关键的部分就是 STN1110 CAN 串口转换器，OBD－II 系统中的上百个参数、上千种故障代码和 5 种协议的转换都需要 STN1110 来完成，所以本系统主要就是完成 STN1110 的控制。

完成一个信息的采集到显示需要 3 个步骤：

(1) 如何收集不同 ECU 信息

首先要熟悉和理解 SAE J1979 行车诊断和测试协议标准，该标准对 OBD－II 系统中的不同 OBD 模式和各种参数 ID(PID)都有详细的描述和解释。

(2) 对 STN1110 的编程和数据采集

STN11110 采用的是 UART 方式与 P1300 交换数据，电平兼容 CMOS/TTL，对于 UART 串口参数要求如下：

- 波特率：38 400（默认）；
- 数据位：8 位；
- 奇偶位：无；
- 1 位停止位；
- 无握手信号。

由于 STN1110 采用的是目前绝大多数 OBD 应用软件所用的 AT 命令集，因此一旦 STN1110 上电完成，则会发送一个提示信息“>”，P1300 可以完成新的命令的输入以采集相关信息。

为了从 OBD－II 系统读取信息，需要知道每种 OBD 模式的定义。每种模式用＄作为标识符号，后跟一个两位的十六进制数，以下为详细的 OBD 模式内容：

- Mode ＄01 －实时数据请求；

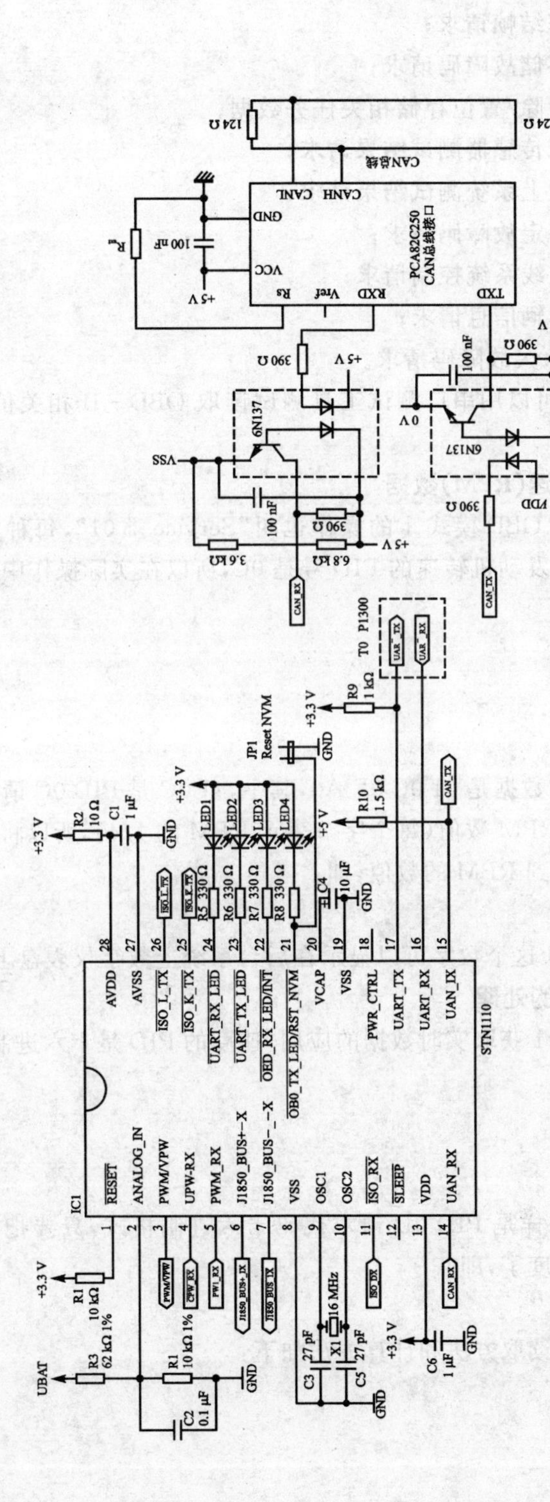

图 8-16　CAN总线数据采集设计方案

➢ Mode ＄02 – 冻结帧请求；

➢ Mode ＄03 – 存储故障码请求；

➢ Mode ＄04 – 清除/置位存储相关任务数据；

➢ Mode ＄05 – 氧传感器测试结果请求；

➢ Mode ＄06 – 板上系统测试结果请求；

➢ Mode ＄07 – 待定故障码请求；

➢ Mode ＄08 – 在线系统控制请求；

➢ Mode ＄09 – 车辆信息请求；

➢ Mode ＄0A – 永久故障码请求。

用 P1300 测试时，可以用串口测试工具测试读取 OBD – II 相关信息，以下为一些实例介绍：

(1) 读取发动机转速(RPM)数据

这个操作是采用了 OBD 模式 1 的操作也叫"Service ＄01"，每种参数都有一个参数 ID 号，简称 PID。发动机转速的 PID 号是 0C，所以在实际操作中是这样的发送并得到数据的：

```
>010C
SEARCHING：OK
41 0C 0F A0
```

从 OBD – II 得到的数据是 41 0C 0F A0，其中，41 0C 是 PID 0C 请求代码十六进制格式，后两个字节为 RPM 数值（每个字节表示 RPM 的 1/4），所以将 0FA0 转换成十进制后再除以 4 既得到 RPM 的数值，即：

0x0FA0＝4000

4000/4＝1000RPM 这个数字可以显示在后台系统上数字仪表盘上。

(2) 获取汽车速度的处理

这也是采用了模式 1 获取实时数据的应用，速度的 PID 是十六进制的 0D，所以，发送格式如下：

```
>010D
41 0D FF
```

41 0D 和上述(1)一样是 PID 0D 请求代码十六进制格式，只要把 0xFF 转换成十进制就知道汽车的速度了，即：

0xFF＝255 km/h

同理发动机载荷的读取方法和计算方法如下：

```
>0104
41 04 7F
```

计算方法：

0x7F＝127

(127/255)×100＝50％

冷却液温度的处理和显示如下：

```
>0105
41 05 64
0x64 = 100
100 - 40 = 60C
```

以上为从 OBD 读取相关信息的处理方法。在读取 OBD－II 信息的同时，为了改进性能，还可以调整 STN1110 的一些参数；虽然一般情况下不需要修改参数，但有时候做一些个性化设置，比如关闭字符的自动响应、调整数据读取超时时间、改变字节头等都需要采用 AT 命令的方式完成，这和 ELM327 所用的 AT 命令集完全兼容，具体可参考 ELM327“AT”命令集。

3. STN1110 CAN 协议信息的处理过程

STN1110 本身可以完成多种协议的信息处理和转换，但本章主要介绍了比较普遍采用的 CAN 总线信息的处理过程，在 STN1110 的 CAN 信息处理分成两部分，一部分是 CAN 信息的识别，另一部分是 CAN 信息的接受处理。CAN 总线信息的处理流程如图 8－17 所示。

图 8－17 CAN 总线信息描述的 CAN 信息处理流程分成以下两部分处理：

(1) CAN 信息帧的识别处理流程

处理流程的按照下面的步骤进行：

- CAN 信息过滤单元对网络过来的 CAN 信息帧进行处理，如果信息不匹配，则该帧就被丢弃；如果信息匹配，则按照上述流程确定是 ISO15765 协议还是 ISO11898 信息帧。
- 在 ISO118981 信息帧的处理中，它也是先对信息帧做匹配比较，如果不匹配，同上个比较方法一样，把帧信息丢弃；否则就和阻塞过滤信息单元进行比较，如果不匹配则把该送往串口处理。
- 对于通过了旁路滤波器的 ISO15765 信息帧，也和过滤信息单元进行比较，如果不匹配则把该送往串口处理。

在 STN1110 中的流程信息过滤控制中所采用的自动过滤模式，采用的是默认的信息头设置，表 8－3 列出了 CAN 信息帧的信息头特征码。

表 8－3 CAN 信息帧特征码

CAN ID 类型	过滤特征码
11 b	7E8,7F8
29 b	18DAF100,1FFFFF00

在自动过滤模式下，用户在任何时候采用 ATSH 命令改变报文头或者切换 11 b 到 29 b CAN ID 类型时候，流程控制过滤器也自动升级。自动过滤模式中采用相关 AT 命令的说明如下：

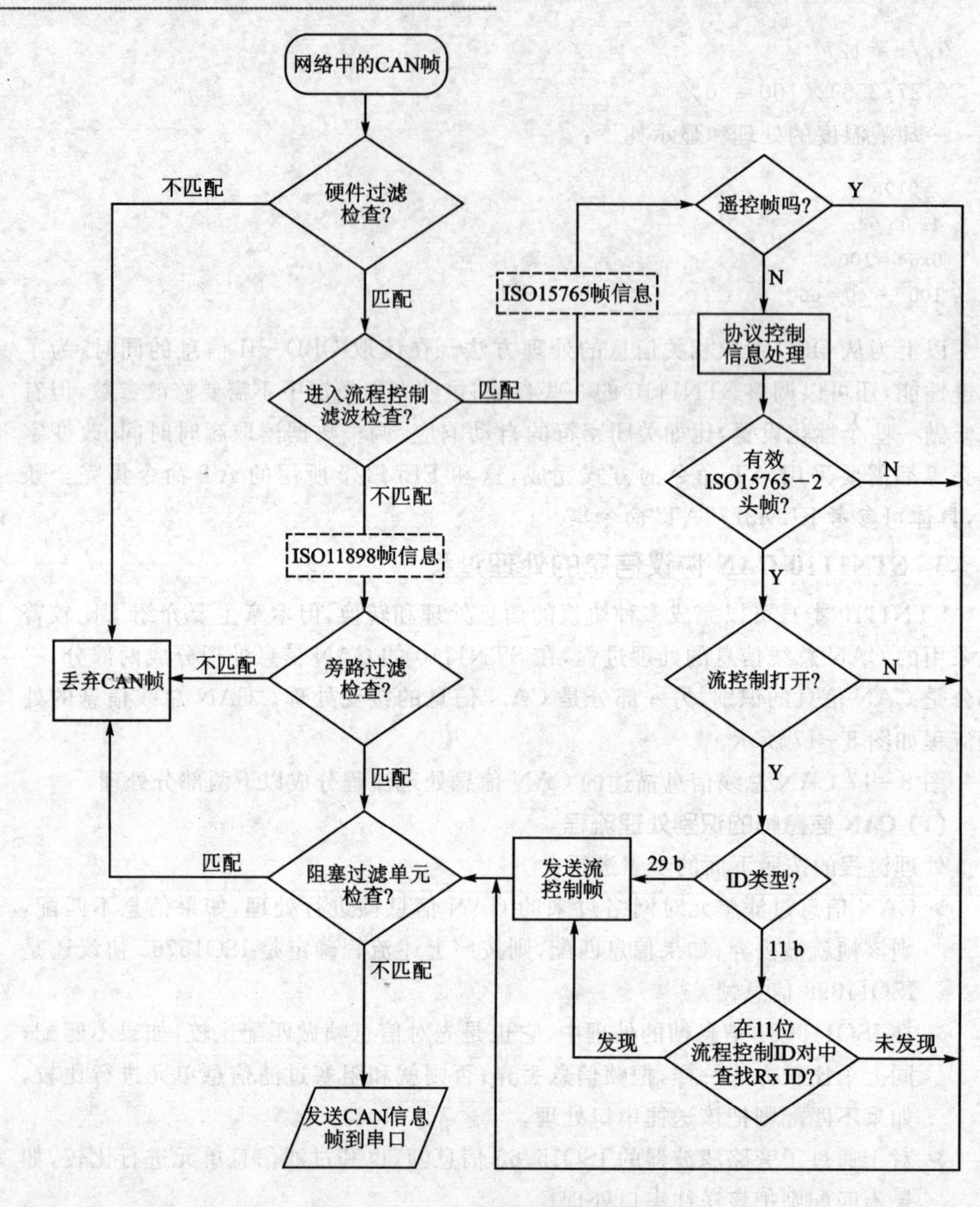

图 8-17　CAN 信息的判别及处理流程

1) ATAR 命令

该命令用来清除常用的过滤器或者设置一些默认的过滤器。注:在用户清除了流程控制过滤器或者加入流程控制过滤器以及 CAN 硬件过滤器的设置时候,自动过滤模式是关闭的。

2) ATMA 命令

ATMA 命令是用来对流程控制过滤器、阻通过滤器的设置操作,一旦该命令停止,则恢复旧过滤器设置。

3) STMA 命令

类似 ATMA 命令。

4) ATMR&ATMT 命令

ATMR 和 ATMT 有相同的功能，除了取代全通过滤器设置外，两种命令可以通过收发节点地址传递参数的方式设置过滤器信息接收。

5) ATSR 命令

该命令关闭了自动过滤模式。

(2) CAN 信息的接受处理流程

这里要介绍 STN1110DUI1CAN 信息的处理过程，对很多用户来说 CAN 信息的接受处理是系统默认处理所谓的“开箱即用”，但对于希望充分发挥 STN11xx CAN 架构处理的用户来说，了解 STN11xx 处理过程是必需的，如图 8－17 所示。如果确认了是 ISO15765 CAN 信息帧，则进入 ISO15765 帧处理流程。

如果 RTR 位被设置，则该帧为遥控帧，意思是网络上一个节点向另一个节点请求另一个节点发送消息，类似于单工通信中的一问一答的模式。当接收到遥控帧时，它不需要软件处理就自动发出一帧规定的消息；只要该帧不被阻塞过滤器丢弃，则被送往 UART 串口处理。相反，如果确定了不是遥控帧，则进行额外的处理，可采用协议控制信息处理(PCI)确认是否为一个有效的 ISO15765—2 帧，同时判别是什么类型的帧(单一、第一、连续或者流程控制)。

如果不是一个有效的 ISO 15765－2 的头帧，或者流程控制关闭的情况下，它将通过租塞过滤器。

如果是一个有效的 ISO 15765－2 的头帧且流程控制是开的状态时，则接着确认 ID 类型。以下是 ID 类型确认后的操作：

1) 29 b CAN 帧

该帧的 ID 包含了发射节点的地址，因此在流程控制帧传递给租塞过滤器之前，把流程控制帧分发给每个基于 ISO 15765－2 CAN 标准的头帧。

2) 11 b CAN 帧

11 b CAN 帧首先和一个 11 位流程控制 ID 对比，如果 Rx ID 匹配，可以通过相应的 Tx ID 将一个流程控制帧传到 CAN 总线上；否则将不会发流程控制帧，同时把所接收的帧直接传递到阻塞过滤器。当选择了 11 位 CAN 总线协议时，默认情况下，STN11xx 定义了 11 位的流程控制 ID 对，如表 8－4 所列。

表 8－4　ID 对表

Tx ID	Rx ID
7E0	7E8
7E1	7E9
7E2	7EA
7E3	7EB
7E4	7EC
7E5	7ED
7E6	7EE
7E7	7EF

结束语

基于 P1300 设计的一种车载电子的设计应用，在功能的扩展上非常灵活，完全满足本方案中对功能的要求，对遏止疲劳驾驶、车辆超速等交通违章、约束驾驶人员的不良驾驶行为、保障车辆行驶安全以及道路交通事故的分析鉴定具有重要的作用。虽然系统的功能还须完善，但系统本身可靠性和稳定性都十分出色，值得在汽车电子领域推广。

第9章

通信基站倾斜安全监测系统的设计

9.1 概 述

随着移动通信事业的蓬勃发展，特别是近年来大力发展3G业务，国内三大运营商都展开了如火如荼的通信基础设施建设，而增加和扩充基站是最重要的基础建设任务之一。以移动为例，从2009年3G牌照下发后，中国移动就开始着手大规模建设TD-SCDMA通信基站的部署，之前的2008年中国移动在北京、上海、天津、沈阳、广州、深圳、厦门和秦皇岛8个城市，启动了第三代移动通信(3G)"中国标准"TD-SCDMA社会化业务测试和试商用，在2009年就完成了新增8万多个3G基站的建设，到2011年底，3G基站至少达到26万个。此外，移动原有的GSM基站也已经达到了60万个，按照移动的规划，将近1/3的移动基站是建立在高山上，这样的好处是取得了更大的信号覆盖率，而且信号无遮挡、传输距离远，同时也避免了更多的人为因素干扰，比如对于居民区辐射强度的争议等。但近年来，自然环境出现了恶化的现象，如冰灾、泥石流等自然灾害都对基站的安全构成了严重威胁，如何在自然灾害初期能够监测到基站的稳定性和安全性，是通信维护部门首要的课题和任务。

9.2 安全监测系统设计原理

目前在无人值守的通信基站主要还是采用视频监控手段对周围环境进行监控，其他的辅助监控手段主要还是针对室内通信设备的工作温度及其他参数的监控。基站发射塔作为移动信号传输的唯一途径，它的重要性也不言而喻，但近年来的自然环境恶化，特别是暴雨导致泥石流现象严重，这会影响到基站发射塔的安全。如何在发生诸如地陷、塌方征兆的时候及时解决隐患，保证通信线路的畅通，是近年来开始重视的课题之一。解决的方法也很多，除了定期人工巡回维护外，还有就是监控跟踪，但监控跟踪的方法如何及时地发现问题需要采用多种手段配合，本章提出了重力加速度传感器的监控方法。

重力加速度传感器的监控方法是一种采用重力加速度传感器和MTK手机模块

实现的基站倾斜安全检测系统，以实时监测基站的水平位置是否因自然灾害发生了变化，从而保证基站安全可靠的运行。

9.2.1　重力传感器系统方案实现原理

系统原理如图9-1所示。

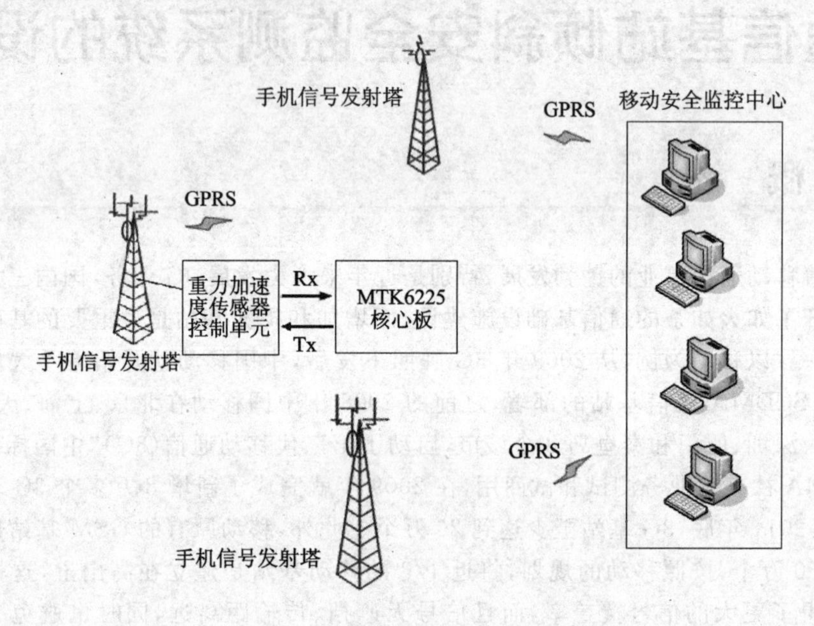

图9-1　倾斜检测系统方案原理图

倾斜安全监测如图9-1所示，就是在每个基站的铁塔上安置了一个监控模块，该模块采用了重力加速度传感器来监测铁塔的水平变化，同时将采集到的数据传给MTK6225模块；该模块配置了GPRS功能，可以将数据实时传给监控中心。

1. 重力加速度传感器的原理及应用

在本方案中采用的是飞思卡尔公司14脚的DIP封装的MMA7455L型加速度数字输出传感器，模块的内部结构图如图9-2所示。

其中，MMA7455L是3轴小量程加速传感器，用于检测物件的运动和方向变化，各轴的信号在不运动或不被重力作用的状态下(0 g)，输出为1.65 V。如果沿着某一个方向活动或者受到重力作用，输出电压就会根据其运动方向以及设定的传感器灵敏度而改变其输出电压值。用单片机的I^2C/SPI接口方式读取数值，就可以检测其运动和方向。

该加速度传感器由两大部分组成：

1) G单元部分

这部分是3个轴的传感器部分，每个传感器是机械结构，用半导体制作技术、由多晶硅半导体材料制成，并且是密封的，相当于在2个固定的电容极板中间放置1个

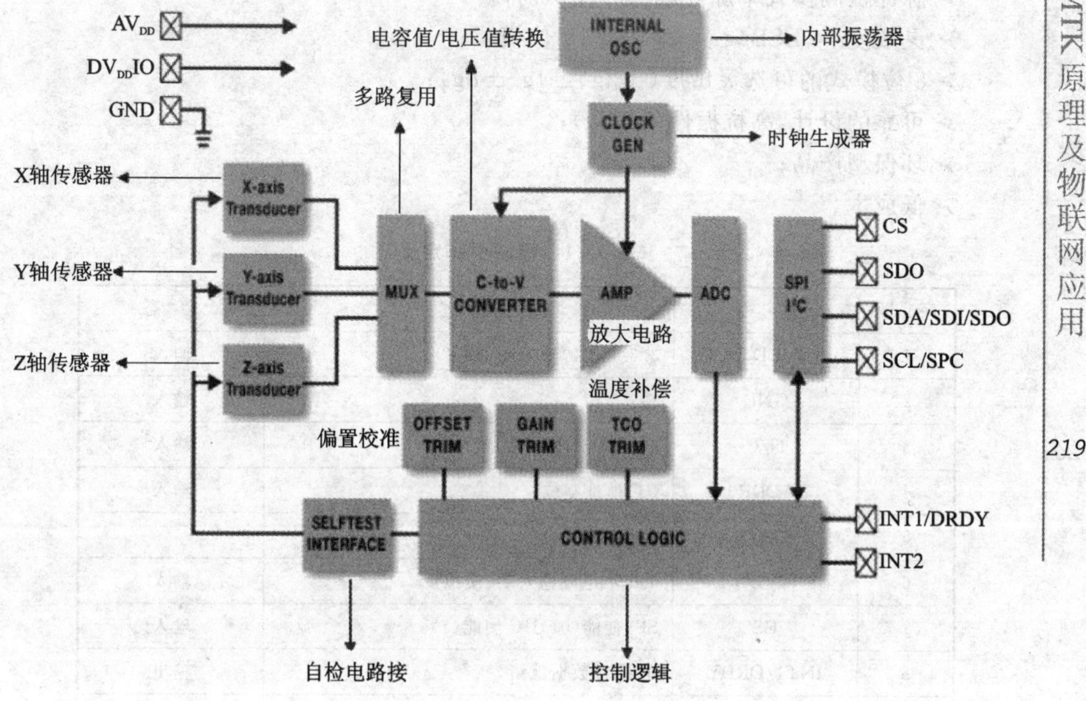

图 9-2　MMA7455L 重力加速度传感器内部结构图

可移动的极板。当有加速度作用于系统时，中间极板偏离静止位置。用中间极板偏离静止位置的距离测量加速度，中间极板与其中一个固定极板的距离增加，同时与另一个固定极板的距离减少，且距离变化值相等。距离的变化使得 2 个极板间的电容改变。电容值的计算公式是：$C=Ae/D$，其中 A 是极板的面积，D 是极板间的距离，e 是电介质常数。

2）信号处理电路

信号调理 ASIC 电路将 G-单元测量的 2 个电容值转换成加速度值，并使加速度与输出电压成正比。当测量完毕后在 INT1/INT2 输出高电平，用户可以通过 I²C 或 SPI 接口读取 MMA7455L 内部寄存器的值，判断运动的方向，这时可以判别风向的变化；而倾角的计算是通过加速度的推算来完成。该模块引脚定义如表 9-1 所列。

MMA7455L 具有如下特点：

➢ Z 轴自测；
➢ 低压操作：2.4～3.6 V；
➢ 用于偏置校准的用户指定寄存器；
➢ 可编程阈值中断输出；
➢ 电平检测模式运动识别（冲击、振动、自由下落）；

➢ 脉冲检测模式单脉冲或双脉冲识别；
➢ 灵敏度 64 LSB/g @ 2g /8g 10 位模式；
➢ 8 位模式的可选灵敏度(±2g、±4g、±8g)；
➢ 可靠的设计、高抗振性(5000g)；
➢ 环保型产品；
➢ 低成本。

表 9-1　模块引脚定义

序 号	名 称	描 述	状 态
1	DVDD_IO	3.3 V 电源输入端(数字)	输入
2	GND	地	输入
3	N/C	空引脚,不接或接地	输入
4	IADDR0	I^2C 地址 0 位	输入
5	GND	地输入	
6	AVDD	3.3 V 电源输入端(模拟)	输入
7	CS	SPI 使能(0),I^2C 使能(1)	输入
8	INT1/DRDY	中断 1/数据就绪	输出
9	INT2	中断 2	输出
10	N/C	空引脚,不接或接地	输入
11	N/C	空引脚,不接或接地	输入
12	SDO	SPI 串行数据输出	输出
13	SDA/SDI/SDO	I^2C 串行数据输出/SPI 串行数据输入 3 线接口串行数据输出	双向/输入/输出
14	SCL/SPC	I^2C 时钟信号输出/SPI 时钟信号输出	输入

在实际环境测量中,不仅仅是对基站铁塔的倾斜情况进行检测,同时也需要对当时条件下的环境进行检测,而 MMA7455L 不但可以测试出角度倾斜情况,还可以通过垂直物体摆动的速度,进一步推测出风力大小、风向等指标,这些参数能够综合检测当时条件下基站的安全特性。表 9-2 为加速度与输出数值的关系,这个参数对检测风力大小、方向有参考作用。

由表 9-2 可见,数值输出为补码形式,以 2g 量程为例,测量范围为-2g～+2g,数值输出为-128～+127。INT1 引脚一般作为数据准备好中断 DRDY,用于提示测量数据已经准备好,同时在状态寄存器(STATUS 地址 0X09)中的 DRDY 位也会置位,中断时输出高电平,并一直维持高电平直到 3 个输出寄存器中的一个被读取。如果下一个测量数据在上一个数据被读取前写入,那么状态寄存器中的 DOVR 位将被置位。默认情况下,三轴 XYZ 都被启用,也可被禁用,可以选择检测信号的绝对值或信号的正负值。

表 9-2　加速度与输出关系表

FS Mode	加速度值	对应输出值
2g Mode	−2g	$80
	−1g	$C1
	0g	$00
	+1g	$3F
	+2g	$7F
4g Mode	−4g	$80
	−1g	$E1
	0g	$00
	+1g	$1F
	+4g	$7F
8g Mode	−8g	$80
	−1g	$F1
	0g	$00
	+1g	$DF
	+8g	$7F

检测运动时，可采用 XorYorZ>阈值。检测自由落体，可采用 X&Y&Z<阈值。

电平检测模式下，一旦一个加速度电平达到了设定阈值，中断引脚将变为高电平并一直维持高电平，直到中断被清除。

可以检测绝对值或正/负值，在 CONTROL1 寄存器中(地址 0x18)设置，阈值在 LDTH 寄存器(地址 0x1A)中设置。如果 Control 寄存器中的 THOPT 位为 0，则 LDTH 中的数为无符号数，表示绝对值。反之，LDTH 中的数为有符号数。

而在本监控方案中最重要的倾角监控，在该加速度传感器上也能较好地实现。当传感器静止时(没有垂直或平行的加速度)，加速度传感器的灵敏轴与垂直方向重力加速度的夹角就是倾角，故在测量范围不超过±60°时，MMA7455L 可以用来测量 3 个方向的角度。图 9-3 显示 3 个方向的角度位置。

为了测量图 9-3 中 3 个方向的角度 ρ、ϕ、θ，需要做一些换算，因为加速度传感器的输出仅仅是加载在传感轴上的重力加速度，而加速度输出信号和角度之间的关系可由下面 3 个公式推导出：

$$Ax = g \times \sin(\rho) \tag{9-1}$$

$$Ay = g \times \sin(\Phi) \tag{9-2}$$

$$Az = g \times \sin(\theta) \tag{9-3}$$

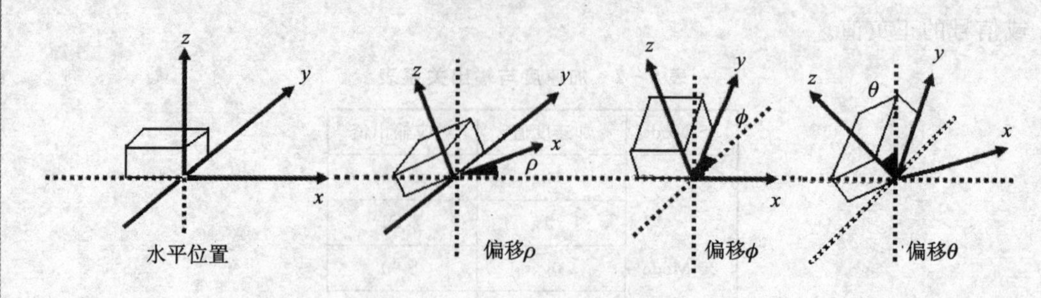

图 9-3　3 个方向角度位置

这 3 个公式采用的是将传感器在 PCB 板上水平放置的方法，Ax、Ay、Az 即为三轴的加速度输出值，ρ、Φ、θ 即为 3 个方向上的倾斜角度。从这 3 个算式即可推出倾斜角度计算公式如下：

$$\rho = \sin^{-1}(Ax/g) \tag{9-4}$$

$$\Phi = \sin^{-1}(Ay/g) \tag{9-5}$$

$$\theta = \sin^{-1}(Az/g) \tag{9-6}$$

另外从实际测试结果可知，传感器水平放置的情况下测量倾角时，如果倾角大于 60°时，传感器的灵敏度大大降低，因此可以把加速度输出值与倾角的关系看成是一个线性关系，因此公式可以变为：

$$\rho = k \times Ax \tag{9-7}$$

$$\Phi = k \times Ay \tag{9-8}$$

$$\theta = k \times Az \tag{9-9}$$

在一些应用场合，线性公式可以满足精度的要求。表 9-3 是不同的角度使用线性近似公式计算得出的误差，对于倾角 K 值的计算，采用的是曲线拟合的方法。

表 9-3　线性近式拟合后的误差情况

倾角范围/(°)	K/(°/g)	最大误差
±10	57.50	±0.02
±20	58.16	±0.16
±30	59.40	±0.48
±40	60.47	±1.13
±50	62.35	±2.24

当然还可以把 PCB 板上的传感器垂直放置，这种方法的特点是可以在 0～360°得到较好的分辨率，但在实际测量中铁塔的倾斜超过了 50°就已经是非常严重的安全隐患了，所以本章中所运用的倾角测试方法采用的是水平放置的方法。

2. MMA7455L 的程序处理

在对 MM7455L 编程处理时，主要先对 MMA7455 进行初始化，修改 MCTL 寄存器的值为 0x05；然后读取 MCTL 的值，如果读取的值与写入的值相等，即 0x05，那么 MMA7455 工作正常，并且初始化完成。接着 MMA7455 进行加速度的测量，测量完成后会产生中断，在中断处理中读取 XOUT8、YOUT8、ZOUT8 的内容，并进行处理计算。

在没有设置偏置之前，X、Y、Z 轴读出的数据是不准确的，必须对 XOFFL、XOFFH、YOFFL、YOFFH、ZOFFL、ZOFFH 寄存器的内容进行修改，寄存器的值为有符号的整数，因此偏置可以是负数。下面介绍怎样来确定偏置值。

首先将 MMA7455 水平放置，这时理论上 X 轴、Y 轴的输出应该为 0，Z 轴应该输出 1g 即 0x3F，但是实际 X、Y 轴未必为 0。例如，X 轴输出＋30，Y 轴输出＋20，这样，就应该向偏置寄存器中写入对应的值，又因为偏置寄存器中的值是 1/2 的关系，因此应该向 XOFFL 中写入 60，YOFFL 中写入 40，接着再对 X、Y、Z 轴的值进行读取；若 X 和 Y 不为 0，再进行一次上述步骤。

当调整好 X 和 Y 以后再将板子垂直放置，使 X 或 Y 轴其中一个轴输出为 1g，则其他两个轴的输出应该为 0，再对 Z 轴进行调整。调整好偏置以后，把写偏置寄存器的函数和数值放到初始化函数中，以后板子上电的时候，单片机就会自动对 MMA7455L 进行初始化了。

9.2.2　MTK6225 后台系统的运用

本方案采用了 MTK6225 核心板，该板体积小，所有功能通过邮票孔的方式引出，该板的外形如图 9－4 所示。

图 9－4　MTK6225 核心板外形图

从功能上说，采用 MTK6225 平台的目的是利用了它的几个功能：

(1) 大容量存储功能

MTK6225 核心板采用了 64 Mb RAM、128 Mb NOR Flash、128 MB Nand Flash 及外部扩展 TF(最大 4 GB)。大容量的存储功能为倾角采集数据的保存提供了一个保存、更新和访问的方法。

(2) GPRS 功能

倾角数据采集的最终的目的是上传给监控中心做实时分析，以便对所监控的基站进行安全监测，而 MTK6225 核心板所采用的 GPRS 功能完全适合在倾角监测中的应用。

9.2.3 倾角监测软件设计

图 9-1 所示的采集方式采用的是通过倾角数据采集单元，将相关数据采集上来后通过串口将数据传送给 MTK6225 保存及上传处理，系统分成两部分程序设计：

1. MMA7455L 数据采集软件设计

本部分主要是 MCU 初始化、MMA7455L 初始化、串口收发处理。

(1) MCU 主程序

```
        #include <c8051f340.h>
        #include "mcu_init.h"
/*****************c8051f340 硬件初始化 ************************/
void Port_IO_Init(void)//端口配置
{
    P0MDOUT = 0xFF;              // enable SCK,MOSI as a push-pull
    P1MDOUT = 0xE0;
    P2MDOUT = 0xFF;
    XBR0    = 0x02;              //SPI enabled
    XBR1    = 0xC0;              // Enable crossbar, disable weak pull-up
}

void Oscillator_Init()//系统时钟配置
{
     //48M
     int i = 0;
     FLSCL      = 0x90;
     CLKMUL     = 0x80;
     for (i = 0; i < 20; i++);     // Wait 5us for initialization
     CLKMUL    |= 0xC0;
     while ((CLKMUL & 0x20) == 0);
     CLKSEL     = 0x03;
}

/* void UART0_Init(void)//串口配置
{
    int xdata sbrl ;
    sbrl = (0xFFFF - (SYSCLK/BAUDRATE/2)) + 1;
    {
```

```
    SCON0 = 0x10;
    if (SYSCLK/BAUDRATE/2/256 < 1)
    {
       TH1 = - (SYSCLK/BAUDRATE/2);
       CKCON |= 0x08;                        //T1M = 1; SCA1:0 = xx
    }
    else if (SYSCLK/BAUDRATE/2/256 < 4)
    {
       TH1 = - (SYSCLK/BAUDRATE/2/4);
       CKCON &=  ~0x0B;
       CKCON |= 0x01;                        //T1M = 0; SCA1:0 = 01
    }
    else if (SYSCLK/BAUDRATE/2/256 < 12)
    {
       TH1 = - (SYSCLK/BAUDRATE/2/12);
       CKCON &=  ~0x0B;                         //T1M = 0; SCA1:0 = 00
    }
    else
    {
       TH1 = - (SYSCLK/BAUDRATE/2/48);
       CKCON &=  ~0x0B;                         //T1M = 0; SCA1:0 = 10
       CKCON |=   0x02;
    }
    TL1 = TH1;                                //init Timer1
    TMOD &= ~0xf0;                             //TMOD: timer 1 in 8 - bit autoreload
    TMOD |= 0x20;
    TR1 = 1;                                  //START Timer1
    TI0 = 1;                                  //Indicate TX0 ready
} */

void SPI_Init (void)//SPI 总线配置
{
    SPI0CFG = 0x40;                  // data sampled on rising edge, clk
                                       // active low,
                                       // 8 - bit data words, master mode;

    SPI0CN = 0x0F;                   // 4 - wire mode; SPI enabled; flags cleared
    SPI0CKR = 0x02;                  // 48m, SPI clk = 8M
}

void Interrupt_Init(void)
{
```

```
    IT0 = 0;
    IT1 = 0;
    IT01CF = 0x5C;
    EX0 = 1;
    EA = 1;
}

//call this routine to initialize all peripherals
void Init_Devices(void)
{
    Port_IO_Init();
    Oscillator_Init();
    //UART0_Init();
    SPI_Init();
}
```

(2) MMA7455L 程序

```
#include <c8051f340.h>
#include "MMA7455L.h"

//MMA7455L写函数
void mma_write(unsigned char cmd,unsigned char udata)
{
    unsigned char temp_cmd;
    temp_cmd = cmd;
    temp_cmd = temp_cmd<<1;
    temp_cmd |= 0x80;
    MMA7455L_CS;
    SPI_transmit_m(temp_cmd);
    SPI_transmit_m(udata);
    MMA7455L_NCS;
}

unsigned char mma_read(unsigned char cmd)
{
    unsigned char temp_data,temp_cmd;
    temp_cmd = cmd;
    temp_cmd = temp_cmd<<1;
    temp_cmd &=  0x7f;
    MMA7455L_CS;
    SPI_transmit_m(temp_cmd);
    SPI_receive_m(&temp_data);
```

```
    MMA7455L_NCS;
    return temp_data;
}
```

(3) 串口收发处理

```
#include <c8051f340.h>
#include "uart.h"


/*从串口接收一个字节数据*/
unsigned char receiveByte(void)
{
    unsigned char InData;
    while(!RI0);            //判断字符是否收完
    InData = SBUF0;         //从缓冲区读取数据
    RI0 = 0;                //清 RI
    return (InData);        //返回收到的字符
}

/*从串口发送一个字节数据*/
void transmitByte(unsigned char OutData)
{
    SBUF0 = OutData;        //输出字符
    while(!TI0);            //判断字符是否发完
    TI0 = 0;                //清 TI
}
/*以16进制格式发送一个字节数据*/
void transmitHex(unsigned char c)
{
    unsigned char i, temp;
    unsigned char dataString[] = "0x    ";

    for(i = 2; i>0; i--)
    {
        temp = c % 16;
        if((temp >= 0) && (temp < 10))
            dataString[i + 1] = temp + 0x30;
        else
            dataString[i + 1] = (temp - 10) + 0x41;
        c = c/16;
    }

    transmitString (dataString);
```

```
}

/* 从串口发送字符串 */
void transmitString(unsigned char *  string)
{
    while( * string)
        transmitByte( * string ++ );
}
```

2. MTK6225 数据保存及 GPRS 远传设计

本部分主要完成串口数据读取和 GPRS 上传。

(1) 串口数据读取

```
package com.huayu.comm.view;
import java.io.IOException;
import java.io.InputStream;
import java.io.OutputStream;
import javax.microedition.io.CommConnection;
import javax.microedition.io.Connector;
import javax.microedition.lcdui.Alert;
import javax.microedition.lcdui.Choice;
import javax.microedition.lcdui.ChoiceGroup;
import javax.microedition.lcdui.Command;
import javax.microedition.lcdui.CommandListener;
import javax.microedition.lcdui.Displayable;
import javax.microedition.lcdui.Form;
import javax.microedition.lcdui.TextField;

import com.huayu.MIDlet.TestCommMIDlet;
import com.huayu.gpio.GpioPort;
import com.huayu.system.HuayuNative;

public class CommForm extends Form implements CommandListener{

    private TestCommMIDlet m_midlet;
    private CommConnection cc;
    private InputStream in;
    private OutputStream out;
    private StringBuffer receive;
    private boolean m_start;
    private HuayuLog m_login;
    private static String[] s_strCommNumEnm = {"3","4","5",};
```

```
    private static String[] s_strCommNumDev = {"0","1",};
    private static String[] s_strBaudRate = {"115200","9600","4800"};
    Command m_cmdBack = new Command("返回",Command.BACK,1);
    Command m_cmdOpen = new Command("打开",Command.SCREEN,1);
    Command m_cmdRead = new Command("接收",Command.SCREEN,1);
    Command m_cmdSend = new Command("发送",Command.SCREEN,1);

    Command m_cmdClean = new Command("清空接收区",Command.SCREEN,1);
    Command m_cmdClose = new Command("关闭",Command.BACK,1);
    TextField m_receive = new TextField("接收区","",1000,TextField.UNEDITABLE);
    TextField m_send = new TextField("发送区","",1000,TextField.NUMERIC);
    private ChoiceGroup m_cgBaudrate = new ChoiceGroup("Baudrate:",Choice.POPUP,
s_strBaudRate,null);
    private static String[] s_strCTS = {"off","on",};
    private ChoiceGroup m_cgCTS = new ChoiceGroup("CTS:",Choice.POPUP,s_strCTS,
null);
    private static String[] s_strRTS = {"off","on",};
    private ChoiceGroup m_cgRTS = new ChoiceGroup("RTS:",Choice.POPUP,s_strRTS,
null);
    private static final String[] s_strRecvOptions = {"hex mode"};
    private ChoiceGroup m_recvOptions = new ChoiceGroup("receive options",Choice.MUL-
TIPLE,s_strRecvOptions,null);
    private static final String[] s_strSendOptions = {"hex mode"};
    private ChoiceGroup m_sendOptions = new ChoiceGroup("send options",Choice.MULTI-
PLE,s_strSendOptions,null);
    private final static String platform_key = "microedition.platform";
    private final static String s_commUrlEmu = "comm:COM";
    private final static String s_commUrlDevice = "tckcomm:";
    private static String s_commUrl;
    private static String s_commDev;
    private static ChoiceGroup m_cgCommNum;
    static{
        String platform = System.getProperty(platform_key);
        if(platform.startsWith("Sun")) {
            s_commDev = s_commUrlEmu;
             m_cgCommNum = new ChoiceGroup("com NUM",Choice.POPUP,s_strCommNumEnm,
null);
        }else{
            s_commDev = s_commUrlDevice;
            m_cgCommNum = new ChoiceGroup("com NUM",Choice.POPUP,s_strCommNumDev,
null);
        }
```

```
    }
    public CommForm(TestCommMIDlet midlet) {

        receive = new StringBuffer();
        m_midlet = midlet;
        m_start = false;
        m_login = new HuayuLog(this);
        this.addCommand(m_cmdBack);
        this.addCommand(m_cmdSend);
        this.addCommand(m_cmdClose);
        this.addCommand(m_cmdClean);
        this.append(m_receive);
        this.append(m_send);
        this.append(m_cgCommNum);
        this.append(m_cgBaudrate);
        this.append(m_cgCTS);
        this.append(m_cgRTS);
        this.append(m_recvOptions);
        this.append(m_sendOptions);
        this.addCommand(m_cmdOpen);
        this.setCommandListener(this);
        boolean[] bFlag = new boolean[1];
        bFlag[0] = true;
        m_recvOptions.setSelectedFlags(bFlag);
        m_sendOptions.setSelectedFlags(bFlag);
    }

    public class openT extends Thread{
        public void run() {
            int comnum = m_cgCommNum.getSelectedIndex();
            int baunum = m_cgBaudrate.getSelectedIndex();
            int ctsnum = m_cgCTS.getSelectedIndex();
            int rtsnum = m_cgRTS.getSelectedIndex();
            s_commUrl = s_commDev + m_cgCommNum.getString(comnum) + ";baudrate = " +
m_cgBaudrate.getString(baunum) + ";blocking = off;autocts = " + m_cgCTS.getString(ctsnum)
+ ";autorts = " + m_cgRTS.getString(rtsnum);
            System.out.println(s_commUrl);
                try {
                    cc = (CommConnection) Connector.open(s_commUrl);
                    in = cc.openInputStream();
                    out = cc.openOutputStream();
                    m_start = true;
```

```
                new readT().start();
            } catch (IOException e) {
                // TODO 自动生成 catch 块
                //e.printStackTrace();
                String struf = "端口已被占用";
                Alert erro = new Alert("错误");
                erro.setString("错误信息:端口已被占用");
                m_midlet.getDis().setCurrent(erro);
            }
        }
    }
    public void setcurrent(Displayable dis) {
        m_midlet.getDis().setCurrent(dis);
    }
    public class readT extends Thread{
        public void run() {
                while(m_start) {
                    try {
                        int len = in.available();
                            if(len! = 0) {
                            byte[] bData = new byte[len];
                            int iRet = in.read(bData);
                            String str;
                            boolean[] bFlag = new boolean[2];
                            m_recvOptions.getSelectedFlags(bFlag);
                            if(bFlag[0]) {
                                str = bytesToHexString(bData);
                            }else {
                                str = new String(bData,0,bData.length);
                            }

                            receive.append(str);
                            m_receive.setString(receive.toString());
                            }
                                Thread.sleep(100);
                    } catch (Exception e) {
                        // TODO 自动生成 catch 块
                        e.printStackTrace();
                    }
                }
            }
    }
```

```
public void sendT() {
    if(out! = null) {
        String str = m_send.getString();
        byte[] bData;
        if(str.length()! = 0) {
            boolean[] bFlag = new boolean[2];
            m_sendOptions.getSelectedFlags(bFlag);
            if(bFlag[0]) {
                bData = hexStringToBytes(str);
            }else {
                bData = str.getBytes();
            }
            try {
                out.write(bData,0,bData.length);
                out.flush();
                System.out.println("已执行");
            } catch (IOException e) {
                // TODO 自动生成 catch 块
                e.printStackTrace();
            }
        }
    }else {
        return;
    }
}
public void sendT(byte[] bData) {
    if(out! = null) {
        //String str = m_send.getString();
        if(bData.length! = 0) {
            try {
                out.write(bData,0,bData.length);
                out.flush();
            } catch (IOException e) {
                // TODO 自动生成 catch 块
                e.printStackTrace();
            }
        }
    }else {
        return;
    }
```

```
    }
    public static String bytesToHexString(byte[] src){
        StringBuffer stringBuilder = new StringBuffer("");
        if (src == null || src.length <= 0) {
            return null;
        }
        for (int i = 0; i < src.length; i++) {
            int v = src[i] & 0xFF;
            String hv = Integer.toHexString(v);
            if (hv.length() < 2) {
                stringBuilder.append(0);
            }
            stringBuilder.append(hv);
        }
        return stringBuilder.toString();
    }
    //  转化字符串为十六进制编码
    public static byte[] hexStringToBytes(String hexString) {
        if (hexString == null || hexString.equals("")) {
            return null;
        }
        hexString = hexString.toUpperCase();
        int length = hexString.length() / 2;
        char[] hexChars = hexString.toCharArray();
        byte[] d = new byte[length];
        for (int i = 0; i < length; i++) {
            int pos = i * 2;
            d[i] = (byte) (charToByte(hexChars[pos]) << 4 | charToByte(hexChars
[pos + 1]));
        }
        return d;
    }
    private static byte charToByte(char c) {
        return (byte) "0123456789ABCDEF".indexOf(c);
    }


    public class closeT extends Thread{
        public void run() {


            try {
                if(out != null) {
```

```
                out.close();
                out = null;
            }
            if(in! = null) {
                in.close();
                in = null;
            }
            if(cc! = null) {
                cc.close();
                cc = null;
            }
        } catch (IOException e) {
            // TODO 自动生成 catch 块
            e.printStackTrace();
        }
    }
}
public void exit() {
    m_start = false;
    new closeT().start();
    m_midlet.close();
}
public void init() {
    this.setcurrent(m_login);
}

}
public void commandAction(Command c, Displayable arg1) {
    // TODO 自动生成方法存根
    if(c == m_cmdBack) {
        m_start = false;
        new closeT().start();
        this.setcurrent(m_login);
    }else if(c == m_cmdOpen) {
        if(cc == null) {
            new openT().start();
        }else {
            return;
        }
    }else if(c == m_cmdSend) {
        this.sendT();
    }else if(c == m_cmdClose) {
```

```
            m_start = false;
            new closeT().start();
        }else if(c == m_cmdClean) {
            receive = new StringBuffer();
            m_receive .setString(receive.toString());

        }
    }

}
```

(2) GPRS 数据上传

```
import java.io.DataInputStream;
import java.io.DataOutputStream;
import javax.microedition.io.Connector;
import javax.microedition.io.HttpConnection;

public class UPDATA
{
    private HttpConnection httpcon = null;
    private DataOutputStream dos = null;
    //指定服务器

    private String URL = "http://www.XXXXX1.com";
    public UPDATA()
    {

    }
    public void OpneHttp()
    {
        try
        {
            httpcon = (HttpConnection)Connector.open(URL);
            httpcon.setRequestMethod(HttpConnection.POST);
        }
        catch (Exception ex)
        {
            ex.printStackTrace();
            System.out.println("open the http error in the UPDATA OpenHttp is " + ex.
getMessage());
        }
    }
```

```
        public void Senddata(String str)
        {
            this.OpneHttp();
            try
            {
                dos = httpcon.openDataOutputStream();
            }
            catch (Exception ex)
            {
                ex.printStackTrace();
                System.out.println("open the DataOutputStream error in the UPDATA Sendda-
ta() is " + ex.getMessage());
            }
            try
            {
                dos.writeUTF(str);
                dos.flush();
            }
            catch (Exception ex)
            {
                ex.printStackTrace();
                System.out.println("Send the data error in the UPDATA Senddata() dos.wri-
teUTF is " + ex.getMessage());
            }
            finally
            {
                try
                {
                    dos.close();
                    httpcon.close();
                }
                catch (Exception ex)
                {
                    ex.printStackTrace();
                    System.out.println("Close error in the UPDATA Senddata() close is "
 + ex.getMessage());
                }
            }
        }

    }
```

结束语

本章采用了加速度传感器采集倾角，其较倾角传感器有更多的优点，特点如下：

① 一般倾角传感器只测试 X、Y 方向，如果测试三轴则价格比较高；

② 针对外界环境的变化比如风力大小，倾角传感器无法做到，而加速度传感器却能完美地实现此功能。

通过 MTK6225 核心版的数据保存和采集，实现了远程监控，充分利用了手机模块的特点，特别是在电池管理和 GPRS 无线通信的功能上，该方案经过改进也可以用于其他方面的数据采集和工业远程控制，具有广阔的发展前景。

第 10 章

矿工智能帽的设计及实现

由于矿山安全事故的屡次发生，国家越来越重视井下安全的监测和管理，在井下安装了大量的针对甲烷、一氧化碳等气体的监测监控管理系统，特别是目前针对矿山开采领域所推行的综合信息应用管理系统，全面推进煤矿行业管理的信息化、生产的自动化、安全管理实时、远程化，这些对保证矿山的安全生产和矿工的生命安全都有着十分重要的作用，也是煤炭高产、高效的重要保证。

随着电子技术和无线通信技术的发展，以往只能固定使用的相关监控设备可以升级到无线便携式的应用模式，这为矿山井下的安全监测应用提供了一个新的设计方案。本章专门针对矿山工人的矿工帽做了全新设计，使之不再是传统的只用来照明、保护头部安全的工具，而是具备多种监测功能、拍照功能、VOIP 对讲功能的个人安全综合系统。

10.1 智能帽原理实现

目前，矿工帽的主要作用还是照明和安全防护，考虑到矿工帽作为井下作业的必备防护工具，可以考虑在矿工帽上增加一些新的功能特性，比如一些有毒气体的安全监测、工作环境的温/湿度测试以及现场工作环境图像的监测等。这些功能可以集成在矿工帽上，做成一个很小的盒子与矿工灯一起附在矿工帽上，随着矿工在井下活动范围的变化，从而实时快速地把相关信息传送到井上的监控中心。

由于矿工在井下的活动空间不是完全固定的，所以采用传统的控制设计模式显然存在比较大的问题，比如系统完全不能采用交流电源供电，一定要采用电池供电，但如何对设备的电源功耗进行管理，则需要一个智能电源管理系统；同时如果采用无线信息传输，一般都是采用 ISM 频段的 WiFi、Zigbee 等无线技术，传统设计方法就需要增加相关模块设计，因此传统搭积木的设计方案不但加大了系统的设计成本和系统的复杂度，而且系统的可靠性和稳定性将是一个考验。为此我们利用了 MTK 6235 作为该系统的核心控制模块，充分利用了该模块的高集成度、丰富的功能特性、已经在通信行业多年应用的成熟度，可以说该模块的应用不但加快了产品的研发周期，更重要的是方案的灵活性能够保证产品满足用户的需求。

P1322 模块基于 MTK6235 平台，尺寸很小(只有 40×42×3 mm 大小)，外形如

图10-1所示。P1322模块采用将120个引脚以邮票孔的方式外接扩展，使得模块可以任意嵌入到用户的应用方案中，该模块具备如下功能和特点：

图10-1 P1322模块外形图

- CPU：208 MHz ARM9处理器，总线速度104 MHz（Pentium II性能）支持硬件JAVA虚拟机；
- 操作系统：Necleus OS；
- 内存：512 Mb，存储器：1 Gb；
- 默认支持2.4～3.2英寸，240×320点阵液晶模块；
- 键盘：最多42按键，默认定义27按键；
- 支持喇叭：双声道立体声输出；
- WIFI：802.11a/b/g/n；
- Bluetooth：支持A2DP/FTP/HFP/OBEX/OPP/SPP等；
- 网络连接方式：WiFi+GPRS；
- 外部接口：USB接口/UART接口/耳机接口/充电器接口/TFLASH接口/SIM卡接口；
- 支持30万、150万、200万CMOS摄像头。

矿工智能帽的系统方案如图10-2所示。

图10-2所描述的智能帽系统设计方案，由以下几部分内容所组成：

1. 瓦斯浓度监控单元设计

瓦斯是古代植物在堆积成煤的初期，纤维素和有机质经厌氧菌的作用分解而成。在高温、高压的环境中，在成煤的同时，由于物理和化学作用继续生成瓦斯。瓦斯是无色、无味、无臭的气体，但有时可以闻到类似苹果的香味，这是芳香族的碳氢气体同瓦斯同时涌出的缘故。瓦斯对空气的相对密度是0.554，在标准状态下瓦斯的密度为0.716 kg/m^3，瓦斯的渗透能力是空气的1.6倍，难溶于水，不助燃也不能维持呼

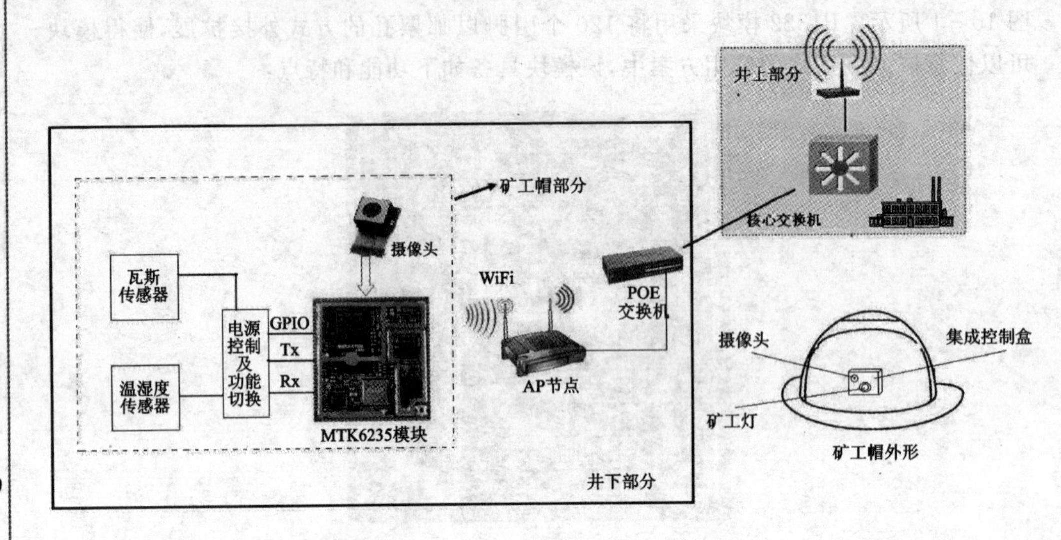

图 10-2　智能帽监测系统组成方案

吸，达到一定浓度时，能使人因缺氧而窒息。

一般生活中常说的是天然瓦斯，煤矿瓦斯则是指的天然气，它的主要成分是烷烃，其中甲烷占绝大多数，另有少量的乙烷、丙烷和丁烷，此外一般还含有硫化氢、二氧化碳、氮、水气以及微量的惰性气体，如氦和氩等。在标准状况下，甲烷至丁烷以气体状态存在，戊烷以上为液体。如遇明火即可燃烧，发生“瓦斯”爆炸，直接威胁着矿工的生命安全，因此，矿井工作对“瓦斯”十分重视，在井下安装瓦斯监控设备是井下安全必备条件之一。

下面介绍 MH－440V/D 红外气体传感器应用。

这里瓦斯浓度监控单元中的瓦斯传感采样一般是采用载体催化元件作为检测元件，如 MH－440V/D 红外气体传感器，这是一个集成化的通用型、智能型、微型传感器，它是将成熟的红外吸收气体检测技术与微型机械加工、精良电路设计紧密结合所制作出的小巧型红外气体传感器，具有很好的选择性、无氧气依赖性、性能稳定、寿命长并且内置了温度传感器、可进行温度补偿。

MH－440V/D 红外气体传感器利用非色散红外（NDIR）原理对空气中存在的 CH4 进行探测，由此产生一个与甲烷的含量成比例的微弱信号，经过多级放大电路放大后产生一个输出信号。该信号已经是数字输出方式，通过串口的方式可以直接送至后台处理，该传感器的性能参数如表 10－1 所列。

以下为 MH－440V/D 红外气体传感器的工作模式及应用方法。

1）工作模式

MH－440V/D 红外气体传感器的工作模式可以分成数字和模式方式：

① 模拟方式

将传感器 VCC 端接 5 V，GND 端接电源地，Vout 端接 ADC 的输入端。传感器经过预热时间后从 Vout 端输出表征气体浓度的电压值，0.4～2.0 V 代表气体浓度值 0～满量程。

表 10-1 MH-440V/D 红外气体传感器性能参数

参数	数值	参数	数值
工作电压	3～5 V DC	长期漂移	零点<±300 ppm SPAN<±500 ppm
工作电流	75～85 mA		
接口电平	3 V	温度范围	−20～60℃
测量范围	0～5% vol(0～100% vol 范围内可选)	湿度范围	0～95%RH
输出信号范围	0.4～2 V DC	寿命	>5 年
		防爆等级	Exdm Ⅱ CT4
分辨率	1%FSD	防护等级	IP6
预热时间	90 s	尺寸	20×16.6
响应时间	T90<30 s	重量	15g

② 数字方式

将传感器 VCC 端接 5 V，GND 端接电源地，RXD 端接探测器的 TXD，TXD 端接探测器的 RXD。探测器可以直接通过传感器的 UART 接口读出气体浓度值，不需要计算。

2）通信方式

MH-440V/D 红外气体传感器与 MTK 主机模块按照如下协议进行数据通信：

- 波特率：9 600，8 位数据，1 位停止位，无校验位；
- 每帧数据 9 个字节，0xff 开头，校验值结尾。

校验值=(取反(DATA1+DATA2+……+DATA7))+1

3）MH-440V/D 读相关数据格式

读传感器浓度值可采用如表 10-2、表 10-3 的方法。

表 10-2 主机至传感器读数据命令格式

0	1	2	3	4	5	6	7	8
起始位 0XFF	探测器 编号	命令 0x86	00	00	00	00	00	校验值

表 10-3 传感器返回数据格式

0	1	2	3	4	5	6	7	8
起始位 0XFF	探测器 编号	通道 高位	通道 低位		温度 通道			校验值

在传感器返回数据后可按照下列公式进行浓度值的计算：

气体浓度值＝通道高位×256＋通道低位，气体浓度值为有符号数

传感器编号为：0x01。

环境温度值＝温度通道－40。

4）零点校准方法

在进行零点校准时发送如下数据：0xff，0x87，0x87，0x00，0x00，0x00，0x00，0x00，0xf2。其中第一个字节（0xff）为起始字节，第二个字节（0x87）为重复命令，第三个字节（0x87）为命令，后 5 个字节为任意值，最后一个字节（0xf2）为校验和，没有返回信息。

2. 温/湿度监控单元

这里的温/湿度监控单元中采用了集成化的温湿度传感器 AHT11 和单片机 STC89LE516AD，这是带有 8 路 A/D 的单片机，AHT11 是一款湿敏电阻型传感器，主要特点如下：

- 供电电压（Vin）：DC 4.5～6 V；
- 消耗电流：约 2 mA（MAX 3 mA）；
- 使用温度范围：0～50℃；
- 使用湿度范围：95％RH 以下（非凝露）；
- 湿度检测范围：20％～90％RH；
- 保存温度范围：0～50℃；
- 保存湿度范围：80％RH 以下（非凝露）；
- 湿度检测精度：±5％RH（0～50℃，30％～80％RH）。

该传感器的线路连接及如图 10－3 所示。

电气接头	内　容
1	电源DC 4.5~6 V
2	湿度电压输出
3	负极(GND)
4	温度输出10 kΩ(25℃)

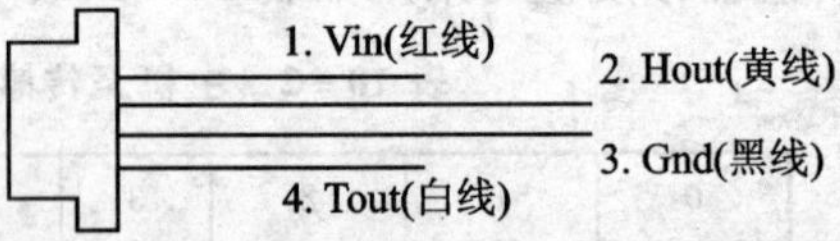

1. Vin(红线)
2. Hout(黄线)
3. Gnd(黑线)
4. Tout(白线)

图 10－3　AHT11 温湿度传感器线路连接方式

该传感器湿度与输出电压电压对应关系如下所示：

相对湿度（％RH）	20	30	40	50	60	70	80	90
输出电压/V	0.6	0.9	1.2	1.5	1.8	2.1	2.4	2.7

热敏电阻标准数据表如下所示：

T/℃	R/kΩ	T/℃	R/kΩ	T/℃	R/kΩ	T/℃	R/kΩ
0	28.469	9	19.170	18	13.190	27	9.259
1	27.215	10	18.371	19	12.670	28	8.912
2	26.023	11	17.610	20	12.172	29	8.581
3	24.891	12	16.885	21	11.697	30	8.263
4	23.814	13	16.194	22	11.244	31	7.959
5	22.791	14	15.535	23	10.810	32	7.668
6	21.817	15	14.907	24	10.369	33	7.389
7	20.891	16	14.308	25	10.000	34	7.122
8	20.009	17	13.736	26	9.621	35	6.866
36	6.621	40	5.736	44	4.986	48	4.347
37	6.385	41	5.537	45	4.816	49	4.203
38	6.160	42	5.345	46	4.654	50	4.064
39	5.943	43	5.162	47	4.497		

温度和湿度所对应的电压输出经过A/D变换即可得到相应的数字信号，即可被后台识别。

3. 摄像头单元设计

在矿工智能帽的拍照解决方案中一直采用OmniVision(豪威科技)的手机摄像头解决方案。为了适应矿井光线暗的环境，本章采用了广角夜视摄像头OV7725，这是一个低功耗、高性能的CMOS图像传感器，通过封装在一个很小的电路板上能提供全功能单芯片VGA的技术解决方案，通过一个摄像头串行控制总线(SCCB)接口，提供多种图像格式输出，如全帧、子采样和开窗口的图像等格式。该摄像头传感器有以下特点：

- 低光照条件下的高灵敏度；
- 标准的SCCB接口；
- 输出格式支持Raw RGB，RGB (GRB 4:2:2，RGB565/555/444)和YCbCr (4:2:2)；
- 图像尺寸支持：VGA、QVGA、缩放CIF；
- 采样采用VarioPixel方法；
- 支持AEC、AGC、AWB、ABF、ABLC等图像控制方法；
- 支持图像可控方法有饱和度、色调、伽玛、锐度、镜头校正、去坏点和去噪。

OV7725的内部结构如图10-4所示。

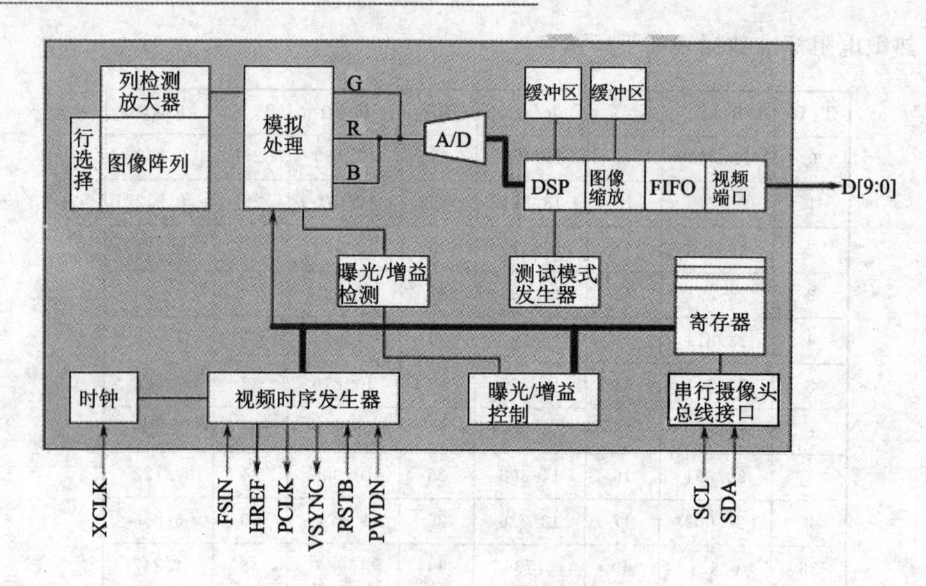

图 10-4　OV7725 内部结构图

在本方案中的数据采集比较简单，通过 JAVA 编程直接实现图像的采集，具体可参考第 8 章或华禹工控的参考案例。

4. 后台处理单元

系统的后台处理采用的是 MTK6235 模块，如图 10-5 所示。

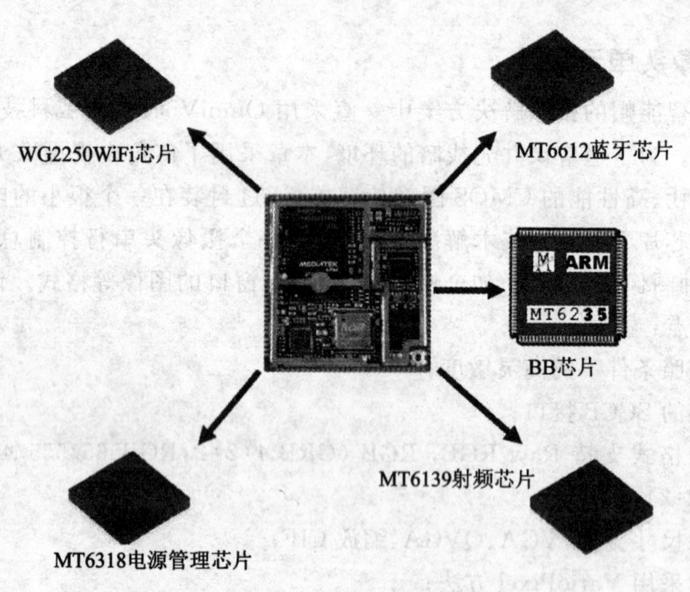

图 10-5　MTK6235 模块的主要组成

其中，MT6318、MT6139 一直是 MTK6225、MTK6235 平台采用的主要芯片，在智能矿工帽的方案设计上主要采用的 WiFi 的应用。WiFi 芯片采用了 WG2250 芯片，该芯片的结构图如图 10－6 所示，表 10－4 为各引脚说明。

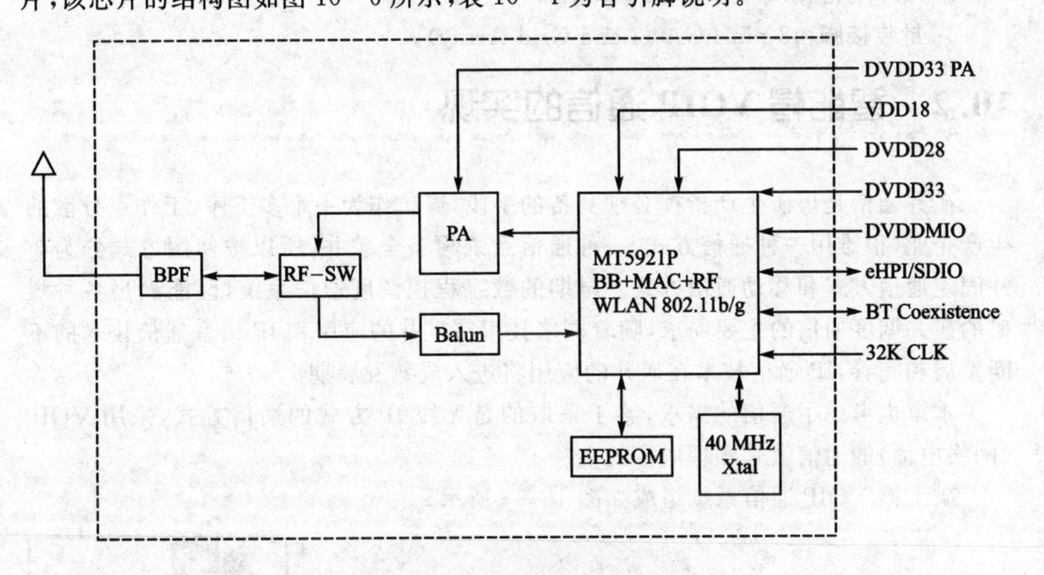

图 10－6　WG2250 内部结构图

表 10－4　WG2250 各引脚功能说明

引脚名称	作　用	电压范围/V
DVD33 PA	外部 PA 电源	＋3.3
VDD18	模拟信号电源	＋1.8
DVDD28	I/O 电源	＋2.6～＋3.3
DVDD33	I/O 电源	＋2.8～＋3.3
DVDDMIO	I/O 电源	＋1.8～＋3.3
eHPI/SDIO	与主机数据接口	
BT coexistence	BT 共存模式	
32 K CLK	32 kHz 时钟输入	

WG2250 的参数：

➤ 主芯片厂牌：MTK；

➤ 主芯片编号：MT5921；

➤ 支持协议：IEEE 802.11 b/g；

➤ 64/128 b Wired Equivalent Privacy (WEP)；

➤ Encryption Standard(AES－CCMP)；

➤ 支持频道：2.4 GHz；

➤ 支持频宽：11 Mbps (11b)，54 Mbps (11g)；

➤ 连结接口：SDIO、E－HPI；

- 尺寸规格：9.0×9.0×1.5 mm；
- 封装接脚：48 pin LGA (Land Grid Array)。

10.2　智能帽 VOIP 通信的实现

矿井通信是煤矿生产指挥必须具备的手段，煤矿作为一个多工序、工作点分散的生产企业，很难用一种通信方式、一种通信系统覆盖全矿井，所以按使用方式分为矿井固定通信方式和移动通信方式。早期的数字程控调度通信系统，已能满足各种煤矿的矿井调度通信的主要需求，随着网络技术在矿井的应用和 IP 语音通信技术的不断发展和完善，IP 通信技术在矿井的应用将进入成熟发展期。

本章也考虑了通信的需求，鉴于采取的是无线 IP 方式的通信方式，采用 VOIP（网络电话）的通信就是顺理成章的事。

矿工帽 VOIP 通信系统组成如图 10－7 所示。

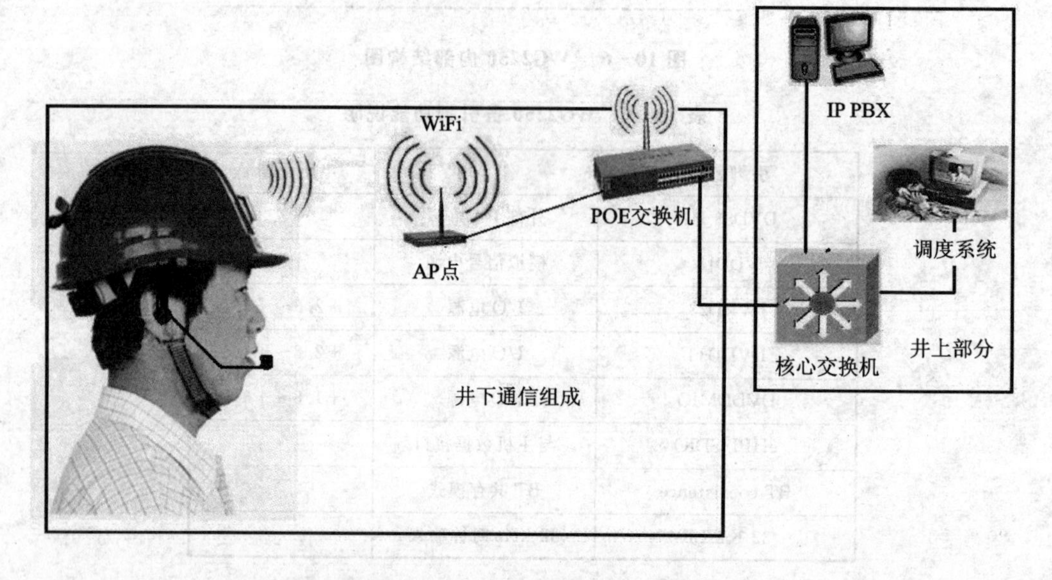

图 10－7　矿工智能帽通信系统组成

在图中可以看到矿工智能帽的通信原理及组成，它采用了无线 WiFi 的语音 IP 传输方式，将矿工帽注册到 IPPBX，即可实现井上调度与各智能帽的点对点通话。通过矿工帽的功能扩展还能实现更多的功能。本节介绍基于 SIP 协议的矿工帽 IP 语音通信的实现。

10.2.1　SIP 协议

IP(Session Initiation Protocol，会话发起协议)是由 IETF 提出的 IP 电话信令协议，是在诸如 SMTP(简单邮件传送协议)和 HTTP(超文本传送协议)基础之上建立起来的，用来建立、改变和终止基于IP网络的用户间的呼叫。

1. SIP协议功能

- 名字翻译和用户定位：无论被呼叫方在哪里都确保呼叫达到被叫方。执行任何描述信息到定位信息的映射，确保呼叫（会话）的本质细节被支持。
- 特征协商：它允许与呼叫有关的组（这可以是多方呼叫）在支持的特征上达成一致（注意：不是所有方都能够支持相同级别的特征）。例如，视频可以或不可以被支持。总之，存在很多需要协商的范围。
- 呼叫参与者管理：呼叫中参与者能够引入其他用户加入呼叫或取消到其他用户的连接。此外，用户可以被转移或置为呼叫保持。
- 呼叫特征改变：用户应该能够改变呼叫过程中的呼叫特征。例如，一呼叫可以被设置为"voice - only"，但是在呼叫过程中，用户可以需要开启视频功能。也就是说一个加入呼叫的第三方为了加入该呼叫就可以开启不同的特征。

2. SIP协议实现机制

SIP是一个分层结构的协议，意味着它的行为根据一组平等独立的处理阶段来描述，每一阶段之间只是松耦合。协议分层描述是为了表达，从而允许功能的描述可在一个部分跨越几个元素。它不指定任何方式的实现。当我们说某元素包含某层，是指它顺从该层定义的规则集，不是协议规定的每个元素都包含各层。而且，由SIP规定的元素是逻辑元素，不是物理元素。一个物理实现可以选择作为不同的逻辑元素，甚至可能在一个个事务的基础上。

SIP的最底层是语法和编码。它的编码使用增强Backus - Nayr形式语法(BNF)来规定。

第二层是传输层，定义了网络上一个客户机如何发送请求、接收响应以及一个服务器如何接收请求和发送响应。所有的SIP元素包含传输层。

第三层是事务层。事务是SIP的基本元素。一个事务是由客户机事务发送给服务器事务的请求（使用传输层），以及对应该请求的从服务器事务发送回客户机的所有响应组成。事务层处理应用层重传，匹配响应到请求以及应用层超时。任何用户代理客户机(UAC)完成的任务使用一组事务产生。用户代理包含一个事务层，有状态的代理也有。无状态的代理不包含事务层。事务层具有客户机组成部分（称为客户机事务）和服务器组成部分（称为服务器事务），每个代表有限的状态机，它被构造来处理特定的请求。

事务层之上的层称为事务用户(TU)。每个SIP实体，除了无状态代理，都是事务用户。当一个TU希望发送请求，它生成一个客户机事务实例并且向它传递请求和IP地址、端口、用来发送请求的传输机制。一个TU生成客户机事务也能够删除它。当客户机取消一个事务时，它请求服务器停止进一步的处理，将状态恢复到事务初始化之前，并且生成特定的错误响应到该事务。这由CANCEL请求完成，它构成自己的事务，但涉及要取消的事务。

SIP 通过 EMAIL 形式的地址来标明用户地址。每一用户通过一个等级化的 URL 来标识，它通过诸如用户电话号码或主机名等元素来构造（例如，SIP：usercompany.com）。因为它与 EMAIL 地址的相似性，SIPURLs 容易于用户的 EMAIL 地址关联。

SIP 提供它自己的可靠性机制从而独立于分组层，并且只需不可靠的数据包服务即可。SIP 可典型地用于 UDP 或 TCP 之上。

3. SIP 协议的消息组成及描述

SIP 协议是基于文本的通信信令协议。SIP 消息以文本形式表示消息的语法、语义和编码，因此相对于二进制的信令，SIP 消息显得简单、易懂。

SIP 消息有两种：

➢ 客户端到服务器的请求消息：SIP 请求消息包含 3 个元素：请求行、头、消息体；

➢ 服务器到客户端的响应消息：SIP 响应消息包含 3 个元素：状态行、头、消息体。

请求行和头域根据业务、地址和协议特征定义了呼叫的本质，消息体独立于 SIP 协议并且可包含任何内容。

SIP 定义了下述方法：

➢ INVITE——邀请用户加入呼叫。

➢ BYE——终止一呼叫上的两个用户之间的呼叫。

➢ OPTIONS——请求关于服务器能力的信息。

➢ ACK——确认客户机已经接收到对 INVITE 的最终响应。

➢ REGISTER——提供地址解析的映射，让服务器知道其他用户的位置。

➢ INFO——用于会话中信令。

SIP 消息由一个起始行（start－line）、一个或多个字段（field）组成的消息头、一个标志消息头结束的空行（CRLF）以及作为可选项的消息体（message body）组成。

SIP 消息描述中描述消息体的头称为实体头（entity header），其格式如下：

```
generic - message = start - line
 * message - header
CRLF
[message - body]
```

下面分别对起始行、消息头及消息体一一进行解释。

(1) 起始行

起始行分请求行（Request－Line）和状态行（Status－Line）两种，其中请求行是请求消息的起始行，状态行是响应消息的起始行。

1）请求行

请求行以方法（method）标记开始，后面是统一定位标示符（URI）和协议版本号（SIP－Version），最后以回车换行符结束，各个元素间用空格键字符间隔。

Request－Line＝Method SP Request－URI SP SIP－Version CRLF

方法标记“Method”对说明部分进行描述。

SIP协议在RFC3261中一共定义了6种方法，具体定义如下：

➢ INVITE：用于邀请用户或服务参加一个会话。INVITE消息中必须包含主叫方和被叫方的信息、双方交换的多媒体信息流类型。除了能够用于启动双方通信会话外，还具有启动多方会议的能力。

➢ ACK：用于客户机向服务器证实它已经收到了对INVITE请求的最终响应。ACK消息中的主叫、被叫信息是由前期媒体协商得来，可以包含消息体描述也可以不包含。ACK消息发送后，双方多媒体会话才真正开始。

➢ BYE：用于客户端向服务器表明它想释放呼叫。主叫方或被叫方都可以发送该消息。当会话参与者退出会话时，它必须向对方发送BYE消息，表示终止当前会话。

➢ OPTIONS：用于向服务器查询其能力。按照RFC3261的初衷，实体发起呼叫前可以发起该消息，以确认网络实体是否支持某种消息或某种能力，但从网络运行安全的角度来讲，不希望终端设备能够获知网络能力，因此在终端询问网络能力这一应用上，一般不允许发生。目前OPTIONS指令主要用于主叫方确认被叫方是否存在。

➢ CANCEL：用于取消正在进行的请求。CANCEL只能由主叫方发起，而且若已接收到最终响应状态200/OK，则该方法无效。

➢ REGISTER：用于用户向网络注册服务器发送注册消息。

随着应用的增多，仅仅有以上6种请求方法并不能够满足需求，因此IETF在RFC3261的基础上提出了许多扩展方法以满足应用需求。具体扩展定义请参考IEFT RFC2976。

2）状态行

状态行以协议版本号（SIP－Version）开始，接下来是用数字表示的状态码（Status－Code），然后是相关文字说明（Reason－Phrase），最后以回车换行符结束，各个元素间用空格键字符间隔。

Status－Line＝SIP－Version SP Status－Code SP Reason－Phrase CRLF

SIP协议中用3位整数的状态码（Status－Code）和文本形式的原因短语（Reason－Phrase）来表示对请求作出的回答。状态码用于机器识别操作，原因短语用于人工识别操作。

状态码的第一个数字定义响应的类别，在2.0版本中第一个数字有6个值：

➢ 1xx（Provisional）：请求已经接收到，正在处理；

- 2xx(Success)：请求已经收到、理解，并接收；
- 3xx(Redirection)：为了完成请求，还需要进行下一步动作，用在重定向场合；
- 4xx(Client Error)：请求有语法错误或不能够被此服务器执行；
- 5xx(Server Error)：服务器不能够执行明显的有效请求；
- 6xx(Global Failure)：网络中所有的服务器不能够执行请求。

SIP 协议将 1xx 响应定义为临时响应(Provisional Response)，而其他 5 类则定义为最终响应(Final Response)。当服务器接收到临时响应消息时，表示对当前请求的处理并没有完结；当接收到最终响应消息时，表示对当前请求的处理已经完结。

(2) 消息头(message-header)

SIP 协议的消息头是由多个消息头字段(header-field)构成的。消息头携带了 SIP 会话的一切必要信息，是 SIP 协议的主体。每一个头字段都遵循以下格式：首先是字段名(Field Name)，后面是冒号，然后是字段值，不同的字段其所带字段值的格式及意义都不同。

Message-header＝field-name“:”[field-value] CRLF

对于不同的请求消息或响应消息，有些消息头是必须的，有些消息头是可选的，而有些消息头是不允许出现的。关于请求消息、响应消息与消息头之间的映射关系请参考 IEFT RFC2976。

消息头根据使用的方法不同可以分为通用头(General-header)、实体头字段(Entity-header)、请求头(Request-header)以及响应头(Response-header)4 类。这 4 种头在消息头域中混合使用，使得代理服务器或用户代理服务器能够更好的对消息进行处理。

(3) 消息体

消息体主要是对消息所要建立的会话的描述，独立于 SIP 协议并且可包含任何内容。典型的消息体为 SDP(会话描述协议)格式，用来对所要建立的会话进行描述，例如建立一个多媒体会话的消息体中包含音频、视频编码及取样频率等信息的描述。消息体的类型采用 MIME(多目的互联网邮件扩展)所定义的代码进行标识，如 SDP 的类型标识为 application/SDP。除了 SDP，消息体也可以是其他各种类型的文本或二进制数据。

SDP 文本信息包括：

- 会话名称和意图；
- 会话持续时间；
- 构成会话的媒体；
- 有关接收媒体的信息(地址等)。

SDP 信息是文本信息，采用 UTF-8 编码中的 ISO10646 字符集。SDP 会话描述如下：(标注 * 符号的表示可选字段)：

- v＝(协议版本)

➢ o=(所有者/创建者和会话标识符)
➢ s=(会话名称)
➢ i= *(会话信息)
➢ u= *(URI 描述)
➢ e=*(Email 地址)
➢ p=*(电话号码)
➢ c=*(连接信息—如果包含在所有媒体中,则不需要该字段)
➢ b=*(带宽信息)

一个或更多时间描述(如下所示):

➢ z=*(时间区域调整)
➢ k=*(加密密钥)
➢ a=*(0 个或多个会话属性行)
➢ 0 个或多个媒体描述

时间描述:

➢ t=(会话活动时间)
➢ r=*(0 或多次重复次数)

媒体描述:

➢ m=(媒体名称和传输地址)
➢ i=*(媒体标题)
➢ c=*(连接信息—如果包含在会话层则该字段可选)
➢ b=*(带宽信息)
➢ k=*(加密密钥)
➢ a=*(0 个或多个会话属性行)

4. 本系统采用的 SIP 呼叫模式

SIP 协议有多种呼叫模式,根据需要本系统所采用了两种呼叫模式,具体如下:

(1) 基本呼叫模式

呼叫流程如图 10-8 所示。

该呼叫也叫点对点呼叫,是网络通信中最基本的呼叫方式,信令流程如下:

① Tesla 用户发起一个包含自己信息的 INVITE 呼叫请求;
② Marconi 用户回传一个表示正在处理的 180 Ringing 回复;
③ Marconi 用户发送一个包含 Marconi 用户信息的响应信号;
④ Tesla 用户接着发送 ACK 响应信号,完成三方握手;
⑤ 接着就是媒体流的传输过程;
⑥ Marconi 用户完成通话后发出挂机请求 BYE;
⑦ Tesla 用户反馈一个 200 OK,表示响应。

这就完成了一个基于 SIP 协议的通过过程。

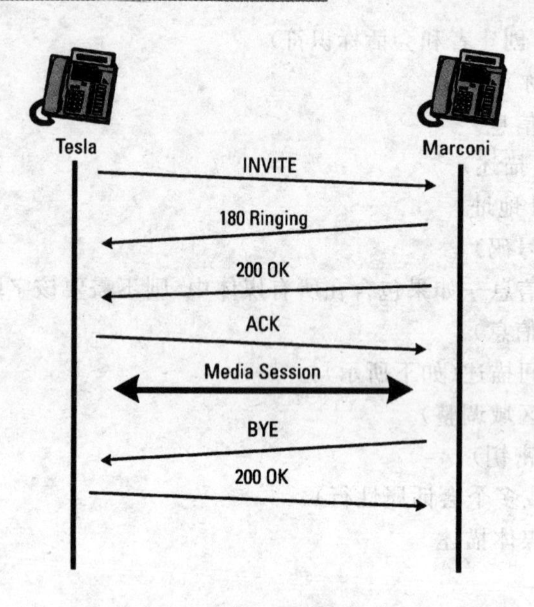

图 10－8　SIP 协议的基本呼叫模式

(2) 代理呼叫模式

该模式是在用代理服务器的情况下。建立起的呼叫方式，其代理呼叫模式如图 10－9 所示。

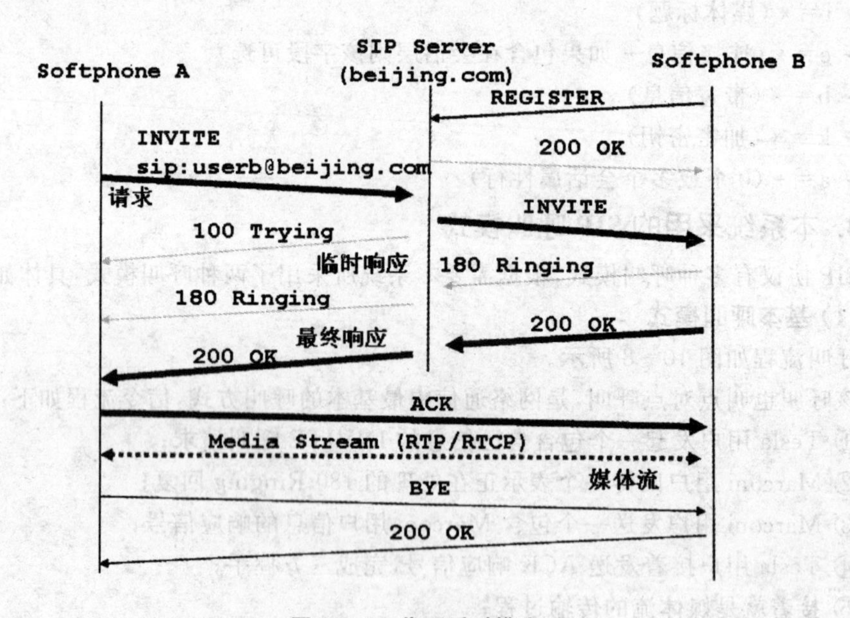

图 10－9　代理呼叫模式

图 10－9 的呼叫模式的信令处理流程如下：

➢ A 终端发的包含 B 终端信息 INVITE 呼叫直接发给代理服务器；

- 代理服务器根据 INVITE 查找 B 终端的 IP 地址，并把 INVITE 信息转发给这个 IP 地址的 B 终端；
- B 终端根据 INVITE 呼叫通过代理服务器返回 180 Ringing 和 200 OK 信息到 A 终端；
- 200 OK 信息包含了一个直接绕过代理服务器的允许通话的 ACK 响应和所有的其他请求的信息头。

10.2.2 SIP 协议在 JAVA 中的实现

2001 年，SUN 公司发布了基于 JAVA 技术的规范 JAIN(Java Advanced Intelligent Netwook) SIP API，将 SIP 协议规范为标准的 JAVA 接口，开发者可以方便实现 SIP 协议架构中的所有 SIP 实体，使其具有 JAVA 网络编程移植方面的特点。

JAIN API 作为 JCP 组织推动开发的基于 JAVA API 和面向对象技术的标准接口，主要是面向下一代(NGN)网络的电信产品业务。JAIN API 包含一系列的应用于 SIP 协议的 API 应用，API 主要分为 3 类：JAIN SIP、JAIN SIP LITE 及 SIP SERVLETS。其中，JAIN SIP 是基于 SIP 协议标准的 JAVA 类库，该类库提供了包括标准化的协议栈接口、信息接口、事件及事件语义等，作为开发基于移动终端设备的 JAVA 客户端的主要工具之一。

1. JAIN SIP 体系结构

JAIN SIP 体系结构如图 10-10 所示。

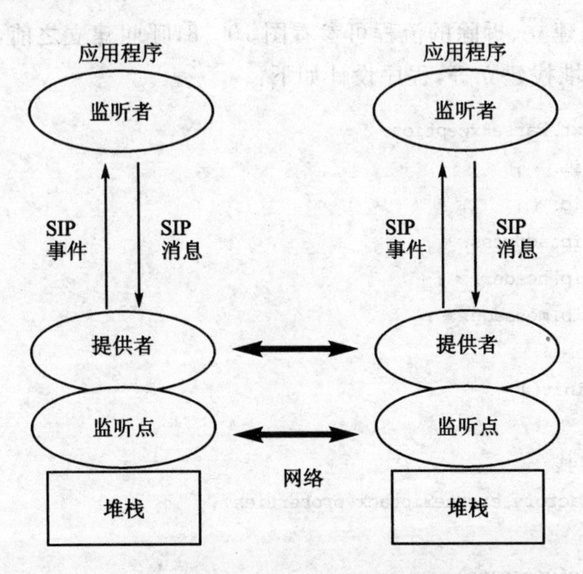

图 10-10 JAIN SIP 体系结构

如图 10-10 所示，JAIN SIP 实现的是 SIP 协议栈底层到 SIP 实体的接口，利用 JAVA 面向对象的特性，使用对象、消息以及事件来描述 SIP 协议，并为所有的 SIP

报头和报文定义了专门的类，通过(SipProvider/SipListener)接口实现了定义处理报文的接口为事件。

JAIN SIP 体系结构各部分实现的功能如下：

- 堆栈：堆栈与实现 SIP 协议数据结构相对应，实现了所有的 SIP 消息和状态都由堆栈通过网络收发。
- 提供者：提供者为 JAIN SIP 的一个接口，通过监听点封装了一系列对堆栈操作的方法。该方法又给上层对象提供了面向对象的 SIP 方法，从而提供了面向对象的操作。它不解释 SIP 消息在应用程序总的意义，仅通过上、下层的接口处理 SIP 消息的准确发送和接收。两个 SIP 应用程序间的交互在逻辑上就表现为它们的提供者之间的交互，同时为给上层应用提供有状态的请求应答消息，它还提供了客户端事务(Client Transaction)和服务器端事务(SERVER Transaction)的创建方法。
- 监听者：是 JAIN SIP 提供的管理一个或多个提供者的接口，一个应用程序只能有一个监听者。当一个提供者建立后，则注册到监听者应用程序。当某个提供者被访问时，访问者需通过监听者向该提供者发送消息；当提供者收到了其他提供者的 SIP 消息时，该提供者需将其传递给相应的监听者应用程序进行解析，此时它将产生一个事件，提供者理解该事件的含义，并能根据不同的事件触发相应的响应。

2. JAIN SIP 会话及通信的实现

SIP 实现呼叫建立、拆除的流程可参看图 10-8，呼叫建立之前，先完成程序的初始化部分，如 SIP 堆栈建立等，程序设计如下：

```
import java.text.ParseException;
import java.util. * ;
import javax.sip. * ;
import javax.sip.address. * ;
import javax.sip.header. * ;
import javax.sip.message. * ;

  Public void init()
{ ……
//建立 SIP 协议栈
sipStack = sipFactory.createSiptack(properties);
……
    setUsername(username);
    sipFactory = SipFactory.getInstance();
    sipFactory.setPathName("gov.nist");
    Properties properties = new Properties();
```

```
    properties.setProperty("javax.sip.STACK_NAME","TextClient");
    properties.setProperty("javax.sip.IP_ADDRESS", ip);
    properties.setProperty("gov.nist.javax.sip.TRACE_LEVEL", "32");
    properties.setProperty("gov.nist.javax.sip.SERVER_LOG",
                           "textclient.txt");
    Properties.setProperty("gov.nist.javax.sip.DEBUG_LOG",
                           "textclientdebug.log");

//为 SIP 协议栈建立报文头、地址及报文
    sipStack = sipFactory.createSipStack(properties);
    headerFactory = sipFactory.createHeaderFactory();
    addressFactory = sipFactory.createAddressFactory();
    messageFactory = sipFactory.createMessageFactory();
    sipProvider = sipStack.createSipProvider(udp);
    sipProvider.addSipListener(this);

……
//生成监听点
udpListeningPointudp = sipstack.createListeningPoint(port,"udp");
……
//创建 Provider
sipProvider = sipStack.createSipProvider(ListeningPointudp);
sipProvider.addSipListener(this);
……
}
```

对于终端发送 INVITE 请求也是在 Init 类中实现，具体如下：

```
Request request =  messageFactory;
createRequest(request URL,Request INVITE,calledHeader,cSeqHeader,
            fromHeader,toHeader,viaHeaders,maxForwards);
……
};
```

对于 ACK、BYE、CANCEL 请求的发送可以在类 processResponse 实现，具体如下：

```
Public void processResponse(ResponseEvent, Response ReceivedEvent)
 {
   ……
   If(response.getStatusCode() = Response.OK)
    { if(cseq.getMethod().equals(Request.INVITE))
      {
        //收到的响应类型为 200 OK,请求类型为 INVITE,可通过大 dialog 类中的
```

```
        //SendACK()方法发送 ACK 响应
        ackRequest = dialog.createRequest(Request.ACK);
        dialog.sendAck(ackResquest);
    ……
        }
      }
    };
```

在建立连接的基础上，针对媒体流可以采用多种语音编码的方式进行通话，考虑到手机模块多媒体功能的特点，可以采用 RTP 协议实现对音频数据的传输，其框架如图 10－11 所示。

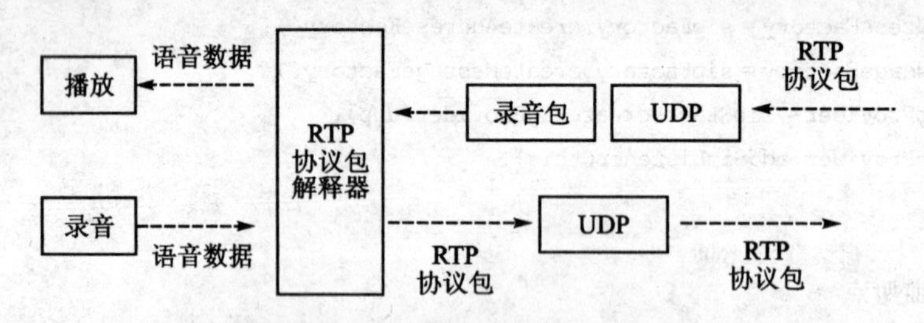

图 10－11 RTP 语音传输和通信原理图

结束语

将传统矿工帽集成更多功能，把它作为井下个人安全的一个移动管理平台，应该是技术发展的潮流和趋势，采用 MTK6235 手机平台使该系统实现了实用、成熟的效果。当然，对于井下安全的内容还有很多，也可以有选择地把这些内容集成在矿工帽上，MTK6235 强大的功能使得这些内容的集成变得轻而易举。

参考文献

[1] 饶运涛,邹继军.现场线 CAN 原理与应用[M].北京:北京航空航天大学出版社,2003.

[2] 马忠梅, 籍顺心. 单片机的 C 语言应用程序设计[M].北京:北京航空航人大学出版社,1999 .

[3] 赵志新,王绍伟,霍志强.MTK 手机开发入门[M].北京:人民邮电出版社,2010.

[4] 万辉,王军.基于 Eclipse 环境的 J2ME 应用程序开发[M].北京:清华大学出版社,2009.

[5] 沈鑫剡.多媒体传输网络与 VoIP 系统设计[M].北京:人民邮电出版社,2005.